普通高等教育“十一五”国家

21世纪高等学校计算机规划教材

21st Century University Planned Textbooks of Computer Science

C/C++语言程序设计教程——从模块化到面向对象（第3版）

The C and C++ Programming Language——from Modular to Object Oriented (3rd Edition)

李丽娟 编著

精品系列

人 民 邮 电 出 版 社

北 京

图书在版编目（CIP）数据

C/C++语言程序设计教程 ：从模块化到面向对象 / 李丽娟编著. -- 3版. -- 北京 ：人民邮电出版社, 2012. 2（2013.2 重印）
普通高等教育“十一五”国家级规划教材 21世纪高等学校计算机规划教材
ISBN 978-7-115-27317-8

Ⅰ. ①C… Ⅱ. ①李… Ⅲ. ①C语言－程序设计－高等学校－教材 Ⅳ. ①TP312

中国版本图书馆CIP数据核字(2011)第273877号

内 容 提 要

本书要求读者具有了 C 语言的基本知识，已经掌握了 C 语言的基本表达式语句、分支结构语句及循环结构语句，能够用这些基本知识解决一些简单的问题。本书从 C 语言模块化的程序设计方法入手，过渡到 C++程序设计基础，完成从面向过程的程序设计到面向对象的程序设计的学习。

全书内容分为三部分，共 9 章。第一部分为第 1 章，是 C 语言模块化程序设计基础，主要介绍如何通过自定义函数进行模块功能设计的基本方法，这部分内容是模块化程序设计的基础。第二部分为第 2 章～第 6 章，是应用程序设计基础，主要介绍数组、指针、结构、文件和位运算等基础知识，通过学习这部分的知识，使读者更加熟练地掌握模块的功能设计，采用更多更丰富的方法处理程序的复杂数据，学会使用不同的数据存储方式和数据提取方式，逐步认识模块化程序设计的思想，掌握模块化程序设计的方法。第三部分为第 7 章～第 9 章，是 C++程序设计的基础，主要介绍从 C 语言过渡到 C++的新增语法功能和面向对象程序设计的基本方法。通过学习，使读者了解到 C 语言和 C++语言的关系，了解面向对象程序设计的基本方法，进一步提高分析问题和解决问题的能力，为后续的深入学习奠定基础。语言简洁，通俗易懂，内容叙述由浅入深。

本书适合作为大学本科和专科院校的教材，也可供一般工程技术人员参考。

普通高等教育“十一五”国家级规划教材
21 世纪高等学校计算机规划教材
C/C++语言程序设计教程——从模块化到面向对象（第 3 版）

◆ 编　　著　李丽娟
　责任编辑　易东山
　执行编辑　代晓丽
◆ 人民邮电出版社出版发行　　北京市崇文区夕照寺街 14 号
　邮编　100061　　电子邮件　315@ptpress.com.cn
　网址　http://www.ptpress.com.cn
　三河市海波印务有限公司印刷
◆ 开本：787×1092　1/16
　印张：18　　　　　　2012 年 2 月第 3 版
　字数：443 千字　　　2013 年 2 月河北第 2 次印刷

ISBN 978-7-115-27317-8

定价：35.00 元

读者服务热线：(010)67119329　印装质量热线：(010)67129223
反盗版热线：(010)67171154
广告经营许可证：京崇工商广字第 0021 号

前言

程序设计是理工类各专业重要的基础课程之一，该课程在培养学生的思维能力和动手能力方面起到了重要的作用，程序设计的理念和方法有助于培养学生分析问题和解决问题的能力。为适应社会发展对大学生的素质要求，我们对程序设计课程的教学内容进行了适当的调整，其目的是给学生提供更多更普遍的知识信息，有利于学生后续课程的学习，同时为学生的自学提高奠定一定的基础知识。

2002 年，作者曾编写出版了《C 程序设计基础教程》。随着教学要求的变化，2005 年对该书进行了修改，于 2006 年入选国家“十一五”规划教材，并出版了《C 语言程序设计教程》，2009 年对该教材进行了修订，出版了《C 语言程序设计教程》（第 2 版），该教材在程序设计语言的教学中起到了积极的作用。

本书在继承前两种教材特色的基础上，结合作者多年的教学经验，特别根据近几年教学改革的实践以及对人才培养的高标准要求，对其内容做了进一步的优化、补充和完善。将教学内容分成两个不同的阶段，同时将教材也分成了两大部分：第一部分为初级阶段，第二部分为中级阶段。第一部分的教学内容为 C 语言的基本变量和基本表达式、基本程序语句、分支结构语句、循环结构语句。这部分内容作为 C 语言的基础，使学习者对 C 语言有一个初步的了解，并对简单的程序设计有较好的了解和掌握。第二部分的教学内容除了 C 语言的函数、数组、指针、结构、文件、位运算等知识外，还加入了 C++的基础知识，这样可使程序设计的知识有较好的延续，为其后续的深入学习打下一定的基础。

本教材的起点是程序设计的中级阶段，学习者应该已经具有了程序设计初级阶段的基础知识，本书将 C 语言中级阶段的知识分成以下 3 个循序渐进的部分。

第一部分是模块化程序设计基础，由第 1 章组成。主要介绍 C 语言程序基本单元的设计方法，这也是模块化程序设计的基本方法。这部分的内容奠定了 C 语言模块化程序设计的基础，通过学习，读者可以设计具有独立功能的函数，有利于培养解决问题的能力。

第二部分是应用程序设计基础，由第 2 章～第 6 章组成。主要介绍数组、指针、结构、文件和位运算等基础知识，为程序中数据的存储和提取提供更多更方便的元素和方法。通过学习这部分的知识，读者可以进一步掌握自定义函数的设计，采用更多更丰富的方法处理程序的复杂数据，学会使用不同的数据存储方式和数据提取方式，掌握基本的算法设计，并能将算法通过程序来实现，培养分析问题的能力，为应用软件的程序设计奠定基础。

第三部分是C++程序设计基础，由第7章～第9章组成。主要介绍从C语言过渡到C++语言的新增语法功能和面向对象程序设计的基本方法。通过学习，使读者了解到C语言和C++语言的关系，了解面向对象程序设计的基本方法，进一步提高分析问题和解决问题的能力，为后续的深入学习奠定基础。

本书具有以下特色：

1．层次清晰，设计方法由浅入深。

如在第1章中，通过对C语言程序的基本单元的了解，掌握模块化程序的基本方法，充分认识C语言程序的优越性，深入了解C语言程序从编辑到程序调试、运行的基本过程，强化C语言程序模块化设计的概念。

2．案例丰富，启发性强。

本书精选了丰富的程序案例，所有程序都在Visual C++ 6.0环境下通过验证，并且对程序的结构、函数的设计、变量的设置进行了恰当的注释和说明。其中大量的程序案例留有可进一步探讨的余地，给教师的教学和读者的自学留下了广阔的空间，可以启发读者思考，从中发现问题，寻找解决问题的方法。从而不断激发读者的学习兴趣，激发想象力和创新思维能力。

3．C语言与C++融合，顺利地从C语言过渡到C++。

由于C++语言是在C语言的基础上发展起来的，因此，在有了C语言的基础之后，可以很顺利地过渡到 C++，从面向过程的程序设计到面向对象的程序设计，通过不同的程序设计理念，掌握多途径分析问题和解决问题的能力，培养读者独立思考和创新思维的能力。

为了巩固所学的理论知识，本书每章都附有习题，以帮助读者理解基本概念，通过理论联系实际进行书面练习和上机编写程序，熟练掌握C语言模块化程序设计方法和C++面向对象程序设计方法，学会简单算法设计并实现，提高程序设计能力。

与本书配套的习题解答与实验指导给出了本书中习题的全部参考答案和学生上机实验的内容。在实验中，读者可以通过编写程序，然后编译、运行，查看程序的运行结果，根据程序的运行结果验证程序的正确与否，逐步掌握程序设计的基本方法和基本技能。

本教材的课程教学建议学时为80，其中课堂教学学时为48，上机实验学时为 32，各章的学时数安排可大致如下表所示。实际教学中可以根据具体情况予以调整，适当减少或增加学时数。

章	内　容	课堂教学学时	上机实验学时
1	函数	8	6
2	数组	8	6
3	指针	8	4
4	结构	4	2
5	文件	4	2
6	位运算	4	2

（续表）

章	内　　容	课堂教学学时	上机实验学时
7	C++新增语法功能	4	2
8	类与数据抽象（一）	4	4
9	类与数据抽象（二）	4	4
合计		48	32

本书可以作为普通高等院校计算机专业及理工类各专业本科、专升本的教材，也可作为研究生入学考试和各类认证证书考试的复习参考书，还可供计算机应用工作者和工程技术人员参考阅读。

本书由李丽娟任主编。感谢吴蓉晖、杨小林、洪跃山、李根强、银红霞、谷长龙、李小英等为本书提出的宝贵意见。

由于作者水平有限，书中难免存在不妥与疏漏之处，敬请广大读者批评指正。

李丽娟

2011 年 12 月于岳麓山

目 录

第一部分
模块化程序设计基础

第1章 函数与宏定义

1.1 函数的概念

在C语言中，函数可分为两类，一类是由系统定义的标准函数，又称为库函数，其函数声明一般是放在系统的 include 目录下以.h 为后缀的头文件中，如在程序中要用到某个库函数，必须在调用该函数之前用#include<头文件名>命令将库函数信息包含到本程序中。

有关各类常用的库函数及所属的头文件请查阅附录，有关#include 命令将在 1.5.2 小节介绍。

另一类函数是自定义函数，这类函数是根据问题的特殊要求而设计的，自定义的函数为程序的模块化设计提供了有效的技术支撑，有利于程序的维护和扩充。

C语言程序设计的核心就是设计自定义函数，每一个函数具有独立的功能，通过各模块之间的协调工作可以完成复杂的程序功能。

1.1.1 函数的定义

一个函数就是一些语句的集合，这些语句组合在一起完成一项操作，返回所需要的结果。C语言还允许程序设计人员自己定义函数，称之为自定义函数。

自定义函数的形式有如下两种。

1. 现代形式：

```
[存储类型符] [返回值类型符]  函数名([形参说明表])
{
  函数语句体
}
```

2. 古典形式：

```
[存储类型符] [返回值类型符]  函数名([形参表])
形参说明;
{
  函数语句体
}
```

关于函数定义的几点说明。

（1）[存储类型符]指的是函数的作用范围，它只有两种形式：static 和 extern。static 说明函数只能作用于其所在的源文件，用 static 说明的函数又称为内部函数；extern 说明函数可被其他源文件中的函数调用，用 extern 说明的函数，又称为外部函数。默认情况为 extern。

（2）[返回值类型符]指的是函数体语句执行完成后，函数返回值的类型，如 int，float，char 等，若函数无返回值，则用空类型 void 来定义函数的返回值。默认情况为 int 型（有些编译器不支持默认情况）。

（3）函数名由任何合法的标识符构成。为了增强程序的可读性，建议函数名的命名与函数内容有一定关系，以养成良好的编程风格。

（4）在第 1 种函数定义的形式中，[形参说明表]是一系列用逗号分开的形参变量说明。如：int x, int y, int z 表示形参变量有 3 个：x, y, z。它们的类型都是 int 型的，不能写成：int x, y, z。

（5）在第 2 种函数定义的形式中，[形参表]是一系列用逗号分开的形参变量，如 x, y, z 表示有 3 个形参变量，它的类型通过形参说明语句来说明，如：int x, y, z;。

[形参说明表]或[形参表]都可以缺省，缺省时表示函数无参数。

（6）函数语句体是放在一对花括号{ }中，由局部数据类型描述和功能实现两部分组成。局部数据类型描述是由类型定义语句完成的，用来说明函数中局部变量的数据类型；功能实现部分可由顺序语句、分支语句、循环语句、函数调用语句和函数返回语句等语句构成，是函数的主体部分。

（7）函数返回语句的形式有以下两种。

① 函数无返回值的情况

```
return;
```

注意

在函数无返回值的情况下，也可以不写 return 语句，函数执行完毕后，自动回到调用函数处，继续执行下面的语句。

② 函数有返回值的情况

```
return (表达式的值);
```

在第②种情况下要注意“表达式的值”的类型必须与函数返回值的类型一致。

例如，求两个任意整数的绝对值的和，用函数 abs_sum()实现。

函数定义如下：

```
int abs_sum(int m, int n)
{
   if (m<0)
        m=-m;
   if(n<0)
        n=-n;
   return (m+n);
}
```

当然，也可以直接调用系统函数来计算 m 和 n 的绝对值之和，函数也可以写成这样：

```
int abs_sum(int m, int n)
```

```
{
    return (abs(m)+abs(n));
}
```

注：求整数的绝对值的函数 abs()是在头文件 math.h 中声明的。

1.1.2　函数的声明和调用

在大多数情况下，程序中使用自定义的函数之前要先进行函数声明，才能在程序中调用。

1. 函数的声明

函数声明语句的一般形式为：

```
[存储类型符] [返回值类型符] 函数名([形参说明表]);
```

如：`int abs_sun(int m, int n);`

2. 函数调用

函数定义完成后，若不通过函数调用，是不会发挥任何作用的，函数调用是通过函数调用语句来实现的，它分为以下两种形式。

① 函数无返回值的函数调用语句：

```
函数名([实参表]);
```

② 函数有返回值的函数调用语句：

```
变量名=函数名([实参表]);
```

注：变量名的类型必须与函数的返回值类型相同。

不论是哪种情况，函数调用时都会去执行函数中的语句内容，函数执行完毕后，回到函数的调用处，继续执行程序中函数调用后面的语句。

例如：

```
⋮
int x=5, y=-10;
int z;
⋮
z=abs_sum(x, y);  /*函数调用 */
⋮
```

1.1.3　函数的传值方式

在调用函数时，若函数是有参数的，则必须采用实参表将每一个实参的值相应地传递给每一个形参变量，形参变量在接收到实参表传过来的值时，会在内存临时开辟新的空间，以保存形参变量的值，当函数执行完毕时，这些临时开辟的内存空间会被释放，并且形参的值在函数中不论是否发生变化，都不会影响到实参变量的值的变化，这就是函数的传值方式。

自定义函数在程序中的使用顺序有以下两种形式。

第 1 种：先进行函数声明，再进行函数调用，函数定义放在 main()函数的后面。函数声明应放在函数调用之前，具体位置与编译环境有关。

第 2 种：函数定义放在 main()函数的前面，再进行函数调用。在这种情况下，可以不进行函数声明。

【例 1-1】编写程序，通过调用函数 int abs_sum (int m,int n)，求任意 2 个整数的绝对值的和。

分析：2 个整数的绝对值的和仍然是整型数，函数调用时需要一个整型变量来接收函数的返回值。

程序如下：

```
/*example1_1.c 自定义函数，求两整数绝对值的和*/
#include <stdio.h>
int abs_sum(int m,int n);  /*函数声明*/
main()
{
    int x,y,z;
    scanf("%d%d",&x,&y);
    z=abs_sum(x,y);       /*函数调用*/
    printf("|%d|+|%d|=%d\n",x,y,z);
}
int abs_sum(int m,int n)   /*函数定义*/
{
     if(m<0)
          m=-m;
     if(n<0)
          n=-n;
     return m+n;
}
```

程序运行结果:

```
7 -12↵
|7|+|-12|=19
```

在程序中，若将函数定义放在函数调用之前，则可以不需要函数声明语句，上面的程序也可以写成如下的形式：

```
/*example1_1a.c 自定义函数，求两整数绝对值的和*/
#include <stdio.h>
int abs_sum(int m,int n)   /*函数定义*/
{
    if(m<0)
         m=-m;
    if(n<0)
         n=-n;
    return m+n;
}
main()
{
    int x,y,z;
    scanf("%d%d",&x,&y);
    z=abs_sum(x,y);        /*函数调用*/
    printf("|%d|+|%d|=%d\n",x,y,z);
}
```

上面这两个程序 example1_1.c 和 example1_1a.c 的功能是相同的。

用传值方式调用函数时，实参也可以是函数调用语句，请看下面的程序。

【例 1-2】编写程序，通过调用函数 int abs_sum(int a, int b)，求任意 3 个整数的绝对值的和。

分析：因为 2 个数绝对值得和还是整数，因此，也可以将函数调用作为函数的实参。

程序如下：

```
/*example1_2.c 调用函数求 3 个整数绝对值的和*/
#include <stdio.h>
int abs_sum(int m,int n);    /*函数声明*/
main()
{    int x,y,z,sum;
     scanf("%d%d%d",&x,&y,&z);
     sum=abs_sum(abs_sum(x,y),z);    /*函数调用*/
     printf("|%d|+|%d|+|%d|=%d\n",x,y,z,sum);
}
int abs_sum(int m,int n)    /*函数定义*/
{     if(m<0)
          m=-m;
      if(n<0)
          n=-n;
      return m+n;
}
```

程序运行结果：

```
-7 12 -5↵
|-7|+|12|+|-5|=24
```

当然，解决这个问题也可以通过两次调用函数来求得 3 个数绝对值的和：

```
sum=abs_sum(x,y);
sum=abs_sum(sum,z);
```

还可以通过设计一个新的函数来实现求 3 个数绝对值的和：

```
int abs_sum(int a,int b,int c);
```

另外，若函数有返回值，调用时又没有把它赋给某个变量，C 语言的语法并不报错，程序仍然可以执行，但函数的返回值有可能会被丢失，在程序中要防止这种情况的发生。请看下面的例子。

【例 1-3】编写程序，求任意两数的乘积。

分析：自定义一个函数 double mul(double a, double b)，用于求 2 个数的乘积，函数的返回值为 double 型。

程序如下：

```
/*example1_3.c  求 2 个数的乘积*/
#include <stdio.h>
float mul(float a,float b);    /*函数声明*/
main()
{
    float x,y,z;
    printf("Please enter the value of x and y:\n");
    scanf("%f %f",&x,&y);
    z=mul(x,y);     /* 1. 函数调用，有变量接收返回值*/
```

```
        printf("1--x=%4.1f,y=%4.1f, ",x,y);
        printf("(%4.1f)*(%4.1f)=%4.1f\n",x,y,z);
        x=x+10;
        y=y-10;
        printf("2--x=%4.1f,y=%4.1f, ",x,y);
        mul(x,y);       /* 2. 函数调用，无变量接收返回值*/
        printf("(%4.1f)*(%4.1f)=%4.1f\n",x,y,z);
        x=x*2;
        y=y*2;
        printf("3--x=%4.1f,y=%4.1f, ",x,y);
        printf("(%4.1f)*(%4.1f)=%4.1f\n",x,y,mul(x,y));  /* 3. 函数调用，函数的返回值作为
参数*/
    }
    float mul(float a,float b)   /*函数定义*/
    {
        return a*b;
    }
```

程序运行结果：

```
Please enter the value of x and y:
5 6↵
1--x= 5.0,y= 6.0, ( 5.0)*( 6.0)=30.0
2--x=15.0,y=-4.0, (15.0)*(-4.0)=30.0
3--x=30.0,y=-8.0, (30.0)*(-8.0)=-240.0
```

在上面这个程序中，第 1 处函数调用将函数的返回值赋给变量 z，得到正确的计算结果；第 2 处调用函数后没有将函数的返回值赋给任何变量，函数的返回值被丢失，无法将函数的计算结果输出；第 3 处调用函数是将函数的返回值作为 printf()函数的参数，得到正确的计算结果。

对于有返回值的函数，在调用函数时，一般是要用相应的变量来接收函数的返回值，也可将函数作为另一个函数的参数。

1.2 变量的作用域和存储类型

变量的作用域指的是在程序中能引用该变量的范围，针对变量不同的作用域，可把变量分为局部变量和全局变量。

C 语言程序中根据变量的作用域不同，可分为局部变量和全局变量两种。

1. 变量的作用域

局部变量：在函数内部或某个控制块的内部定义的变量为局部变量，局部变量的有效范围只限于本函数内部，退出函数，该变量自动失效。局部变量所具有的这种特性使程序的模块增强了独立性。

全局变量：在函数外面定义的变量称为全局变量，全局变量的作用域是从该变量定义的位置开始，直到源文件结束。在同一文件中的所有函数都可以引用全局变量。全局变量所具有的这种特性可以增强各函数间数据的联系。

局部变量和全局变量的作用域如图 1-1 所示。

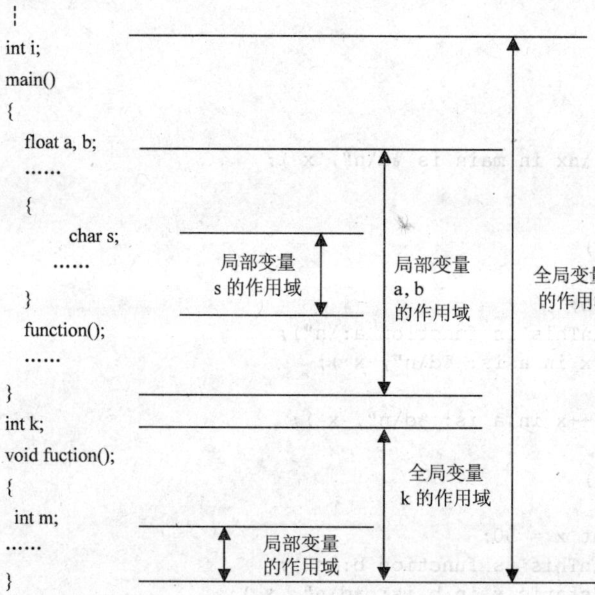

图 1-1 局部变量和全局变量的作用域

2. 变量的存储类型

变量的存储类型指的是变量的存储属性，它说明了变量占用存储空间的区域。在内存中，供用户使用的存储区由程序区、静态存储区和动态存储区 3 部分组成。变量的存储类型有 auto 型、register 型、static 型和 extern 型 4 种。

auto 型变量存储在内存的动态存储区；register 型变量存储在寄存器；static 型变量和 extern 型变量存储在静态存储器。

局部变量的存储类型默认值为 auto 型，全局变量的存储类型默认值为 extern 型。

auto 型变量 register 型只用于定义局部变量。

static 型既可定义局部变量，又可定义全局变量。定义局部变量时，局部变量的值将被保留，若定义时没有赋初值，则系统会自动为其赋 0 值；若定义全局变量时，其有效范围为它所在的源文件，则其他源文件不能使用。

【例 1-4】 了解变量作用域。阅读下面的程序，注意区分局部变量和全局变量的作用域。

```
/*example1_4.c  了解变量的作用域*/
#include <stdio.h>
void a( void );
void b( void );
void c( void );
int x = 1;
int main()
{
    int x = 5;
    printf("x in main is %d\n", x );
    {
          int x = 7;
          printf( "x in inner scope of main is %d\n", x );
    }
    printf( "x in main is %d\n", x );
    a();
```

```
    b();
    c();
    a();
    b();
    c();
    printf( "\nx in main is %d\n", x );
    return 0;
}
void a( void )
{
    int x = 25;
    printf("\nThis is function a:\n");
    printf( "x in a is: %d\n", x );
    ++x;
    printf( "++x in a is: %d\n", x );
}
void b( void )
{
    static int x = 50;
    printf("\nThis is function b:\n");
    printf( "static x in b is: %d\n", x );
    ++x;
    printf( "static ++x in b is:%d\n", x );
}
void c( void )
{
    printf("\nThis is function c:\n");
    printf( "global x in c is:%d\n", x );
    ++x;
    printf( "global ++x in c is:%d\n", x );
}
```

程序运行结果：

```
x in main is 5
x in inner scope of main is 7
x in main is 5

This is function a:
x in a is: 25
++x in a is: 26

This is function b:
static x in b is: 50
static ++x in b is:51

This is function c:
global x in c is:1
global ++x in c is:2

This is function a:
x in a is: 25
++x in a is: 26

This is function b:
static x in b is: 51
static ++x in b is:52
```

```
This is function c:
global x in c is:2
global ++x in c is:3

x in main is 5
```

在上面这个程序中，请注意区分局部变量、全局变量和静态存储变量的区别以及它们的作用域。

【例 1-5】设计一个函数：long fac(int n)，用来计算正整数的阶乘，编写程序进行测试。

分析：由于计算机对变量的字节长度分配有限，亦即整型变量的最大值是一定的，因此，目前计算整数的阶乘只能针对较小的整数。在本程序中，假定要计算 1～5 的阶乘。

算法的核心思想：对于任意正整数 n，如果知道(n−1)!，则 n!=n×(n−1)!。可在函数中定义一个 static 型变量，用来保存每一次阶乘的计算结果。

程序如下：

```
/*example1_5.c 利用 static 型变量保留每一次阶乘的值*/
#include <stdio.h>
long fac(int n)  /* fac()是计算 n!的函数 */
{
    static int f=1;
    f=f*n;
    return f;
}
main()
{    int i;
     for(i=1;i<=5;i++)
     printf("%d!=%ld\n",i,fac(i));
}
```

程序运行结果：

```
1!=1
2!=2
3!=6
4!=24
5!=120
```

在这个程序中，函数 fac()中的局部变量 f 被定义成 static 型，因此，它只在该函数第一次被调用的时候初始化其值为 1，以后再调用该函数时，不再进行初始化，而是使用上一次调用的值。这也是 static 型变量的一个特点。

思考

1. 用上面这个程序计算正整数的阶乘，能获得正确结果的最大正整数是多少？
2. 如果不用循环，能否直接求出某个整数的阶乘？

1.3　内部函数与外部函数

在 C 语言中，自定义的函数也可分为内部函数和外部函数两种，内部函数又称为静态函数。

1. 内部函数

若函数的存储类型为 static 型，则称其为内部函数或静态函数，它表示在由多个源文件组成的同一个程序中，该函数只能在其所在的文件中使用，在其他文件中不可使用。

内部函数的声明形式：

```
static <返回值类型> <函数名>(<参数>);
```

例如：`static int Statistic ();`

不同文件中可以有相同名称的内部函数，但功能可以不同，相互不受干扰。

2. 外部函数

若函数的存储类型定义为 extern 型，则称其为外部函数，它表示该函数能被其他源文件调用。函数的默认存储类型为 extern 型。

【例 1-6】外部函数的应用示例。下面的程序由 3 个文件组成：file1.c、file2.c、example1_6.c。在 file1.c、file2.c 中分别定义了 2 个外部函数，在 example1_6.c 中可以分别调用这 2 个函数。

程序如下：

1. file1.c

```
/* file1.c 外部函数定义 */
extern int add(int m, int n)
{
    return (m+n);
}
```

2. file2.c

```
/* file2.c 外部函数定义 */
extern int mod(int a, int b)
{
    return(a%b);
}
```

3. example1_6.c

```
/* example1_6.c 调用外部函数*/
#include <stdio.h>
extern int mod(int a, int b);    /*外部函数声明*/
extern int add(int m, int n);    /*外部函数声明*/
main()
{
    int x, y, result1,result2,result;
    printf("Please enter x and y:\n");
    scanf ("%d%d", &x, &y);
    result1=add(x,y);               /*调用 file1 中的外部函数*/
    printf("x+y=%d\n",result1);
    if (result1>0)
        result2=mod(x,y);           /*调用 file2 中的外部函数*/
    result=result1-result2;
    printf("mod(x,y)=%d\n",result2);
    printf("(x+y)-mod(x,y)=%d\n", result);
}
```

程序运行结果：

```
Please enter x and y:
7 5↵
x+y=12
mod(x,y)=2
(x+y)-mod(x,y)=10
```

关于程序的几点说明。

1．在程序 file1.c、file2.c 中的函数定义可以不需要 extern 加以说明，默认为外部函数。

2．在 example1_6.c 中对外部函数的声明也可以不用 extern 加以说明，默认为外部函数。

3．由多个源文件组成一个程序时，main()函数只能出现在一个源文件中。

4．由多个源文件组成一个程序时，它们的连接方式有以下 3 种。

（1）将各源文件分别编译成目标文件，得到多个目标文件（.obj 后缀），然后用连接命令把多个.obj 文件连接起来，Turbo C 的连接命令为 tlink，对于本案例，可以用下面的命令进行连接：

```
tlink example1_6.obj+file1.obj+file2.obj
```

可生成一个 example1_6.exe 的可执行文件。

（2）建立项目文件（.prj 后缀或.dsw 后缀），具体操作可参阅各种 C 语言集成开发环境说明。

（3）使用文件包含命令。请参阅本章 1.6 节。

5．如果将 file1.c 或 file2.c 中的外部函数定义改成内部函数定义（即将 extern 改成 static），则主程序在编译时无法通过。

6．在程序 file1.c 或 file2.c 中，也可以互相调用其外部函数。

注意

（1）对于允许在其他文件中使用的外部函数，其函数声明可用 extern 进行说明，也可以不用 extern 进行说明。

（2）对于只需在本文件中使用的内部函数，其函数声明必须用 static 进行说明。

1.4　递归函数的设计和调用

函数是可以嵌套调用的，即在某函数中的语句可以是对另一个函数的调用，如

```
...
main()
{
      float t;
      int x,y;
      t=fun1(x,y);
      ...
}
float fun1 (int a,int b)
{
      int z;
      z=fun2 (a+b,a-b);
```

```
    …
}
int fun2(int m,int n)
{
    …
}
…
```

fun1()和 fun2()是 2 个独立的函数，在 fun1()的函数体内又包括了对 fun2()函数的调用，其嵌套调用的过程如图 1-2 所示。

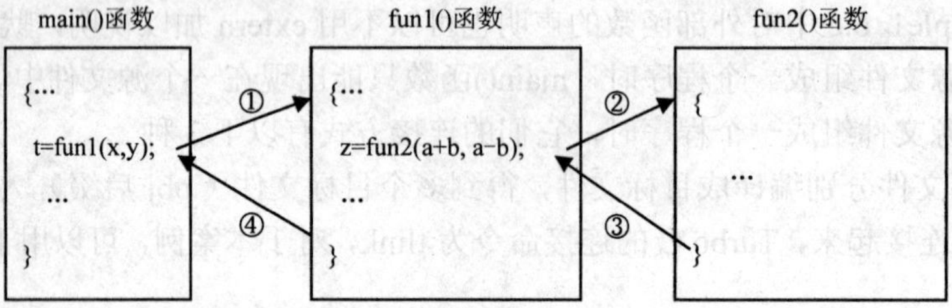

图 1-2　函数嵌套调用

调用过程按图中箭头所示的方向和顺序进行，属于一种线性调用关系，每次调用后，最终返回到原调用点，继续执行函数调用下面的语句。

在 C 语言中，除了函数的嵌套调用，还存在着另一种函数的调用形式：函数的递归调用。在函数中出现调用函数自身的语句或两函数之间出现相互调用的情况，这种调用方式称之为递归调用。根据不同的调用方式，递归调用又分为直接递归调用和间接递归调用。

1. 直接递归调用

直接递归调用是指在函数定义的语句中，存在着调用本函数的语句。

2. 间接递归调用

间接递归调用是指在不同的函数定义中，存在着互相调用函数语句的情况。

直接递归和间接递归的调用形式如图 1-3 所示。

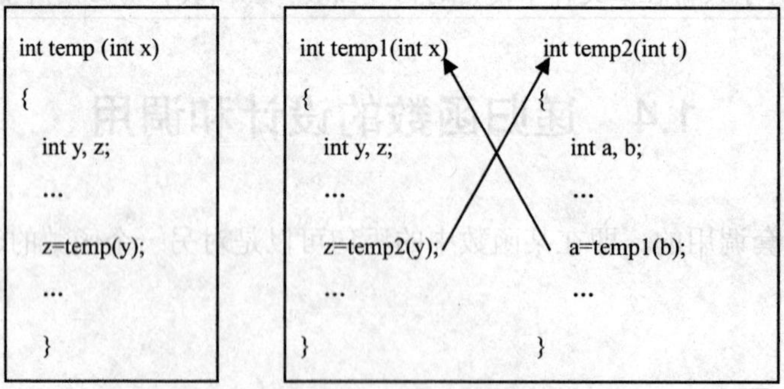

（a）直接递归　　（b）间接递归

图 1-3　递归调用方式

在 C 语言中，为了防止陷入无限递归调用的状态，避免一些严重错误的发生，对于递归函数的设计，是有严格的数学模型的，并不是所有的问题都可以设计成递归函数。

一个函数能设计成为递归函数，在数学上必须具备以下 2 个条件。

（1）问题的后一部分与原始问题类似。

（2）问题的后一部分是原始问题的简化。

递归函数设计的难点是建立问题的数学模型，一旦建立了正确的递归数学模型，就可以很容易地编写出递归函数。

【例 1-7】编写程序，要求从键盘输入一个正整数 n，计算 $n!$。

分析：该问题与例 1-5 所描述的问题有一些类似，但要求不一样，本题不要求从 1！开始计算，而要求直接计算 $n!$。

$n!$的数学表达式为：

$$n! = \begin{cases} 1 & (n = 0,1) \\ n \times (n-1)! & (n > 1) \end{cases}$$

根据 $n!$ 的数学模型，不难看出，它满足数学上对递归函数的 2 个条件：

（1）$(n-1)!$与 $n!$ 是类似的；

（2）$(n-1)!$是对 $n!$ 计算的简化。

采用递归函数设计求 $n!$的函数：long fac(int n)。算法流程图及函数设计如图 1-4 所示：

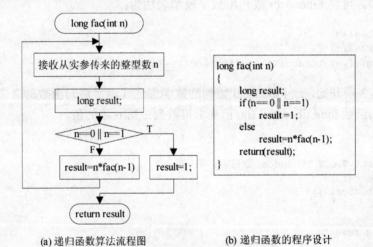

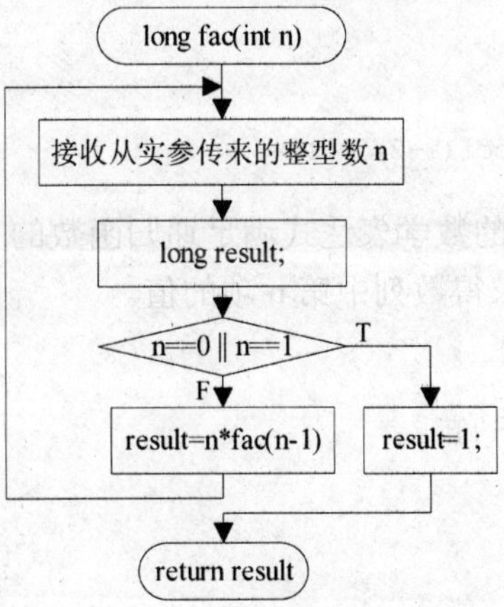

(a) 递归函数算法流程图

```
long fac(int n)
{
    long result;
    if (n== 0 || n==1)
        result =1;
    else
        result=n*fac(n-1);
    return(result);
}
```

(b) 递归函数的程序设计

图 1-4　用递归函数求 $n!$的算法及程序

完整的程序如下：

```
/*example1_7.c 用递归函数法求 n! */
#include <stdio.h>
long fac(int n)
{
    long result;
    if(n==0||n==1)
            result=1;
    else
            result=n*fac(n-1);
    return result;
}
main()
{
    int n;
    long f;
    printf("Please enter value of n:\n");
    scanf("%d",&n);
```

```
    if(n<=0)
        printf("Sorry! You enter a wrong number!\n");
    else
    {
        f=fac(n);
        printf("%d!=%ld\n",n,f);
    }
}
```

程序运行结果：

```
6↵
6!=720
```

【例 1-8】Fibonacci 数列的组成规律为：0，1，1，2，3，5，8，13，21，…编写程序，求 Fibonacci 数列第 *i* 项的值(0≤*i*≤40)。

分析：该数列的组成规律为：第 1 项为 0，第 2 项为 1，从第 3 项开始，数列每 1 项的值为前两项的和。可将 Fibonacci 数列用数字模型表达为：

```
fibonacci(1)=0
fibonacci(2)=1
fibonacci(i)=fibonacci(i-1)+fibonacci(i-2)    (i=3,4,5,…)
```

显然，从第 3 项开始，该 Fibonacci 数列的数学表达式满足递归函数的 2 个必要条件，因此，可以用递归函数 long fibonacci (int n)来求得数列中第 n 项的值。

程序如下：

```
/*example1_8.c 求 Fibonacci 数列第 i 项的值*/
#include <stdio.h>
long fibonacci(int n);
main()
{   int i;
    long result;
    do
    {
        printf("Please enter the number i:");
        scanf("%d",&i);
        result=fibonacci(i);
        printf("fibonacci(%d)=%ld\n",i,result);
    }while(i>0);
}
long fibonacci(int n)
{
    if(n==1||n==2)
        return n-1;
    else
        return fibonacci(n-1)+fibonacci(n-2);
}
```

程序运行结果：

```
Please enter the number i:7↵
fibonacci(7)=8
Please enter the number i:9↵
fibonacci(9)=21
Please enter the number i:5↵
fibonacci(5)=3
```

```
Please enter the number i:0↵
```

程序可以循环地输入数列的项数值 i，计算出数列第 i 项的值，但值得关注的问题是：随着项数 i 的增大，Fibonacci 数列本身的值 result 是否会超出 long 数据类型的取值范围？如果超出了它的取值范围，程序会发生什么错误？同时函数调用的空间开销会怎样？

以 n=5 为例，图 1-5 说明了 Fibonacci 函数是怎样计算数列中第 5 项的值：fibonacci(5)。为了简化起见，图中把 fibonacci 简写成 f。

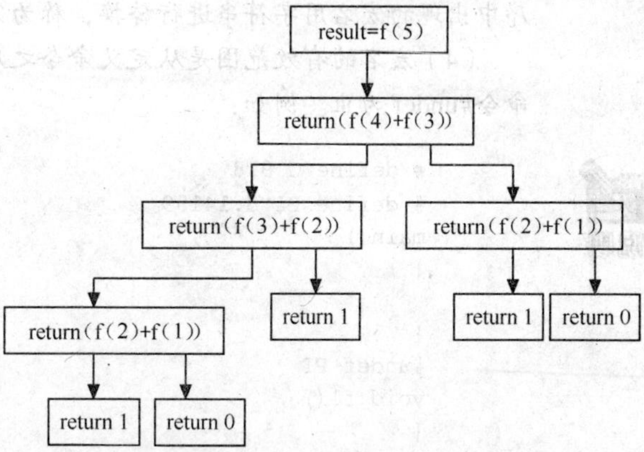

图 1-5　Fibonacci 函数的递归调用

注意 Fibonacci 递归调用的次数，从图 1-5 中可以看出，如果 $n>3$，则每次递归调用 Fibonacci 函数都要调用该函数两次。也就是说，计算第 n 个 Fibonacci 数列的值，就要执行$(2^{n-2}+1)$次递归调用，对于 n=5 的情况，要调用递归函数 9 次，计算第 20 项的 Fibonacci 数需要递归的次数为 2^{18}（大约 26 万多次），计算第 30 项的 Fibonacci 数需要递归的次数约为 2^{28}（大约近 3 亿次）。这种递归函数虽然程序的算法简单，但计算的复杂度会随着 n 的增加而呈指数级增长。

1.5　预　处　理

在 C 语言中，说明语句和可执行语句用来完成程序的功能，除此之外，还有一些编译预处理，它的作用是向编译系统发布信息或命令，告诉编译系统在对源程序进行编译之前应做些什么事。

所有编译预处理都是以“#”开头，单占源程序中的一行，一般是放在源程序的首部。

注意　编译预处理不是 C 语句，行末不必加分号。

C 语言提供的预处理指令主要有 3 种：宏定义、文件包含和条件编译。

1.5.1　宏定义

宏定义有两种：不带参数的宏和带参数的宏。

宏定义的作用主要是为了简化程序中频繁出现的一些表达式。通过宏定义的形式用宏名来代表这些表达式，通常这些表达式用字符串来表示。宏名由标识符表示。一旦对某字符串进行了宏定义，就可在源程序中使用宏名。C 编译系统在编译之前会将宏名替换成字符串。

请注意：在 C 语言程序中，宏定义并不是必不可少的，但宏定义可以提高程序的可读性并且便于修改。

1. 不带参数的宏

不带参数的宏定义形式：

```
# define　宏名　字符串
```

说明

（1）define 是关键字，表示宏定义。

（2）宏名必须符合标识符的定义，为区别于变量，宏名一般采用大写字母，如

```
# define PI 3.14159
```

（3）宏定义的作用：在程序中的任何地方都可直接使用宏名，系统编译时会先将程序中出现的宏名用字符串进行替换，称为宏替换，宏替换并不进行语法检查。

（4）宏名的有效范围是从定义命令之后，直到源程序文件结束，或遇到宏定义终止命令#undef 为止。例如：

```
# define G 9.8
# define PI 3.14159
main()
{
   …
}
#undef PI
void f1()
{
   …
}
void f2()
{
   …
}
```

宏 PI 的有效范围：从 # define PI 3.14159 到 #undef PI。

宏 G 的有效范围：从 # define G 9.8 到程序结束。

【例 1-9】阅读下面的程序，了解不带参数的宏的作用。

```
/*example1_9.c  了解不带参数的宏的作用 */
#include <stdio.h>
#define PI 3.1415926
#define STRING This is a test
main()
{
    double r,s;
    printf("STRING\n");
    printf("Please enter value of radius(r): ");
    scanf("%lf",&r);
    while(r>0)
    {
         s=PI*r*r;
        printf("Area of Circl=%10.3lf\n",s);
          printf("Please enter value of radius(r): ");
        scanf("%lf",&r);
    }
}
```

程序运行结果：

```
STRING
Please enter value of radius(r): 10↵
Area of Circl=     314.159
Please enter value of radius(r): 2↵
```

```
Area of Circl=     12.566
Please enter value of radius(r): 3↵
Area of Circl=     28.274
Please enter value of radius(r): 4↵
Area of Circl=     50.265
Please enter value of radius(r): 0↵
```

在上面的这个程序中，从程序运行结果的第 1 行可以看到：在 printf()语句中，由双引号（""）括起来的字符串中若含有标识符，则编译前不进行替换，这一点常常被人们忽略了。

如果要用 printf()语句输出宏名 STRING 代表的字符串，则必须修改宏定义。

将`#define STRING This is a test`修改成：

```
#define STRING "This is a test\n";
```

再将语句`printf("STRING\n");`

修改成：`printf(STRING);`

这样程序运行结果的第 1 行就会是宏名所代表的字符串：`This is a test`。

不带参数的宏常常被用作表达程序中的一些固定不变的值，如圆周率、数组的大小等。

2. 带参数的宏

带参数的宏的定义形式为：

```
#define 宏名(参数表)  字符串
```

说明

（1）字符串应包含有参数表中的参数。

（2）宏替换时，是将字符串中的参数用实参表中的参数进行替换。

假如定义了这样的宏：

```
# define S( r ) 3.14159*r*r
```

在程序中若出现 S(3.0)，则相当于 3.14159*3.0*3.0。必须注意，这种替换是严格意义上的字符替换。

若程序中出现 S(3.0+4.0)，则相当于 3.14159*3.0+4.0*3.0+4.0。也许这样的结果并不是你所想要得到的，因此，在设计有参数的宏时，有可能出现二义性，这是应该注意避免的。

【例 1-10】 阅读下面的程序，了解带参数的宏定义的作用。分析程序运行结果。

```
/*example1_10.c  了解带参数的宏定义的作用*/
#include <stdio.h>
#define F(a) a*b
main()
{
    int x,y,b,z;
    printf("Please enter the value of x,y:\n");
    scanf("%d%d",&x,&y);
    b=x+y;
    z=F(x+y);
    printf("b=%d\nF(x+y)=%d\n",b,z);
}
```

程序运行结果：

```
Please enter the value of x,y:
3 4↵
b=7
F(x+y)=31
```

这个程序的运行结果是在读者的预料之中吗？实际上，z=F(x+y); 这个语句在编译之前会成为：

```
z=x+y*b;
```

其结果自然就是 z=31。

如果读者希望的结果正是这样，那这样的宏定义就是合理的，如果读者希望是下面的结果：

```
F(x+y)成为(x+y)*b
F(x+y+z)成为(x+y+z)*b
```

则进行宏定义时，要将字符串中的参数用圆括号括起来，成为如下所示形式：

```
#define F(a) (a)*b
```

这样就可以避免一些二义性。

注意

有参数的宏定义与函数是完全不同的两个概念。

1.5.2 文件包含

文件包含指的是一个源文件可以将另一个源文件的全部内容包含进来，在对源文件进行编译之前，用包含文件的内容取代该预处理命令。

文件包含命令的一般形式为：

```
#include<包含文件名>
```

或

```
#include"包含文件名"
```

说明

（1）include 是命令关键字，表示文件包含，一个 include 命令只能包含一个文件。

（2）<>表示被包含文件在标准目录（include）中。

（3）""表示被包含文件在指定的目录中，若只有文件名，不带路径，则在当前目录中，若找不到，再到标准目录中寻找。

（4）包含文件名可以是.c 源文件或.h 头文件，如

```
# include<stdio.h>
# include "myhead.h"
# include "D:\\myexam\\myfile.c"
```

采用文件包含，可以将多个源文件拼接在一起，如有文件 file2.c，如图 1-6 所示。该文件中的内容全部都是自定义的函数。另有文件 file1.c，该文件有 main()函数。如果在 file1.c

程序中要调用 file2.c 中的函数，可采用文件包含的形式，如图 1-7 所示。

在 file1.c 中，使用文件包含命令#include "file2.c"，将文件 file2.c 包含进来，在对 file1.c 进行编译时，系统会用 file2.c 的内容替换掉 file1.c 中的文件包含命令#include "file2.c"，然后再对其进行编译。

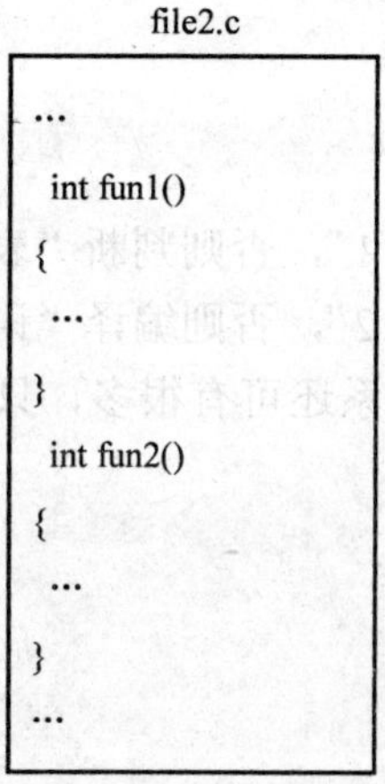

图 1-6　2 个 C 程序源文件

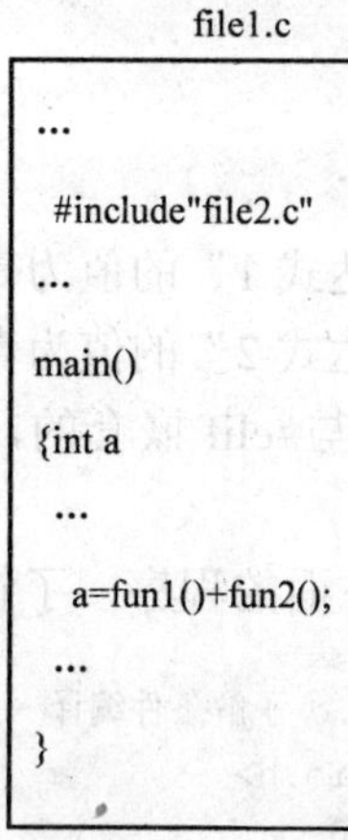

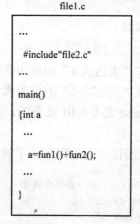

图 1-7　编译前文件包含命令被替换

提示　请注意区分外部函数与文件包含的区别，它们都是可以在某个程序中用到另一个文件中的函数，但使用的方法有所不同。

1.5.3　条件编译及其他

ANSIC 标准定义的 C 语言预处理命令还包括下列命令：

```
#error
#if
#else
#elif
#endif
#ifdef
#ifndef
#line
#pragma
```

其中，#if、#elif、#endif、#ifdef 和#ifndef 都属条件编译命令，可对程序源代码有选择地进行编译。

1. #if、#else、#elif 和#endif

#if、#else、#elif 和#endif 的一般形式有如下几种。

（1）# if　表达式

```
        语句段 1
  [# else
        语句段 2]
  # endif
```

作用：如果“表达式”的值为真，则编译“语句段 1”，否则编译“语句段 2”，方括号表示可默认，不论是否有#else，#endif都是必不可少的。

（2）# if 表达式 1

```
    语句段 1
# elif 表达式 2
    语句段 2
# else
    语句段 3
# endif
```

作用：如果“表达式 1”的值为真，则编译“语句段 1”，否则判断“表达式 2”；

如果“表达式 2”的值为真，则编译“语句段 2”，否则编译“语句段 3”。

在这里，#else是与#elif嵌套的，类似这样的嵌套关系还可有很多，只要满足嵌套规则就可以了。

【例 1-11】阅读下面的程序，了解条件编译的作用。

```
/*example1_11.c 了解条件编译 */
#include <stdio.h>
#define MAX 10
main()
{
    #if MAX>99
        printf("compile for array greater than 99\n");
    #else
        printf("compile for small array\n");
    #endif
}
```

程序运行结果：

```
compile for small array
```

在此例中，因为MAX小于99，所以，不编译#if块下面的程序，只编译#else块下面的程序，因此，屏幕上显示“compiled for small array”这一消息。

2. #ifdef和#ifndef

（1）#ifdef的一般形式：

```
# ifdef  宏名
    语句段
# endif
```

作用：如果在此之前已定义了这样的宏名，则编译“语句段”。

（2）#ifndef的一般形式：

```
# ifndef  宏名
    语句段
# endif
```

作用：如果在此之前没有定义这样的宏名，则编译“语句段”。

#else可用于#ifdef和#ifndef中，但#elif不可以。

【例 1-12】 阅读下面的程序，了解#ifdef 和#ifndef 的作用。

```
/*example1_12.c  了解条件编译 */
#include <stdio.h>
#define TED 10
main()
{
    #ifdef TED
          printf("Hi,Ted\n");
    #else
          printf("Hi,Anyone\n");
    #endif
    #ifndef RALPH
         printf("RAPLH not defined\n");
    #endif
}
```

程序运行结果：

```
Hi,Ted
RAPLH not defined
```

可以像嵌套#if 那样，#ifdef 与#ifndef 也可以嵌套。

3. #error

#error 属处理器命令，它的作用是强迫编译程序停止编译，主要用于程序调试。

4. #line

命令#line 改变_LINE_与_FILE_的内容，它们是在编译程序中预先定义的宏名。

命令的基本形式如下：

```
# line number["filename"]
```

其中的数字为任何正整数，可选的文件名为任意有效文件标识符，行号为源程序中当前行号，文件名为源文件的名字。命令#line 主要用于调试及其他特殊应用。

例如，下面的程序通过#line 100 说明 main()函数的行计数_LINE_的值从 100 开始；因此，printf()语句输出的_LINE_的值为 102，因为它是语句#line 100 后的第 3 行。

```
#include <stdio.h>
#line 100                    /*初始化行计数器 */
main()                       /* 行号 100   */
{                            /* 行号 101   */
  prinft("%d\n", _LINE_);   /* 行号 102   */
}
```

ANSI 标准说明了 5 个预定义的宏名，它们是：

```
_LINE_
_FILE_
_DATE_
_TIME_
_STDC_
```

如果编译不是标准的，有可能仅支持以上宏名中的几个或根本不支持。编译程序也许会提供其他预定义的宏名。

其他宏名的含义请参见相关编译手册。

注意 系统定义的宏名在书写时一般是由标识符与两边各一条下划线构成。

1.6 综合范例

【例 1-13】编写程序，用扩展 ASCII 中的制表符在屏幕上画一个如图 1-8 所示的 *n* 行×*m* 列大小的方格棋盘（*x*、*y* 表示屏幕坐标）。

提示 要用到扩展 ASCII 中的制表符要求，程序要求在文本模式下运行，可用适合于 DOS 模式的集成开发环境，如 Turbo C(2.0)、borland C++(4.0)以上的版本等。

分析：扩展 ASCII 共有 128 个，编号为 128～255。方格的符号可由 9 个制表符组成，分别为左上角 ┌、右上角 ┐、左下角 └、右下角┘、左边 ├、右边┤、上边┬、下边┴、十字叉┼这 9 个符号组成：

┌┬┐
├┼┤
└┴┘

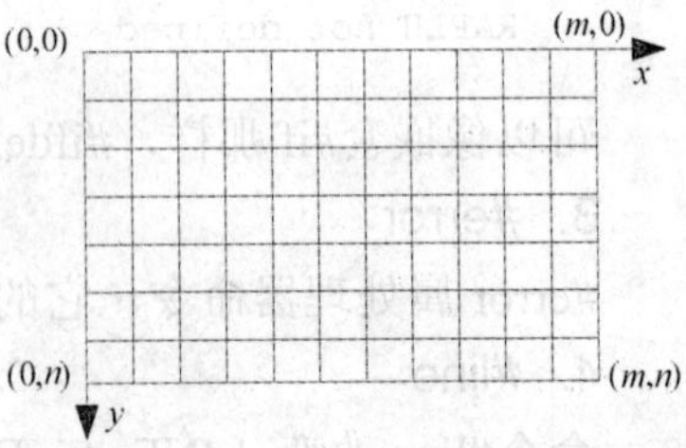

图 1-8　*n* 行 *m* 列的方格棋盘

从扩展 ASCII 码表中可查得制表符的编码，程序只要对方格棋盘的每一行输出合适的制表符号即可。可用宏定义要输出的制表符。

程序如下：

```
/*example1_13.c    用扩展 ASCII 码制表符在屏幕上画一个棋盘*/
/*注意：本程序要在 DOS 模式下运行，否则无法显示正确结果*/
#include <stdio.h>
#include <ctype.h>
#include <conio.h>
/*宏定义画棋盘所需的制表符*/
#define LU 0xda                /* 左上角符号：┌ 218*/
#define RU 0xbf                /* 右上角符号：┐ 191*/
#define LD 0xc0                /* 左下角符号：└ 192*/
#define RD 0xd9                /* 右下角符号：┘ 217*/
#define L  0xc3                /* 左边符号：  ├ 195*/
#define R  0xb4                /* 右边符号：  ┤ 180*/
#define U  0xc2                /* 上边符号：  ┬ 194*/
#define D  0xc1                /* 下边符号：  ┴ 193*/
#define CROSS 0xc5             /* 十字叉符号：┼197*/
void draw_cross(int x,int y);
void draw_map(int m,int n);
int m,n;
void main()
{
```

```
        printf("Please enter the whith and high(m,n):\n");
        scanf("%d%d",&m,&n);
        draw_map(m,n);
     getch();
  }
  /*函数定义:*/
  void draw_map(int m,int n) /*画棋盘*/
  {
        int i,j;
        for(i=0;i<=n;i++)
     {
              for(j=0;j<=m;j++)
                    draw_cross(i,j);  /*画相应的制表符*/
        printf("\n");
     }

  }
  void draw_cross(int y,int x)
  {
         if(x==0 && y==0)
           {
               putch(LU); /*画左上角*/
               return;
           }
          if(x==0 && y==n)
            {
                putch(LD); /*画左下角*/
                return;
            }
          if(x==m && y==0)
            {
                putch(RU); /*画右上角*/
                return;
            }
          if(x==m && y==n)
            {
                putch(RD); /*画右下角*/
                return;
            }
         if(x==0)
            {
               putch(L); /*画左边*/
               return;
            }
         if(x==m)
            {
               putch(R); /*画右边*/
               return;
            }
         if(y==0)
            {
              putch(U); /*画上边*/
              return;
            }
         if(y==n)
            {
```

```
            putch(D);  /*画下边*/
            return;
        }
        putch(CROSS);  /*画十字叉*/
    }
```

程序运行结果：

```
Please enter the whith and high (m, n):
18 18↲
```

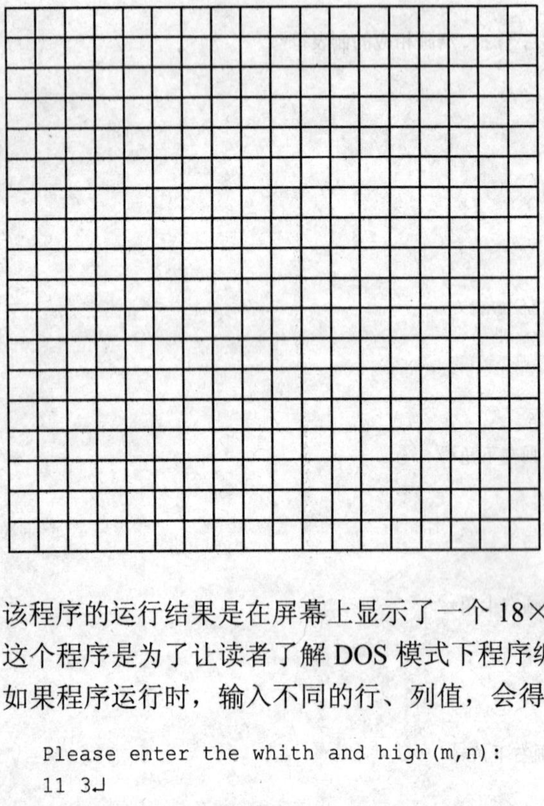

该程序的运行结果是在屏幕上显示了一个 18×18 大小的方格棋盘。

这个程序是为了让读者了解 DOS 模式下程序编写及运行，读者可根据自己的情况取舍。

如果程序运行时，输入不同的行、列值，会得到不同的结果，如

```
Please enter the whith and high(m,n):
11 3↲
```

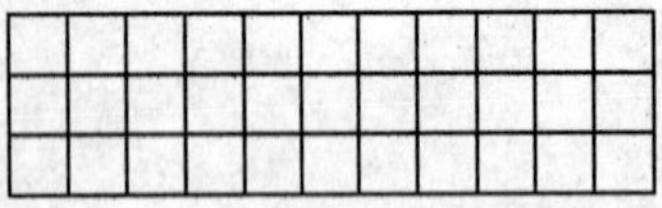

程序中对制表符用的是十六进制的表示，如左上角的符号“┌”的十六进制为：0xda（其十进制为：218）。程序采用 putch()函数来输出相应的制表符，如 putch(LU)输出左上角的符号，采用 printf("%c",218)也可以达到同样的效果。

请读者修改程序，改变棋盘方格的颜色、起始位置等，还可以尝试采用其他的模式来实现在屏幕上画出棋盘，如画图模式等，这需要了解更多的关于 DOS 环境下 C 语言程序的系统函数功能及使用方法。有兴趣的读者可参考相关的 C 语言编译手册。

【例 1-14】编写程序，从键盘输入一个正整数 number，通过函数将该整数值的数字反向返回：int reverseDigits(int number)。为简单起见，number 的取值范围为 1～9999。例如：整数值为 4629，函数的返回值应为 9264；若整数值为 3027，函数的返回值应为 7203。程序以输入−1

作为结束。

分析：该问题的核心是要通过函数 int reverseDigits(int number)将数字 number 反向后，返回一个新的数 reverse，因此，必须分离 number 的每一位数字，number 的最低位成为 reverse 的最高位。

函数 int reverseDigits(int number)的算法可这样设计：

1．先置反向数 reverse=0。

2．如果 number<10，则 reverse=number；转 4。

3．如果 number≥10，则

（1）取 number 的个位数（number%10）的余数生成反向数：

```
reverse=reverse×10+(number%10);
```

（2）修改 number 的值，去掉 number 的个位数：

```
number= number/10；转 3。
```

否则，得到反向数最后的值：`reverse= reverse×10+number;`

4．返回反向数 reverse。

函数 int reverseDigits(int number)的算法流程如图 1-9 所示。

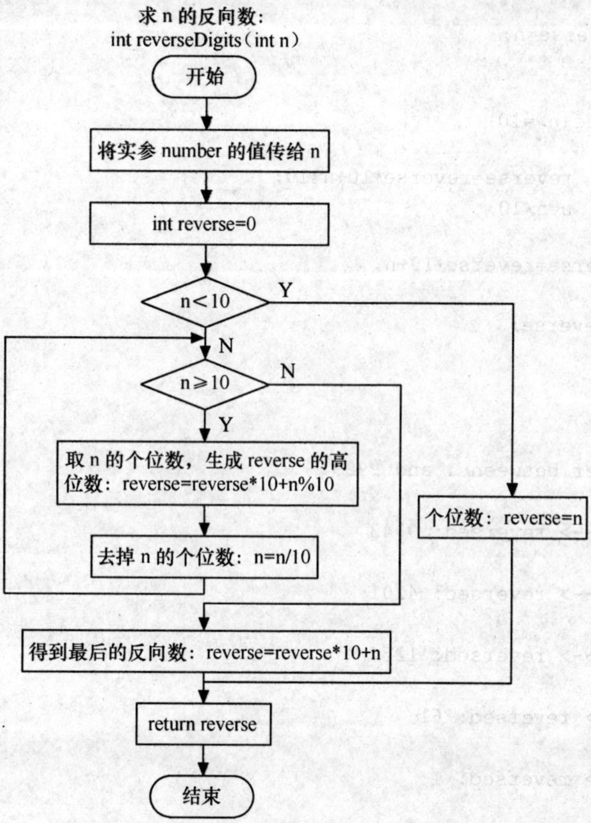

图 1-9 函数 reverseDigits 的算法流程图

根据图 1-9 所示的流程图写出的程序如下：

```
/*example1_14.c  从键盘输入整型数，反向将其数字输出*/
#include <stdio.h>
int reverseDigits(int n);
int main()
{
    int number,reverse;
    printf("Enter a number between 1 and 9999:\n");
    scanf("%d",&number);
    while(number!=-1)
    {
         if(number>0 && number<10000)
         {
              reverse=reverseDigits(number);
              printf("number: %d--> reversed: %d\n",number,reverse);
         }
         else
              printf("Sorry! You enter a wrong number.Please try again!\n");
         scanf("%d",&number);
    }
    return 0;
}
int reverseDigits(int n)
{
    int reverse=0;     /*反向后的数*/
    if(n<10)
         reverse=n;
    else
    {
         while(n>=10)
         {
              reverse=reverse*10+n%10;
              n=n/10;
         }
         reverse=reverse*10+n;
    }
    return reverse;
}
```

程序运行结果:

```
Enter a number between 1 and 9999:
3409↵
number: 3409--> reversed: 9043
1024↵
number: 1024--> reversed: 4201
4521↵
number: 4521--> reversed: 1254
16↵
number: 16--> reversed: 61
10↵
number: 10--> reversed: 1
6↵
number: 6--> reversed: 6
0857↵
number: 857--> reversed: 758
-1↵
```

提示　解决该问题的算法不只这一种，读者可以思考一些其他的算法来解决。

【例 1-15】编写程序，求方程 $f(x)= ax^2+bx+c$ 在某区间的定积分：$\int_{lower}^{upper} f(x)\,dx$。为了程序的通用性，要求从键盘输入方程 $f(x)$的系数 a、b 和 c 的值以及积分区间的上下限 *upper*、*lower* 的值。

分析：显然，积分 $\int_{lower}^{upper} f(x)\,dx$ 的结果为图 1-10（a）所示阴影部分的平面面积，计算机在求解这个问题时，是将积分区间分解成 n 个微小区间，如图 1-10（b）所示。求出这 n 个小区间的面积之和，即可得到图 1-10（a）所示整个区域面积。

在图 1-11（b）中，第 i 个区间的面积为

$$s=\frac{h\times(f(x_i)+f(x_{i+1}))}{2}\qquad(0\leqslant i\leqslant n-1)\qquad(1.1)$$

式（1.1）中的 $x_i=lower+i\times h$。

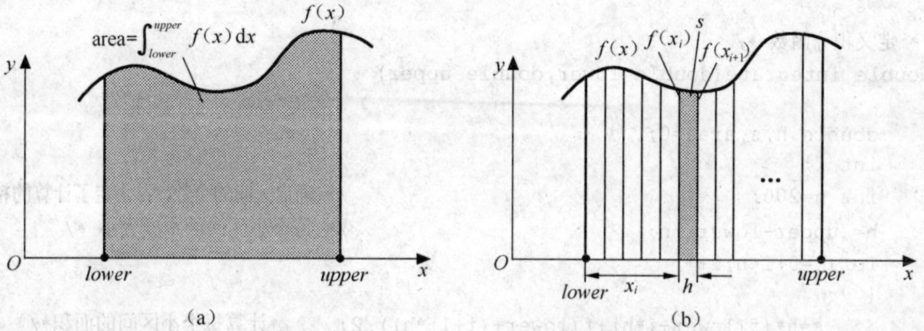

图 1-10　$f(x)$在 x 轴上某个区域的定积分

本题的关键是建立积分的求和函数：

```
double integrate(double lower,double upper)
```

可采用如下的算法。

1．确定区间的个数：n（区间的个数决定了计算结果的精度）。
2．获得区间的宽度大小：$h=(upper-lower)/n$
3．计算某个小区间的面积：$s=h\times(f(lower+i\times h)+f(lower+(i+1)\times h))/2$
4．对 s 求和：$\sum_{i=0}^{n-1} s$，结果即为该积分的近似值。

被积分函数 $f(x)= ax^2+bx+c$ 可以另外单独生成。

程序如下：

```
/*example1_15.c 计算一元二次方程 f(x)在某区间的面积*/
#include <stdio.h>
double f(double x);                                   /*被积函数*/
double integrate(double lower,double upper); /*积分函数*/
double a,b,c;                                         /* 积分方程 f(x)=a*x*x+bx+c 的系数 */
main()
{
```

```
    double upper_limit,lower_limit;
    double result;
    printf("Please enter coefficient of function(a,b,c):\n");
    scanf("%lf%lf%lf",&a,&b,&c); /* 输入函数的参数值*/
    printf("Please enter the lower_limit and upper_limit of integrate:\n");
    scanf("%lf%lf",&lower_limit,&upper_limit);    /* 输入积分的下限和上限值*/
    while(lower_limit>=upper_limit)
    {
        printf("Sorry! The lower can not bigger than upper.\n");
        printf("Please enter angin:\n");
        scanf("%lf%lf",&lower_limit,&upper_limit);
    }
    result=integrate(lower_limit,upper_limit);    /* 调用函数求积分的值 */
    printf("result=%f\n",result);
}
/* 定义被积函数： */
double f(double x)
{
    return a*x*x+b*x+c;
}
/* 定义积分函数 */
double integrate(double lower,double upper)
{
    double h,s,area=0;
    int i;
    int n=200;                          /* 确定区间的个数，n 决定了计算的精度 */
    h=(upper-lower)/n;                  /* 每个小区间的宽度大小 */
    for(i=0;i<n;i++)
    {
        s=h*(f(lower+i*h)+f(lower+(i+1)*h))/2;     /*计算每个小区间的面积*/
        area=area+s;  /*面积求和*/
    }
    return area;
}
```

第 1 次程序运行结果：

```
Please enter coefficient of function(a,b,c):
3 2 1↵
Please enter the lower and upper of integrate:
-1 1↵
result=4.000100
```

第 2 次程序运行结果：

```
Please enter coefficient of function(a,b,c):
1 3 2↵
Please enter the lower and upper of integrate:
0 3↵
result=28.500113
```

从程序第 1 次和第 2 次运行时的输入情况可知：程序分别计算了 2 个函数的积分：$\int_{-1}^{1}(3x^2+2x+1)\,\mathrm{d}x$ 和 $\int_{0}^{3}(x^2+3x+2)\,\mathrm{d}x$ 。

根据定积分原理，积分的计算结果应为：

$$\int_{-1}^{1}(3x^2+2x+1)\,\mathrm{d}x=(x^3+x^2+x)\Big|_{-1}^{1}=4$$

$$\int_{0}^{3}(x^2+3x+2)\,\mathrm{d}x=(\frac{x^3}{3}+\frac{3x^2}{2}+2x)\Big|_{0}^{3}=28.5$$

该程序可以求得任意一元二次方程在某个区域的定积分。对比程序的计算结果与实际计算的结果可知，程序的计算结果与实际值存在一定的误差，并且它们的误差会因为函数 integrate()中小区间个数 n 值的不同而不同，n 值越大，误差越小；n 值越小，误差越大。

在实际工程中，不能对所有问题划分的区间个数都相同，应该要根据区间的大小和精度要求来确定合适的 n 值，求得较为精确的计算结果。

读者可以修改程序，从键盘输入计算精度的 n 值，比较计算结果。

思考　为什么程序要将积分方程 $f(x)=ax^2+bx+c$ 的系数 a、b、c 设置成为全局变量，如果不将系数设置成为全局变量，应怎样修改程序才可以解决该问题？

【例 1-16】由一个古老的传说演变成的汉诺塔游戏：有三根柱子 A、B、C，在 A 柱上按大小顺序依次放着 n 个中间有孔的盘子，如图 1-11（a）所示，现在要将这 n 个盘子从 A 柱移到 C 柱上去，如图 1-11（b）所示，移动过程中，可以借助于中间的 B 柱，规定每次只能移动一个盘子，且在盘子的移动过程中，大盘子只能在小盘子的下面，怎样才能够以最少的移动步骤来完成这个任务？请编写程序，给出完成汉诺塔游戏的移动步骤。

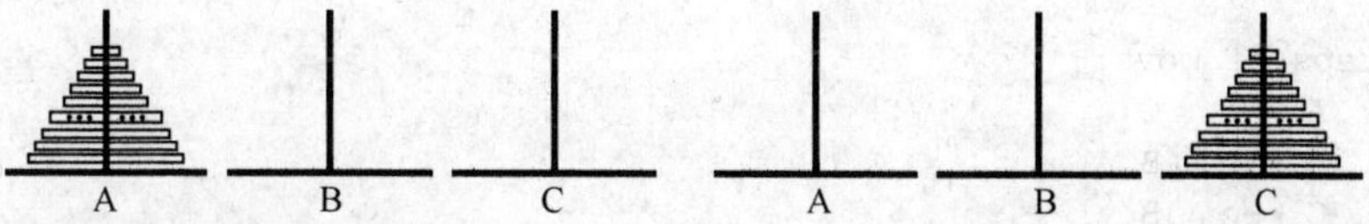

（a）汉诺塔初始状态　　（b）汉诺塔最终状态

图 1-11　汉诺塔游戏的状态

分析：采用递归算法，分 3 步进行。

1．将 A 柱上的 $n-1$ 个盘子移到 B 柱上。

2．直接将 A 柱上最下面的那个盘子移到 C 柱上。

3．将 B 柱上的 $n-1$ 个盘子借助于 A 柱移到 C 柱。

上面这 3 个步骤满足递归函数的要求，第 1 步可看成是原始问题的简化，第 3 步可看成是原始问题的类似。采用递归算法，用伪代码来描述的算法如图 1-12 所示。

```
Procedure Hanoi_Tower(n, A,B,C)
Begin
    IF n=1 Then
        将盘子从 A 移动到 C;
    Else
    {
        Hanoi_Tower(n-1,A,C,B);
        将盘子从 A 移动到 C;
        Hanoi_Tower(n-1,B,A,C)
    }
End Hanoi_Tower
```

图 1-12　汉诺塔游戏步骤的递归算法

程序如下：

```
/*example1_16.c 用递归算法求解汉诺塔游戏的步骤*/
#include<stdio.h>
/*将 n 个盘子从 tower_A 塔借助 tower_B 塔移动到 tower_C 塔上：*/
void HanoTower(unsigned n,char tower_A,char tower_B,char tower_C);
/*移动 tower1 塔上的一个盘子到 tower2)塔上：*/
void move(char tower1,char tower2);
int steps=0;
main()
```

```
{
    unsigned n;
    printf("Please enter the number of disk:\n");
    scanf("%d",&n);                                 /*输入盘子的个数*/
    printf("The steps of move:\n");
    HanoTower(n,'A','B','C');   /*调用函数，将n个盘子从A塔借助B塔移动到C塔上*/
    printf("The Total steps are: %d\n",steps);
}
void HanoTower(unsigned n,char a,char b,char c)
{
    steps++;
    if(n==1)
         move(a,c);
    else
    {
         HanoTower(n-1,a,c,b);
         move(a,c);
         HanoTower(n-1,b,a,c);
    }
}
void move(char tower1,char tower2)
{
    printf("form  \t%c --> \t%c\n",tower1,tower2);
}
```

程序运行结果：

```
Please enter the number of disk:
3↵
The steps of move:
form    A -->   C
form    A -->   B
form    C -->   B
form    A -->   C
form    B -->   A
form    B -->   C
form    A -->   C
The Total steps are: 7
```

汉诺塔游戏的移动步骤会随着盘子数量的增加而呈指数级的增加，如果盘子数为 *n*，则完成游戏所需的步骤为 2^n-1 次，因此，对于盘子数较大时，用递归算法来求解移动的步骤，计算机的时间开销和空间开销都会比较大。

思考

1. 函数 HanoTower(n,'A','B','C')的递归调用过程。
2. 采用非递归的算法设计游戏的求解步骤，并编写程序进行验证。

1.7 本章小结

本章介绍了函数的定义和传值调用函数的方法，作为C语言程序设计的重要内容，函数是实现模块化程序设计的主要手段，传值调用的一个重要用途就是可以使得作为局部变量的实参的值，在调用函数的前后不发生变化，这样可以有效地保护数据不被意外地修改。

另外，介绍了变量的作用域和存储类型在程序中的作用。要注意到这样一种情况：若用全局变量作为函数的参数，则在函数中可以使得该全局变量的值发生变化。

对于递归函数的设计一定要有可使递归结束的条件，否则会使程序产生无限递归。

预处理中的文件包含、宏定义、条件编译等都是由“#”开头，它们并不是 C 语言中的语句。使用预处理命令时，要注意以下几点。

1. 宏替换定义的末尾不能使用分号“;”。
2. 在有参数的宏定义中，参数加括号和不加括号有时会有区别。
3. 使用文件包含时，要避免出现变量和函数发生重定义的现象。
4. 要区分条件编译与条件语句的作用。

习　题

一、单选题。在以下每一题的四个选项中，请选择一个正确的答案。

【题 1.1】按 C 语言的规定，以下不正确的说法是________。

A. 实参可以是常量、变量或表达式

B. 形参不可以为常量

C. 实参的类型可与形参的类型不一致

D. 形参应与其对应的实参类型一致

【题 1.2】以下正确的函数定义形式是________。

A. `double fun(int x,int y)`　　B. `double fun(int x;int y)`

C. `double fun(int x,y)`　　D. `double fun(int x,y;)`

【题 1.3】在一个源文件中定义的全局变量的作用域为________。

A. 本文件的全部范围

B. 本程序的全部范围

C. 本函数的全部范围

D. 从定义该变量的位置开始至本文件结束为止

【题 1.4】C 语言规定，调用一个函数时，实参变量和形参变量之间的数据传递是________。

A. 地址传递

B. 值传递

C. 由实参传给形参，并由形参回传给实参

D. 由用户指定传递方式

【题 1.5】以下描述不正确的是________。

A. 调用函数时，实参可以是表达式

B. 调用函数时，实参与形参可以共用内存单元

C. 调用函数时，将为形参分配内存单元

D. 调用函数时，实参与形参的类型必须一致

【题 1.6】如果在一个函数中的复合语句中定义了一个变量，则该变量________。

A. 只在该复合语句中有效　　B. 在该函数中有效

C．在本程序范围内有效　　　　　　　　D．为非法变量

【题1.7】以下不正确的说法是________。

A．函数未被调用时，系统将不会为形参分配内存单元

B．实参与形参的个数应相等，且实参与形参的类型必须对应一致

C．当形参为变量时，实参可以是常量、变量或表达式

D．形参可以是常量、变量或表达式

【题1.8】以下叙述中不正确的是________。

A．使用static float a 定义的外部变量存放在内存中的静态存储区

B．使用float b 定义的外部变量存放在内存中的动态存储区

C．使用static float c 定义的内部变量存放在内存中的静态存储区

D．使用float d 定义的内部变量存放在内存中的动态存储区

【题1.9】凡是函数中未指定存储类型的局部变量，其隐含的存储类型为________。

A．auto　　　　B．static　　　　C．extern　　　　D．register

【题1.10】在以下关于带参数宏定义的描述中，正确的说法是________。

A．宏名和它的参数都无类型

B．宏名有类型，它的参数无类型

C．宏名无类型，它的参数有类型

D．宏名和它的参数都有类型

二、判断题。判断下列各叙述的正确性，若正确在（　）内标记√，若错误在（　）内标记×。

【题1.11】（　　）C语言程序的主函数必须在其他函数之前，一个C语言程序总是从主函数开始执行。

【题1.12】（　　）在C语言中调用函数时，只能将实参的值传递给形参，形参的值不能传递给实参。

【题1.13】（　　）C语言程序中有调用关系的函数必须放在同一源程序文件中。

【题1.14】（　　）在C语言中函数返回值的类型是由定义函数时所指定的函数类型决定的。

【题1.15】（　　）在C语言中，不同函数中可以使用相同的变量名。

【题1.16】（　　）所有的递归程序均可以采用非递归算法实现。

【题1.17】（　　）在一个C源程序文件中，若要定义一个只允许在该源文件中所有函数使用的变量，该变量的存储类别应该是static。

【题1.18】（　　）在递归函数在中使用自动变量，不同层次的同名变量在赋值时不会互相影响。

【题1.19】（　　）在一个源文件中定义的外部变量的作用域为本文件的全部范围。

【题1.20】（　　）宏替换时先求出实参数表达式的值，然后带入形参运算求值。

三、填空题。请在下面各叙述的空白处填入合适的内容。

【题1.21】C语言中，若程序中使用数学函数，则在程序中应该引用标题文件________。

【题1.22】C语言允许函数值类型缺省定义，此时该函数值隐含的类型是________型。

【题1.23】C语言规定，函数返回值的类型是由________决定的。

【题1.24】如果函数值的类型与返回值类型不一致时，应该以________为准。

【题 1.25】 函数定义中返回值类型定义为 void 的意思是________。

【题 1.26】 在函数外部定义的变量是________变量；形式参数是________变量。

【题 1.27】 函数调用语句 fun((exp1,exp2),(exp3,exp4,exp5));中含有________个实参。

【题 1.28】 在 C 语言程序中，函数的________不可以嵌套，但函数的________可以嵌套。

【题 1.29】 如果函数 funA 中又调用了函数 funA，称________递归。如果函数 funA 中调用了函数 funB，函数 funB 中又调用了函数 funA，称________递归。

【题 1.30】 如果一个函数只能被本文件中其他函数所调用，它称为________，又称________。

四、阅读下面的程序，写出程序运行结果。

【题 1.31】
```
#include <stdio.h>
int fun(int a,int b)
{ int c;
c=a+b;
return c;
}
main()
{int x=5,z;
z=fun(x+4,x);
printf("%d",z)
}
```
运行结果________

【题 1.32】
```
#include <stdio.h>
int max(int a[],int n)
{int i,mx;
  mx=a[0];
  for (i=1;i<n;i++)
     if (a[i]>mx) mx=a[i];
  return mx;
}
main()
{ int a[8]={23,4,6,12,33,55,2,45};
   printf("max is %d\n",max(a,8));
}
```
运行结果________

【题 1.33】
```
#include "stdio.h"
int func(int x, int y)
{int z;
  z=x+y;
  return z++;
}
main( )
{  int i=3, j=2, k=1;
  do
  {  k+=func(i, j);
     printf("%d\n",k);
     i++;
     j++;
  }while(i<=5);
}
```

运行结果________

【题 1.34】
```
#include <stdio.h>
#define N 5
void fun( );
main( )
{  int i;
   for(i=1; i<N; i++)
      fun( );
}
void fun( )
{  static int a;
   int b=2;
   printf(" (%d, %d )\n", a+=3, a+b);
}
```
运行结果________

五、程序填空题。请在下面程序空白处填入合适的语句。

【题 1.35】下面的程序中，函数 prime 的功能是在主函数中输入一个整数，输出是否是质数的信息。

```
#include <stdio.h>
main()
{int prime(int );
int n;
printf("input a integer:\n");
scanf("%d",&n);
if (prime(n))
printf("%d is a prime\n",n);
else  printf("%d is a not a prime\n",n);
}
int prime(int n)
{int flag=1,i;
for(i=2;i<n/2&&________;i++)
if (n%i==0)
flag=0;
________;
}
```

【题 1.36】下面程序采用函数递归调用的方法计算 sum=1+2+3…+n。请填空，使之完整

```
#include<stdio.h>
main()
{int sum(int );
int i;
scanf("%d",&i);
printf("sum=%d\n",________);
}
int sum(int n)
{if (n<=1)
return n;
else return________;
}
```

六、编程题。对下面的问题编写程序并上机验证。

【题 1.37】编写程序，已知三角形三边，求面积。

【题 1.38】编写程序，求 2 个整数的最大公约数。

【题 1.39】 编写函数计算组合数：c(*n*, *k*)=*n*!/(*k*!(*n*−*k*)!)

【题 1.40】 输入整数 *n*，输出高度为 *n* 的等腰三角形。当 *n*=5 时的等边三角形如下：

```
    *
   ***
  *****
 *******
*********
```

【题 1.41】 设计一个函数，输出整数 *n* 的所有素数因子。

【题 1.42】 用递归的方法，计算正整数的阶乘 *n*!

【题 1.43】 编写程序，将字符串 str 中的所有字符 *k* 删除。

【题 1.44】 设有 2 个整型数组 *a*、*b*，试比较这 2 个数组统计出这 2 个数组中对应元素相等与不相等的个数。

【题 1.45】 回文是从前向后和从后向前读起来都一样的句子。写一个函数，判断一个字符串是否为回文，注意处理字符串中有中文也有外文的情况。

【题 1.46】 设计一个函数，交换数组 *a* 和数组 *b* 的对应元素。

【题 1.47】 编写一个求 *n* 的 *n*−1 次方的程序，*n* 由主函数输入，计算由函数 pow 来实现。

【题 1.48】 找出二维数组的鞍点，即该位置上的元素是该行上的最大值，是该列上的最小值。二维数组也可能没有鞍点。

第二部分
应用程序设计基础

第2章 数组

在程序设计中，常需要大量相同数据类型的变量来保存数据，若采用简单变量的定义方式，则需要大量不同的标识符作为变量名，并且这些变量在内存中的存放是随机的，随着这种变量的增多，组织和管理好这些变量会使程序变得复杂。对于这种情况，一种较好的解决办法就是使用数组。

例如：一个班有 50 个学生，统计这个班学生的成绩需要 50 个变量。若定义 50 个相同数据类型（如 int 型）的变量，在程序中的管理会很不方便，若定义成具有 50 个元素的数组（如 int score[50];），在程序中解决问题就方便多了。

在 C 语言中，数组具有以下几个特点。

1．数组可以看成是一种变量的集合，在这个集合中，所有变量的数据类型都是相同的；

2．每一个数组元素的作用相当于简单变量；

3．同一数组中的数组元素在内存中占据的地址空间是连续的；

4．数组的大小（数组元素的个数）必须在定义时确定，在程序中不可改变；

5．数组名代表的是数组在内存中的首地址。

2.1 一维数组的定义和初始化

2.1.1 一维数组的定义

为了与简单变量区别开来，数组利用其下标来区分不同的变量，一维数组的定义格式为：

[存储类型] <数据类型> <数组名>[数组大小];

如 int a[6];

数组名为 a，它有 6 个元素，分别为 a[0]、a[1]、a[2]、a[3]、a[4]、a[5]，每个元素都代表着一个整型变量。

数组在内存中是按顺序连续存放的，占用的内存大小为每一个元素占用内存的大小的和。

使用数组时要注意以下几个方面。

(1) C 语言对数组的下标值是否越界不做检测，如有数组 int score[6]，数组 score 的下标值为 0～5，若在程序中使用了 score[6]或其他下标值，程序仍会运行，但有可能出现意外情况。因此，在程序中对数组元素的使用需要谨慎，以防止程序遭到破坏，必要的时候，要编写一段程序来检测数组元素的下标是否越界。

（2）数组不能整体输入或整体输出，只能对其数组元素进行输入和输出。

【例2-1】阅读下面的程序，通过程序的运行结果，了解一维简单数组的输入和输出。

```
/*example2_1.c 了解一维简单数组的输入和输出*/
#include<stdio.h>
main()
{
    int a[5],i;
    printf("第1组：输入5个值，输出5个值\n");
    printf("Please enter 5 numbers of a[5]:\n");
    for(i=0;i<5;i++)
        scanf("%d",&a[i]);
    for(i=0;i<5;i++)
        printf("a[%d] is %d\n",i,a[i]);
    printf("----------------------------\n");
    printf("第2组：输入5个值，输出10个值\n");
    printf("Please enter 5 numbers of a[5]:\n");
    for(i=0;i<5;i++)
        scanf("%d",&a[i]);
    for(i=0;i<10;i++)
        printf("a[%d] is %d\n",i,a[i]);
    printf("----------------------------\n");
    printf("第3组：输入10个值，输出10个值\n");
    printf("Please enter 10 numbers of a[5]:\n");
    for(i=0;i<10;i++)
        scanf("%d",&a[i]);
    for(i=0;i<10;i++)
        printf("a[%d] is %d\n",i,a[i]);
}
```

程序运行结果：

```
第1组：输入5个值，输出5个值
Please enter 5 numbers of a[5]:
1 2 3 4 5↵
a[0] is 1
a[1] is 2
a[2] is 3
a[3] is 4
a[4] is 5
----------------------------
第2组：输入5个值，输出10个值
Please enter 5 numbers of a[5]:
11 22 33 44 55↵
a[0] is 11
a[1] is 22
a[2] is 33
a[3] is 44
a[4] is 55
a[5] is 1245120
a[6] is 4199417
a[7] is 1
a[8] is 3608336
a[9] is 3608536
```

```
-----------------------------
第 3 组：输入 10 个值，输出 10 个值
Please enter 10 numbers of a[5]:
31 32 33 34 35 36 37 38 39 40↵
a[0] is 31
a[1] is 32
a[2] is 33
a[3] is 34
a[4] is 35
a[5] is 36
a[6] is 37
a[7] is 38
a[8] is 39
a[9] is 40
```

从程序的运行结果，可以得到以下结论：

1. 为确保程序的正确性，要求使用的数组元素与定义的大小要相符合，如第 1 组的输入/输出情况；

2. 对于超出数组大小范围的非数组元素，程序并不检查该数组元素的合理性与否，但其结果是无法预料的，如果在程序中使用这些非数组元素的值，将会导致严重的错误，如第 2 组的输入/输出情况；

3. 如果对超出数组大小的非数组元数输入合理的值，表面上看输出的结果也是正确的，但实际上系统已经出现了问题，程序会非正常结束，如第 3 组的输入/输出情况。

因此，使用数组的时候，一定要在数组大小定义的范围内，才能保证数据的可靠性。

2.1.2 一维数组的初始化

C 语言允许在定义数组的同时，可以对数组中的元素赋初值，这称为数组的初始化。

初始化数组格式：

```
[static] <类型标识符> <数组名[<元素个数>]>={<初值列表>};
```

或

```
<类型标识符> <数组名[<元素个数>]>={<初值列表>};
```

注意 格式中的<初值列表>是用逗号分隔的数值；不写明<元素个数>的时候，系统自动将<初值列表>中数值的个数作为元素个数。

例如：

1. `int a[5] ={2, 4, 6, 8,10};` 或者：`int a[ ] =={2, 4, 6, 8,10};`

都表示：a[0]=2，a[1]=4，a[2]=6，a[3]=8，a[4]=10。

2. `static int b[5] ={2, 4, 6, 8,10};` 或者：`static int b[ ] ={2, 4, 6, 8,10};`

都表示：b[0]=2 b[1]=4 b[2]=6 b[3]=8 b[4]=10

对于自动存储类型的数组，若<初值列表>中给出的数据个数少于<元素个数>，则只能给数组前面的元素赋值，数组后面元素的值不能确定。

例如：`int c[5] ={1, 3, 5};`

表示 c[0]=1，c[1]=3，c[2]=5。但 c[3]和 c[4]的值不能确定。

对静态存储类型的数组，若<初值列表>中给出的数据个数少于<元素个数>，则除了能给数组前面的元素赋值外，系统将对数组后面元素的值自动赋 0 值（对字符数组赋空值 NULL，

空值为不可见字符，即 ASCⅡ为零的值）。

例如：

`static int d[5] ={11, 33, 55};` 表示 d[0]=11，d[1]=33，d[2]=55，d[3]=0，d[4]=0。

`static w [5]={'A','B','C'};` 表示 w[0]=A，w[1]=B，w[2]=C，w[3]=w[4]=NULL。

2.2 一维数组的使用

数组定义完成后，就可以在程序中引用数组元素，引用格式如下：

```
数组名[下标]
```

数组元素的作用等同于简单变量。在前面定义了数组的基础上，还可对数组元素进行各种表达式运算，例如：

```
a[3]=28;
b[4]=a[2]+a[3];
w[3]= 'd';
c[2]=c[4]%2;
printf("%d",a[0]);
```

关于数组元素引用的说明如下。

1．下标可以是整数或整型表达式，若 i，j 均为整型变量，则下面的数组使用是合法的。

```
var[i+j]=2;
str[1+2]='e';
```

2．下标的值不应超过数组的大小，如数组 a 的大小为 5，则下标的取值在 0～4 的范围内。

需要特别强调的是：C 编译不检查下标是否“出界”。对于数组：int var[5]，如果使用 var[5]，编译时不指出“下标出界”的错误，而把 var[4]下面一个单元中的内容作为 var[5]引用，如图 2-1 所示。

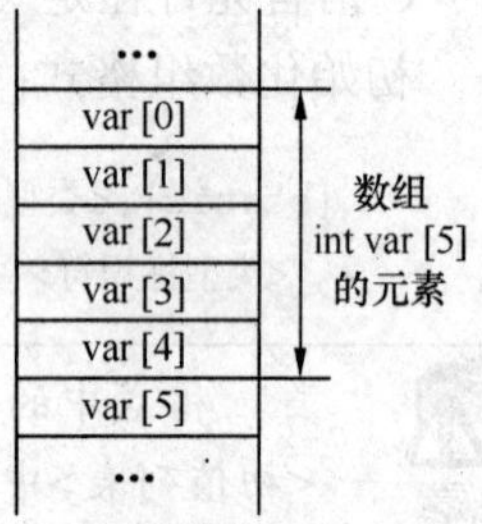

图 2-1　超过下标的数组元素

var[4]后面的单元并不是我们所需引用的数组元素。如果有这样的赋值语句：

```
var[5]=89;
```

系统并不会报错，这就有可能破坏数组以外的其他变量的值，造成一些意外的后果。因此，设计程序时必须注意这一点，确保数组的下标值在允许的范围之内。

【例 2-2】 阅读下面的程序，了解一维数组各元素的基本应用情况。

```
/*exampple2_2.c  一维数组在程序中的使用*/
#include <stdio.h>
main()
{
    int i,a[5]={1,2,3,4,5};          /*初始化数组*/
    printf("输出数组元素的正确值：\n");
```

```
    for(i=0;i<5;i++)
          printf("a[%d]=%d\t",i,a[i]);
    printf("\n输出超出下标的元素的值:\n");
    for(i=5;i<10;i++)              /*使用超出下标的元素*/
          printf("a[%d]=%d\t",i,a[i]);
    printf("\n改变数组元素的值:\n");
    a[0]=(a[1]+a[2])*(a[3]+a[4]);
    printf("a[0]=%d\n",a[0]);
}
```

程序运行结果：

```
输出数组元素的正确值:
a[0]=1  a[1]=2  a[2]=3  a[3]=4  a[4]=5
输出超出下标的元素的值:
a[5]=5 a[6]=1245120   a[7]=4199161   a[8]=1  a[9]=3608352
改变数组元素的值:
a[0]=45
```

显然，a[5]、a[6]、a[7]、a[8]和 a[9]不属于数组 a 中的元素，但程序并不检查，反而会给出相应的值，但给出什么样的值，是随机的，是无法预料的。

【例 2-3】 编写程序，计算出 fibonaci 数列前 20 项的值，将计算结果保存到数组 FBNC 中。并将其输出到屏幕上，每行 5 项，一共 4 行。

分析：本例求解的问题与例 1-8 类似，用数组 FBNC[n]保存数列的每一项，fibonaci 数列的组成规律为：

```
FBNC[0]=0
FBNC[1]=1
  ⋮
FBNC[i]= FBNC[i-1]+ FBNC[i-2]  (i=2,3,…,n)
```

从第 3 项开始的，每个数据项的值为前 2 个数据项的和。

本例题只要计算前 20 项的值。可以采用一维整型数组 int FBNC[20]来保存这个数列的前 20 项。

程序如下：

```
/*example2_3.c  输出 Fibonaci 数列前 20 项的值*/
#include <stdio.h>
main()
{
    int i;
    unsigned long FBNC[20];
    FBNC[0]=0;
    FBNC[1]=1;
    for(i=2;i<20;i++)
          FBNC[i]=FBNC[i-2]+FBNC[i-1];
    printf("Fibonaci 数列的前 20 项的值为: \n");
    for(i=0;i<20;i++)
    {
         if(i%5==0)
              printf("\n");
        if(i<10)
              printf("F[%d]=%lu\t\t",i,FBNC[i]);
```

```
        else
            printf("F[%d]=%lu\t",i,FBNC[i]);
    }
}
```

程序运行结果：

```
Fibonaci 数列的前 20 项的值为：
F[0]=0      F[1]=1      F[2]=1       F[3]=2       F[4]=3
F[5]=5      F[6]=8      F[7]=13      F[8]=21      F[9]=34
F[10]=55    F[11]=89    F[12]=144    F[13]=233    F[14]=377
F[15]=610   F[16]=987   F[17]=1597   F[18]=2584   F[19]=4181
```

对于 Fibonaci 数列，要注意随着项数的增大，数列的值会急剧的增加，有可能会超过变量所能存储的最大值。

思考　能否求出程序能够计算的最大 Fibonaci 数列值所在的项数？如果可以，请修改程序并加以验证。

2.3 多维数组

2.3.1 二维数组的概念

二维数组的应用很广，如平面上的一组点的集合就可用二维数组表示，每个点由代表着 x 轴的横坐标和代表着 y 轴的纵坐标来表示，如图 2-2 所示。

平面上的点可用二维数组来表示：

$$P[x][y]=\begin{bmatrix} a_{11} & a_{12} & \cdots & a_{1n} \\ a_{21} & a_{22} & \cdots & a_{2n} \\ \vdots & \vdots & & \vdots \\ a_{n1} & a_{n2} & \cdots & a_{nn} \end{bmatrix}$$

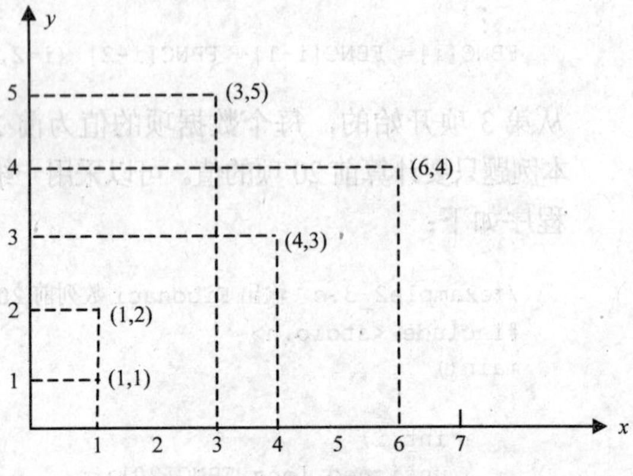

图 2-2　用二维数组表示点

如果图 2-2 所表示的 5 个点代表着 5 个温度采集点，以 x、y 表示各采集点的坐标值，不同的采集点采集到的温度值各不相同，以 P[x][y] 代表温度采集点，假设有：

```
P[1][1]=28.1
P[1][2]=29.5
P[3][5]=33.8
P[4][3]=31.2
P[6][4]=32.4
```

则这些点的值分别代表着平面上不同点的温度。

2.3.2　二维数组的定义

二维数组的定义格式为：

```
<类型标识符>  数组名[行元素个数][列元素个数]；
```

例如：

```
char word[3][2];    /* 数组 word，具有 3 行 2 列，每一个数组元素的值都是字符型数据*/
int num[2][4];      /* 数组 num，具有 2 行 4 列，每一个数组元素的值都是整型数据*/
float term[4][3];   /* 数组 term，具有 4 行 3 列，每一个数组元素的值都是浮点型数据*/
```

同一维数组相同，数组元素的下标从 0 开始，因此，数组 word 中的元素为：

```
word[0][0]  word[0][1]
word[1][0]  word[1][1]
word[2][0]  word[2][1]
```

二维数组在内存中的存放顺序是“按行优先，先行后列”。即按顺序先存放第一行的数据，然后是第二行、第三行……直到最后一行。例如，上面的 word 数组在内存中的存放顺序如图 2-3 所示。

从二维数组中各元素在内存中的排列顺序可以计算出数组元素在数组中的顺序号。假设有一个 m×n 的二维数组 a[m][n]，其中数组元素 a[i][j]在数组中排列的位置为：

```
i×n+j+1（其中 i=0，1，2，…，m-1，j=0，1，…，n-1）
```

例如，有一个 4×3 的数组 a[4][3]：

$$a=\begin{bmatrix} a_{11} & a_{12} & a_{13} \\ a_{21} & a_{22} & a_{23} \\ a_{31} & a_{32} & a_{33} \\ a_{41} & a_{42} & a_{43} \end{bmatrix}$$

元素 a[2][1]在数组中的排列位置为：2×3+1+1=8，即它在数组元素存储序列中是排在第 8 位，如果视其为一维数组，则下标值为 7。从图 2-4 中可以清楚地看到数组 a 中每一个元素存储的位置顺序。

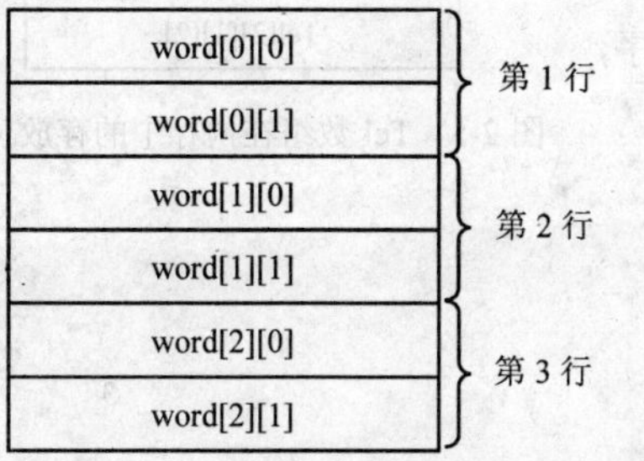

图 2-3　二维数组元素的存放顺序

数组 a 的元素	排列位置(从 1 算起)	下标值(从 0 算起)
a[0][0]	1	0
a[0][1]	2	1
a[0][2]	3	2
a[1][0]	4	3
a[1][1]	5	4
a[1][2]	6	5
a[2][0]	7	6
a[2][1]	8	7
a[2][2]	9	8
a[3][0]	10	9
a[3][1]	11	10
a[3][2]	12	11

图 2-4　数组排列位置

其实从上面列出的矩阵形式便很容易地得到上述计算公式。对一个 a_{ij} 元素（在 C 语言中表示为 a[i][j]），在它前面有 i 行，共有 i×n 个元素。在 a_{ij} 所在的行中，a_{ij} 前面还有 j 个元素，因此在数组 a 中 a_{ij} 前面共有 i×n+j 个元素。那么 a_{ij} 就在第（i×n+j）+1 个元素。因为下标是从 0 算起，因此 a_{21} 的下标号为 7。

2.3.3　多维数组的定义

多维数组的定义格式为：

<类型标识符> 数组名[元素 1 的个数][元素 2 的个数][元素 3 的个数]……[元素 n 的个数]；

多维数组的物理意义在计算机中的表现并不是很明确，更多的概念表现在它的逻辑关系上，因为计算机对多维数组是按照一定的顺序将数组中的元素存储在内存中，形成一个序列，因此，也可以像对待一维数组那样来处理多维数组。

```
例如：int Tel[3][2][3];       /* 三维数组 Tel，每个数组元素的值都是整型数据，共有 18 个元素  */
      float V[2][2][3][2];    /* 四维数组 V，每个数组元素的值都是浮点型数据，共有 24 个元素  */
```

多维数组在内存中的存放顺序仍然是“按行优先”，上面 Tel 数组的元素为：

```
Tel[0][0][0]    Tel[0][0][1]    Tel[0][0][2]
Tel[0][1][0]    Tel[0][1][1]    Tel[0][1][2]
Tel[1][0][0]    Tel[1][0][1]    Tel[1][0][2]
Tel[1][1][0]    Tel[1][1][1]    Tel[1][1][2]
Tel[2][0][0]    Tel[2][0][1]    Tel[2][0][2]
Tel[2][1][0]    Tel[2][1][1]    Tel[2][1][2]
```

在内存中的存放顺序如图 2-5 所示。

Tel[0][0][0]
Tel[0][0][1]
Tel[0][0][2]
Tel[0][1][0]
Tel[0][1][1]
Tel[0][1][2]
Tel[1][0][0]
Tel[1][0][1]
Tel[1][0][2]
Tel[1][1][0]
Tel[1][1][1]
Tel[1][1][2]
Tel[2][0][0]
Tel[2][0][1]
Tel[2][0][2]
Tel[2][1][0]
Tel[2][1][1]
Tel[2][1][2]

图 2-5　Tel 数组在内存中的存放位置

从图 2-5 可以看到，存放顺序是先变化第三个下标，然后变化第二个下标，最后变化第一个下标。

请注意不要将二维数组及多维数组写成 a[4,3]或 Tel[3, 2, 3]的形式，每个下标都应当用方括号括起来，下标可以是整型表达式，同一维数组所指出的相同，使用时下标值不应超过定义时的范围。

二维数组及多维数组的输入/输出可采用二重循环或多重循环对每个数组元素进行输入/输出，而不能只对数组名进行操作。

【例 2-4】 下面的程序功能是向一个具有 3 行 4 列的二维数组 a [3][4]输入数值并输出全部数组的元素。阅读程序，了解多维数组元素的输入/输出方法。

```
/*example2_4.c    二维数组元素的输入与输出*/
#include <stdio.h>
main()
{
    int i,j;
    int a[3][4];
    printf("Please input value of a (a[0][0]~a[2][3]):\n");
```

```
    for(i=0;i<3;i++)
        for(j=0;j<4;j++)
            scanf("%d",&a[i][j]);
    printf("The value of a is:\n");
    for(i=0;i<3;i++)
    {
        for(j=0;j<4;j++)
            printf("a[%d][%d]=%d\t",i,j,a[i][j]);
        printf("\n");
    }
}
```

程序运行结果：

```
Please input value of a (a[0][0]~a[2][3]):
1  2  3  4  5  6  7  8  9  10  11  12↵
The value of a is:
a[0][0]=1      a[0][1]=2      a[0][2]=3      a[0][3]=4
a[1][0]=5      a[1][1]=6      a[1][2]=7      a[1][3]=8
a[2][0]=9      a[2][1]=10     a[2][2]=11     a[2][3]=12
```

2.3.4　二维数组及多维数组的初始化

同一维数组一样，可以在定义的同时对数组元素赋以初值。对二维数组及多维数组的元素赋初值时，采用“按行优先”的顺序对数组元素赋值。赋值时可采用对元素全部赋值和部分赋值两种方式，以二维数组 array[3][2]为例。

1．对全部元素赋初值

```
赋初值格式：<类型标识符>  array[3][2] {{a1, a2}, {a3, a4}, {a5, a6}};   ①
        或：<类型标识符>  array [3][2] {a1, a2, a3, a4, a5, a6};         ②
        或：<类型标识符>  array [ ][2] {{a1, a2, a3, a4, a5, a6};         ③
```

式①称为分行赋值方式；式②、式③称为按顺序赋值。

```
例如：int array [3][2]={{1,2}, {3, 4}, {5, 6}};      /*采用第①种赋值方式*/
      int array [3][2]={ 1,2, 3, 4, 5, 6};            /*采用第②种赋值方式*/
      int array [ ][2]={ 1,2, 3, 4, 5, 6};            /*采用第③种赋值方式*/
```

上面 3 种对数组 array 元素赋初值的结果都是相同的，程序会按数组在内存中的排列顺序将各初值赋予数组元素，如图 2-6 所示。

数组元素在内存中的顺序	数组元素的值
array[0][0]	1
array[0][1]	2
array[1][0]	3
array[1][1]	4
array[2][0]	5
array[2][1]	6

图 2-6　数组元素赋初值

图2-6的含义相当于：array[0][0]=1;

```
array [0][1]=2;
array [1][0]=3;
array [1][1]=4;
array [2][0]=5;
array [2][1]=6;
```

矩阵式为：

$$\begin{bmatrix}1 & 2\\3 & 4\\5 & 6\end{bmatrix}$$

2. 对部分元素赋初值

赋初值格式：<类型标识符> array[3][2]={{a1, a2},{a3}}; ①

<类型标识符> array[3][2]={ a1, a2, a3}; ②

式①称为分行赋值方式，式②称为按顺序赋值。

例如：

```
static int array [3][2]={{1, 2},{3}}; /*采用第①种赋初值方式*/
static int array [3][2]={ 1, 2, 3};   /*采用第②种赋初值方式*/
```

上面2种对数组array部分元素赋初值的结果是相同的，都是对数组array的前面3个元素赋初值，后面3个元素未赋初值，系统自动赋予0值。数组array中各元素的值为：

```
array [0][0]=1;
array [0][1]=2;
array [1][0]=3;
array [1][1]=0;
array [2][0]=0;
array [2][1]=0;
```

矩阵式为：

$$\begin{bmatrix}1 & 2\\3 & 0\\0 & 0\end{bmatrix}$$

现在，读者也许会问：能否只对数组中每一行的部分元素赋初值，而不是完全按顺序呢？如果可以，怎样实现呢？回答是肯定的：可以对数组中每一行的前面几个元素赋初值，采用分行赋值的方式。

例如：static int brr[3][4]={{1},{2, 3},{4,5,6}};

则数组brr中各元素的值为：

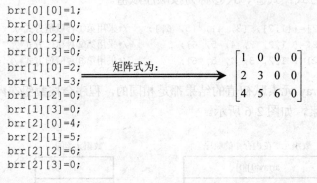

```
brr[0][0]=1;
brr[0][1]=0;
brr[0][2]=0;
brr[0][3]=0;
brr[1][0]=2;
brr[1][1]=3;
brr[1][2]=0;
brr[1][3]=0;
brr[2][0]=4;
brr[2][1]=5;
brr[2][2]=6;
brr[2][3]=0;
```

矩阵式为：

$$\begin{bmatrix}1 & 0 & 0 & 0\\2 & 3 & 0 & 0\\4 & 5 & 6 & 0\end{bmatrix}$$

请注意：如果我们想把数值brr[3][4]中各元素的值赋初值：

$$\begin{bmatrix}0 & 0 & 0 & 1\\0 & 0 & 2 & 3\\0 & 4 & 5 & 6\end{bmatrix}$$

则可以这样定义：

```
int brr[3][4]={{0, 0, 0, 1}, {0, 0, 2, 3}, {0, 4, 5, 6}};
```

下面，我们来看一下三维数组的初始化：

```
int a[2][3][4]={{{1, 2, 3, 4}, {5, 6, 7, 8}, {9, 10, 11, 12}}
                {{13, 14, 15, 16}, {17, 18, 19, 20}, {21, 22, 23, 24}}};
```

由于第一维的大小为 2，可以认为 a 数组由 2 个二维数组组成，每个二维数组为 3 行 4 列，如图 2-7 所示。初始化时，对每个二维数组按行赋初值的方法，分别用花括号把各行元素值括起来，并且将 3 行的初值再用花括号括起来。例如：{{1, 2, 3, 4}, {5, 6, 7, 8}, {9, 10, 11, 12}}是第一组二维数组的初值；同样，{{13, 14, 15, 16}, {17, 18, 19, 20}, {21, 22, 23, 24}}是第二组二维数组的初值。

1	2	3	4
5	6	7	8
9	10	11	12

13	14	15	16
17	18	19	20
21	22	23	24

图 2-7　对三维数组赋初值

当然也可以不必用这么多的花括号，而把三维数组中全部元素连续写在一个花括号内，按元素在内存中排列顺序依次赋初值，但这样做会降低程序的可读性，如

```
int a[2][3][4]={1, 2, 3, 4, 5, 6, 7, 8, 9, 10, 11, 12, 13, 14, 15, 16, 17,
                18, 19, 20, 21, 22, 23, 24 }
```

也可以省略第一维的大小。上面的定义可改写为：

```
int a[ ][3][4]={1, 2, 3, 4, 5, 6, 7, 8, 9, 10, 11, 12, 13, 14, 15, 16, 17,
                18, 19, 20, 21, 22, 23, 24 }
```

系统会根据初值个数，算出第一维的大小为 2。

从上面的赋值方式可以看到：采用分行赋值的方法概念清楚、含义明确，尤其在初始值比较多的情况下不易出错，也不需一个一个地数，只需找到相应行的数据即可。在分行初始化数组时，由于给出的初值已清楚地表明了行数和各行中的元素值，因此，第一维的大小可以不写，如三维数组：

```
int a[][2][3]={{{1, 2, 0}, {4, 5, 6}}, {{7}, {0, 8, 0}}};
```

它的第一维的大小为 2，数组中各元素的值如图 2-8 所示。

a[0][0][0]=1;
a[0][0][1]=2;
a[0][0][2]=0;
a[0][1][0]= 4
a[0][1][1]=5;
a[0][1][2]=6;
a[1][0][0]=7;
a[1][0][1]=0;
a[1][0][2]=0;
a[1][1][0]=0;
a[1][1][1]=8;
a[1][1][2]=0;

$$\longrightarrow \begin{bmatrix} 1 & 2 & 0 \\ 4 & 5 & 6 \end{bmatrix} \begin{bmatrix} 7 & 0 & 0 \\ 0 & 8 & 0 \end{bmatrix}$$

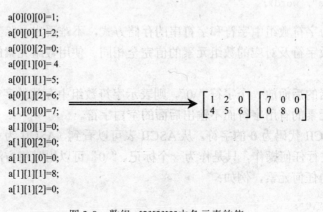

图 2-8　数组 a[2][2][3]中各元素的值

2.4 字符数组

“字符串”是指若干有效字符的序列，用双引号（""）括起来。

不同的语言允许使用的字符串是不完全相同的。C 语言中的字符串可以包括字母、数字、专用字符、转义字符等。例如，下面都是合法的字符串：

```
"Hello";"C_Language";"ax+b=c";"78.6";"%f\n"
```

需要特别提示的是：C 语言中并没有字符串变量，字符串不是存放在一个变量中，而是存放在一个字符型的数组中，也就是说，要在 C 语言程序中处理字符串，要借用字符数组来完成，将字符串的每一个字符保存在一个字符型数组中。因此，作为字符数组，存放字符和存放字符串在输入/输出等方面会有一些不同。

例如：

```
char word[12];
```

表示 word 是一个字符数组，可存放最多 12 个字符的字符串。若要用 word 这个数组来存放“C_Language” 10 个字符，可以采用赋值语句，将字符一个一个地赋予字符数组的各个元素，如：

```
word[0]= 'C';      word[1]= '_';
word[2]= 'L';      word[3]= 'a';
word[4]= 'n';      word[5]= 'g';
word[6]= 'u';      word[7]= 'a';
word[8]= 'g';      word[9]= 'e';
```

对这个数组，如果要输出它所有的内容，最好的方法是采用循环将每一个元素的值输出。而 word[10]和 word[11]的值是什么，我们无法预知，因此，不能将其整体输出。

C 语言规定：用字符'\0'作为字符串的结束标志。这样，对上面的数组，只要再加上一条语句：

```
word[10]= '\0';
```

则数组 word 中的内容就可以作为字符串整体输出：

```
printf("%s", word);
```

图 2-9 所示为字符数组中字符和字符串的存储方式，不难看出，除了字符串的结束标志之外，两者的有效字符及对应的数组元素的值完全相同。使用数组元素的时候，两者也是完全相同的。

字符数组元素的后面放一个字符“\0”，则表示字符数组中存放的字符串到此结束。输出时可以得到数组元素的有用字符而不输出后面的空白字符。

“\0”是指 ASCII 代码为 0 的字符。从 ASCII 表可以看到，ASCII 为 0 的字符是一个不可显示字符，它不进行任何操作，只是作为一个标记。“\0”可以用赋值方法赋给一个字符变量或字符型数组中的任何元素，例如：

```
word[4]= '\0';
```

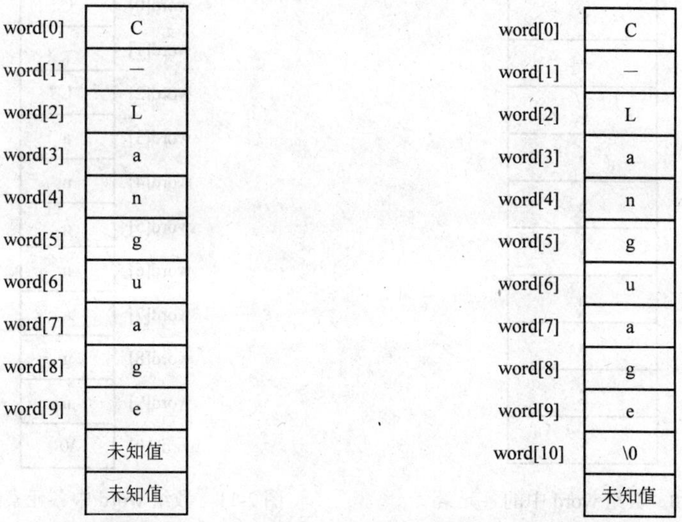

（a） 字符数组　　　　（b）字符串

图 2-9　字符数组和字符串的存储形式

请注意字符数组与字符串这两个术语的含义和它们的区别。字符串存放在字符数组中，字符数组与字符串可以不等长，但字符数组的大小不能小于字符串的长度，字符串常量以符号“\0”作为结束标记。

2.4.1 字符数组的初始化

在定义一个字符数组的同时可以给它指定初值，有如下两种初始化的方法。

（1）逐一为数组中各元素指定初值字符，即分别对每个元素赋初值，例如：

```
char word[10]={ 'C', '_', 'L', 'a', 'n', 'g', 'u', 'a', 'g', 'e'};
```

或

```
char word[]={'C', '_', 'L', 'a', 'n', 'g', 'u', 'a', 'g', 'e'};
```

数组 word 中各元素的值如图 2-10 所示。

注意　这种初始化未将结束标记'\0'存入数组中。

（2）将字符串赋给指定的数组，例如：

```
char word[]={"C_language"};
```

或

```
char word[11]={"C_Language"};
char word[11]= "C_Language";
char word[]="C_Language";
```

请注意上面两种初始化数组的区别。单个字符用单引号括起来，字符串用双引号括起来。采用将字符串赋予数组时，除了将字符串中各字符逐个地按顺序赋予字符数组中的各元素外，系统还自动地在最后一个字符后面加一个“\0”字符作为字符串的结束标志，并把它一起存放在字符数组中，数组 word 中各元素的值如图 2-11 所示。

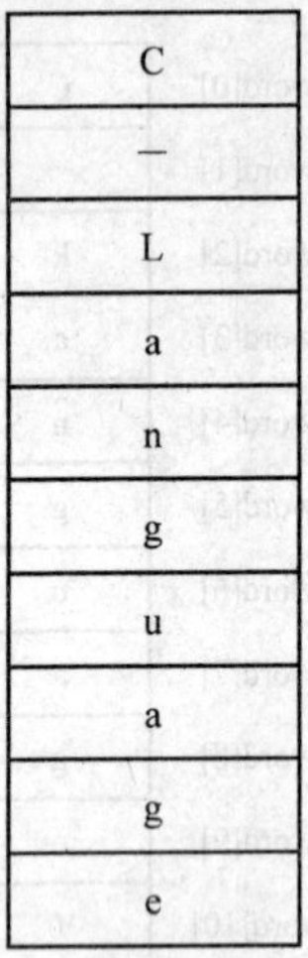

图 2-10　数组 word 中的各元素

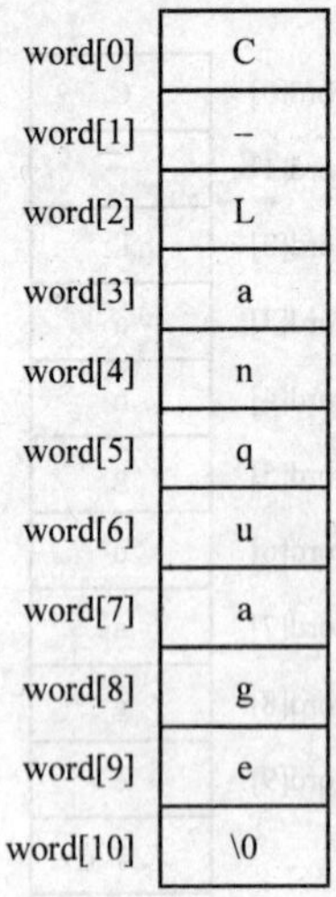

图 2-11　数组 word 中各元素的值

比较一下图 2-10 和图 2-11，我们可以看到，用字符串作为初值时，尽管没有给出数组的大小，但系统会自动地定义成为 word[11]，而不是 word[10]，因为增加了一个字符串结束字符'\0'，如果写成：

```
char word[10]={"C_Language"};
```

会出现什么情况呢？本来应该把 11 个字符赋给 word 数组，但 word 数组的大小只限定在 10 个字符内，因此，最后一个字符“\0”未能放入到 word 数组中，而是存放到了 word 数组之后的存储单元中，这有可能会破坏其他数据或程序本身。

2.4.2　字符串的输入

除了可以使用上面的初始化方法使字符串存放到数组外，还可用 scanf 函数来输入字符或字符串。

假定有一字符数组：char name[9] ；

（1）向数组元素 name[0]输入一个字符，其概念与简单字符变量的输入相同，即

```
scanf("%c", & name[0]);
```

（2）向数组输入整个字符串：

```
        scanf("%s", name);
或      scanf("%s",&name);
```

在 scanf 函数中用“%s”作为输入一个字符串的格式符。注意，由于数组名代表数组的首地址，对一维字符数组 name，scanf 函数只需给定其数组名 name 即可，因此，常常不需要这样写：

```
scanf("%s",&name);
```

使用 scanf 函数向数组输入字符串时必须注意 2 个问题。第 1 个问题是输入的字符串中不能包含有空格，因为 C 语言规定用 scanf 函数输入字符串时，以空格或回车符作为字符串间的符号；第 2 个问题是输入字符串时两边不要用双引号括起来。

例如，以下输入方式：

```
China word ↵
```

在按回车键后，它只会把“China”作为一个字符串输入，系统自动在最后加一个字符串结束标志“\0”，这时输入给数组 name 中的字符个数是 6 而不是 12，如图 2-12 所示。

用 scanf()函数来接收字符串时，如果输入的字符含有空格符、制表符等不可见字符时，系统会将其视为字符串输入结束，其后输入的字符并没有成为字符串中的内容。为了解决这种问题，C 语言提供了一个专门用于读取字符串的函数 gets，它接收从键盘输入的字符（包括空格），直到遇到回车符为止。

例如：

```
char name[9];
gets(name);
```

如果输入的字符串为

```
Very hot↵
```

则数组 name 的元素如图 2-13 所示。

name[0]	C
name[1]	h
name[2]	i
name[3]	n
name[4]	a
name[5]	\0

图 2-12　用 scanf()输入字符串

name[0]	V
name[1]	e
name[2]	r
name[3]	y
name[4]	
name[5]	h
name[6]	o
name[7]	t
name[8]	\0

图 2-13　用 gets()输入字符串

请读者思考下面的问题。若有：

```
char name1[15], name2[15];
```

则采用不同的输入方式：`scanf ("%s %s", name1, name2);`

```
gets(name1);
```

当输入了 China HongKong↵后，数组 name1、name2 各有何不同？

2.4.3　字符串的输出

用 printf 函数可输出一个或几个数组元素，也可以将存放在字符数组中的字符输出，例如：

```
printf("%c, %s", name[0], name);
```

先输出一个字符数组元素的值 name[0]，然后输出 name 数组中整个字符串。如果 name 数组中的元素值如图 2-13 所示，则上面 printf 函数输出为：

```
V,Very hot
```

这是由于在用 printf("%s", name);来输出字符串时，不会把空格符也当成字符串的结束符。

另外，C 语言提供了一个字符串输出函数 puts()，用它可输出字符串的空格。

【例 2-5】 阅读下面的程序，了解用不同的方式输入/输出字符串的方法。

```
/*example2_5.c  了解多种方法输入输出字符串*/
#include<stdio.h>
main()
{
    char str1[12],str2[12],str3[12];
    int i;
    printf("用 gets()/puts() 输入/输出字符串(<12:)\n");
    gets(str1);
    puts(str1);
    printf("用 scanf()/printf()输入/输出单个字符(<12):\n");
    for(i=0;i<12;i++)
          scanf("%c",&str2[i]);
    for(i=0;i<12;i++)
          printf("%c",str2[i]);
    printf("\n");
    printf("用 scanf()/printf()整体输入字符串(<12):\n");
    scanf("%s",str3);
    printf("%s",str3);
    printf("\n");
}
```

请读者在计算机上运行这个程序，通过不同的输入/输出方法，分析程序的运行结果，掌握字符串输入/输出的不同方法，以便灵活地运用到程序设计中去。

2.4.4 二维字符数组

一个字符串可以放在一个一维数组中。如果有若干个字符串，可以用一个二维数组来存放它们。二维数组可以认为是由若干个一维数组组成的，因此一个 $m \times n$ 的二维字符数组可以存放 m 个字符串，每个字符串最大长度为 $n-1$（因为还要留一个位置存放“\0”）。

例如：

```
char week[7][4]={ "SUN", "MON", "TUE", "WED", "THU", "FRI", "SAT"};
```

数组 week 是一个二维字符数组，可以看成是 7 个一维字符数组，如图 2-14 所示。

如果要输出“MON”这个字符串，可使用下面的语句：

```
printf("%s", week [1]);
```

其中，week[1]相当于一维数组名，week [1]是字符串“MON”的起始地址，也就是二维数组第 2 行的起始地址（注意行数的起始下标值为 0）。

week [0]	S	U	N	\0
week [1]	M	O	N	\0
week [2]	T	U	E	\0
week [3]	W	E	D	\0
week [4]	T	H	U	\0
week [5]	F	R	I	\0
week [6]	S	A	T	\0

图 2-14 二维字符数组 name

该 printf 函数的作用是从给定的地址开始逐个输出字符，直到遇到“\0”为止。如果在该行上没有结束标志“\0”字符，则会接着输出下一行的字符，直到遇到一个结束标志“\0”为止。二维数组的每一个元素的值都是可以改变的。

【例 2-6】阅读下面的程序，了解二维字符数组与一维数组的关系。

```
/*example2_6.c 了解二维字符数组的的特性及使用方法*/
#include <stdio.h>
main()
{
    int i;
    char week[7][4]={"sun","mon","tue","wed","thu","wen","sat"};
    printf("The value of week[7][4] is:\n");
    for (i=0;i<7;i++)
        printf("week[%d]=%s\n",i,week[i]);
    week[0][3]='&';
    week[2][3]='&';
    week[5][3]='&';
    printf("After change the value of week[7][4]:\n");
    for (i=0;i<7;i++)
        printf("week[%d]=%s\n",i,week[i]);
}
```

程序运行结果：

```
The value of week[7][4] is:
week[0]=sun
week[1]=mon
week[2]=tue
week[3]=wed
week[4]=thu
week[5]=wen
week[6]=sat
After change the value of week[7][4]:
week[0]=sun&mon
week[1]=mon
week[2]=tue&wed
week[3]=wed
week[4]=thu
week[5]=wen&sat
week[6]=sat
```

程序中，人为地将 week[0][3]和 week [2][3]元素的字符由原来的“\0”改为“&”，这样在输出每一行的字符串时，它就要寻找到第 1 个行结束标志“\0”，然后把该行输出，如图 2-15 所示。

改变前

week [0]	s	u	n	\0
week [1]	m	o	n	\0
week [2]	t	u	e	\0
week [3]	w	e	d	\0
week [4]	t	h	u	\0
week [5]	f	r	i	\0
week [6]	s	a	t	\0

改变后

week [0]	s	u	n	&
week [1]	m	o	n	\0
week [2]	t	u	e	&
week [3]	w	e	d	\0
week [4]	t	h	u	\0
week [5]	f	r	i	&
week [6]	s	a	t	\0

图 2-15　数组 week 改变前后的值

C 语言提供了一些用于字符串处理的库函数，这些函数大部分放在头文件 string.h 中。除上面介绍的用于输入/输出的 gets 和 puts 函数以外，常用的函数有以下几种。

（1）字符串复制函数 strcpy

该函数的作用是将一个字符串复制到一个字符数组中，例如：

```
strcpy(name1, "Apple");
```

其作用是将“Apple”这个字符串复制到 name1 数组中。注意，不能直接用赋值语句对一个数组整体赋值。下面语句是非法的：

```
name1= "Apple";
```

说明

① 在向 name 数组复制时，字符串结束标志“\0”一起被复制到 name 中。假设 name 中原已有字符“C_Language”，如图 2-16（a）所示，执行 strcpy(name, "Apple"); 语句后，name 数组中的内容如图 2-16（b）所示。此时 name 中有两个结束标志“\0”，如果执行 printf("%s", name):，则只会输出“Apple”，后面的内容不输出。

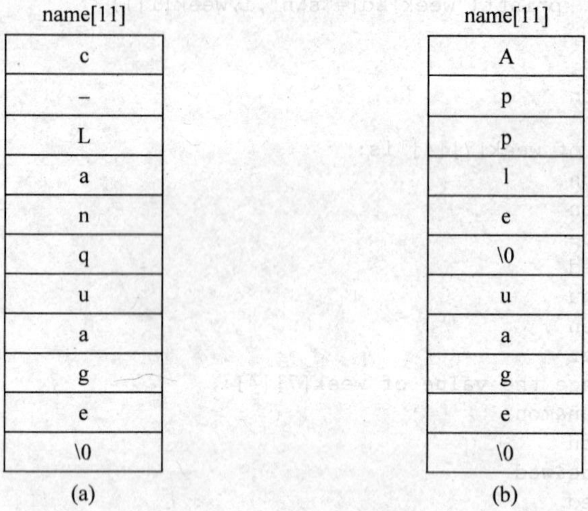

图 2-16 复制前后的数组

② 可以将一个字符数组中的字符串复制到另一个字符数组中去。假如有 2 个字符数组：char name1[30]和 char name2[30]，则可执行：

```
strcpy(name1, name2);
```

不论 name1 数组中原来的内容是什么，在执行了上面的语句后，name1 中的内容会发生变化。请注意，不能使用下面的语句来赋值数组：

```
name1=name2;
```

注意

在使用 strcpy(name1, name2)函数时，数组 name2 的大小不能大于数组 name1 的大小。

【例 2-7】下面的程序是采用字符串复制函数，将一个字符串复制到另一个数组中去，阅读程序，了解函数的功能。

```
/*example2_7.c 了解字符串复制函数的作用*/
#include <stdio.h>
#include <string.h>
main()
{
    int i;
    char name1[6]={"apple"};
    char name2[11]={"C_Lanquage"};
    printf("The value of name1 and name2:\n");
    printf("name1=%s,name2=%s\n",name1,name2);
    strcpy(name2,name1);
    printf("After change the name2:\n");
    printf("name2=%s\n",name2);
    printf("The all value of name2:\n");
    for(i=0;i<11;i++)
          printf("%c",name2[i]);
    printf("\n");
}
```

程序运行结果：

```
The value of name1 and name2:
name1=apple,name2=C_Lanquage
After change the name2:
name2=apple
The all value of name2:
apple uage
```

从程序的运行结果可以知道，strcpy(name2，name1)是把数组 name1 中的内容连同结束字符'\0'，从数组 name2 的第 1 个元素起开始覆盖掉原来的字符值，于是，name2 数组中元素会有 2 个结束标志'\0'。

如果我们在程序中使用 strcpy(name1,name2) ；这条语句，则由于 name2 数组的大小比 name1 数组的大小要大，因此，系统会改变数组以外的数据，造成一些意外破坏，因此，使用时请多加注意。

（2）字符串连接函数 strcat

该函数的作用是将一个字符串连接到另一个字符串之后。语法形式为：

```
strcat(name1, name2);
```

其中 name1、name2 均为数组，函数执行结果是将 name2 中的内容连同结束符连接到 name1 数组的后面，因此，为避免破坏系统的数据，字符数组 name1 必须定义得足够大，使其能够存放 name2 数组中的内容。

例如，有数组 name1 和 name2 分别如下：

```
char name1[13]={"pear"};
char name2[6]={Apple};
```

则执行语句 `strcat(name1, name2);`后，name1 中的内容如图 2-17 所示。

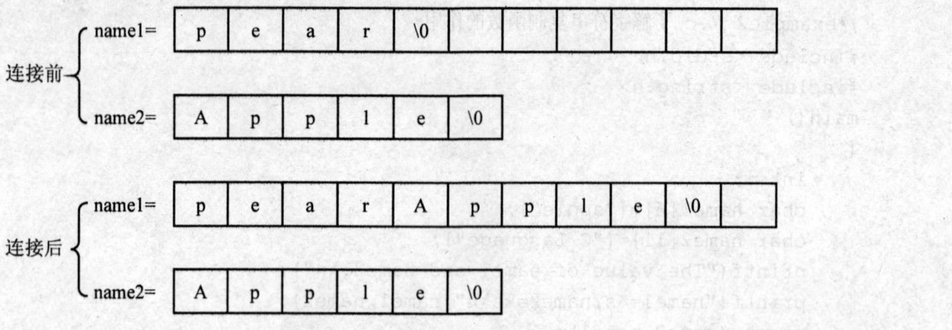

图 2-17　连接前后的数组

（3）字符串比较函数 strcmp

该函数的作用是比较 2 个字符，其语法形式为：

```
strcmp(字符串 1,字符串 2);
```

如果字符串 1=字符串 2，则函数值为 0；

如果字符串 1>字符串 2，则函数值为一个正整数；

如果字符串 1<字符串 2，则函数值为一个负整数。

字符串的比较与其他高级语言中的规定相同，即从 2 个字符串中第一个字符开始，按字符的 ASCII 大小逐个进行比较，直到出现不同的字符或遇到“\0”为止。如果全部字符都相同，就认为 2 个字符串相等。若出现了不相同的字符，则以第一个不相同的字符的比较结果为准。比较的结果由函数的返回值返回。

【例 2-8】下面的程序是从键盘输入 2 个字符串，并采用系统函数比较它们相同与否。

```
/*example2_8.c  了解字符串比较函数的作用*/
#include <stdio.h>
#include <string.h>
main()
{
      char name1[10],name2[10];
      int k;
      printf("Please input name1:\n");
      gets(name1);
      printf("Please input name2:\n");
      gets(name2);
      k=strcmp(name1,name2);  /* 比较 2 个字符串是否相同 */
      printf("k=%d\n",k);
      if (k>0)
             printf("The string of \"%s\" > \"%s\"",name1,name2);
      else if (k<0)
             printf("The string of \"%s\" < \"%s\"",name1,name2);
      else
             printf("The string of \"%s\" = \"%s\"",name1,name2);
}
```

程序运行结果：

```
Please input name1:
education
Please input name2:
```

```
educated
k=1
The string of "education" > "educated"

Please input name1:
education↵
Please input name2:
educated↵
k=4
The string of "education" > "educated"
```

请注意作为比较结果的k值，不论是大于零还是小于零都不一定是一个固定的值，而是一个随机数。

（4）大小写字母转换函数

函数的作用：把字符串中的大写字母改成小写，或把小写改成大写。

① 小写转大写：`strupr(name);`

② 大写转小写：`strlwr(name);`

其中，name为字符串数组名。

如有字符数组：`char name[]={"apple"};`

则执行语句：`strupr(name);` 后，name数组中的字母全变成大写，如图2-18所示。

更多关于字符串的处理函数请参见各种C编译手册的系统函数。

name 定义时	a	p	p	l	e	\0
name 转换后	A	P	P	L	E	\0

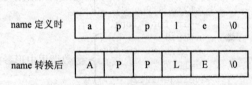

图2-18　大小写字母的转换

2.5　数组作为函数的参数

数组作为保存数据的载体，同样可以作为函数的参数。要将数组传递到函数的参数中去，可以采用以下2种不同的方法。

2.5.1　数组元素作为函数的参数

因为数组元素的作用等同于简单变量，因此，如果将数组元素作为函数的实参，则函数的形参必须是简单变量，函数的调用属于传值调用方式，实参的值单向传递给形参。

【例2-9】阅读下面的程序，观察数组元素作为实参的作用。

```
/*example2_9.c  了解数组元素作为实参的作用*/
#include <stdio.h>
#include <conio.h>
double Expfun1(double a,double b,double c);
main()
{
    double b[3];
    double average;
    b[0]=21.3;
    b[1]=b[0]/3;
    b[2]=8.2;
    printf("1--in main:\n b[0]=%4.1f\n b[1]=%4.1f\n b[2]=%4.1f\n",b[0],b[1],b[2]);
```

```
    average=Expfun1(b[0],b[1],b[2]);
    printf("average=%4.1f\n",average);
    printf("3--in main:\n b[0]=%4.1f\n b[1]=%4.1f\n b[2]=%4.1f\n",b[0],b[1],b[2]);
}
double Expfun1(double a,double b,double c)
{
    double sum,aver;
    sum=a+b+c;
    a=a+5.5;
    b=b+5.5;
    c=c+5.5;
    aver=sum/3.0;
    printf("2--in function:\n a=%4.1f\n b=%4.1f\n c=%4.1f\n",a,b,c);
    return (aver);
}
```

程序运行结果：

```
1--in main:
 b[0]=21.3
 b[1]= 7.1      } 函数调用前数组元素的值
 b[2]= 8.2
2--in function:
 a=26.8
 b=12.6         } 函数调用中形参的值
 c=13.7
average=12.2
3--in main:
 b[0]=21.3
 b[1]= 7.1      } 函数调用后数组元素的值
 b[2]= 8.2
```

显然，在上面的程序中，数组元素的值 b[0]，b[1]，b[2]在函数调用前后没有发生变化。

在调用 Expfun1 函数时，将 b[0]，b[1]，b[2]的值分别传送给函数 Expfun1 中的形参 a，b，c，求出平均值 aver 后，将 aver 的值返回主函数，赋给变量 average。

因为这是将数组元素作为函数的实参采用“传值”方式，因此，b[0]，b[1]，b[2]的值在函数调用前后不会发生变化。

2.5.2 数组名作为函数的参数

数组作为一种数据类型，也可以作为函数的参数，调用函数时，用数组名作为实参，这种函数的调用方法又称为“传址”方式。

这时，如果函数中有语句修改了数组元素的值，当函数执行完毕返回到函数调用处时，原来作为实参的数组元素的值也相应发生了改变。因为数组名代表的是数组在内存中的首地址，实参与形参共用相同的内存单元，调用函数时，把实参在内存中的首地址传递给形参，其结果相当于同一数组采用了 2 个不同的数组名。

【例 2-10】 阅读下面的程序，了解数组名作为函数参数的传值调用形式和作用。

```
/*example2_10.c  了解数组名作为函数参数的传值调用*/
#include <stdio.h>
void Expfun2(float a[4]);
main()
{
```

```
    float s[4]={88.5,90.5,70,71};
    printf("1--函数调用前数组元素的值: \n");
  printf(" s[0]=%4.1f\n s[1]=%4.1f\n s[2]=%4.1f\n s[3]=%4.1f\n",s[0], s[1],s[2],s[3]);
    Expfun2(s);
    printf("3--函数调用后数组元素的值: \n");
  printf(" s[0]=%4.1f\n s[1]=%4.1f\n s[2]=%4.1f\n s[3]=%4.1f\n",s[0], s[1],s[2],s[3]);
}
void Expfun2(float a[4])
{
    float sum;
    sum=a[0]+a[1]+a[2]+a[3];
    a[0]=a[0]/10;
    a[1]=a[1]/10;
    a[2]=a[2]/10;
    a[3]=a[3]/10;
    printf("2--函数中修改数组元素的值: \n");
   printf(" a[0]=%4.1f\n a[1]=%4.1f\n a[2]=%4.1f\n a[3]=%4.1f\n",a[0], a[1],a[2],a[3]);
}
```

程序运行结果：

```
1--函数调用前数组元素的值:
 s[0]=88.5
 s[1]=90.5
 s[2]=70.0
 s[3]=71.0
2--函数中修改数组元素的值:
 a[0]= 8.9
 a[1]= 9.1
 a[2]= 7.0
 a[3]= 7.1
3--函数调用后数组元素的值:
 s[0]= 8.9
 s[1]= 9.1
 s[2]= 7.0
 s[3]= 7.1
```

显然，数组元素的值在调用前后发生了变化。在调用 Espfun2 函数时，把实参数组的起始地址传送给形参数组，于是，形参数组和实参数组共占用一段内存单元，如图 2-19 所示。

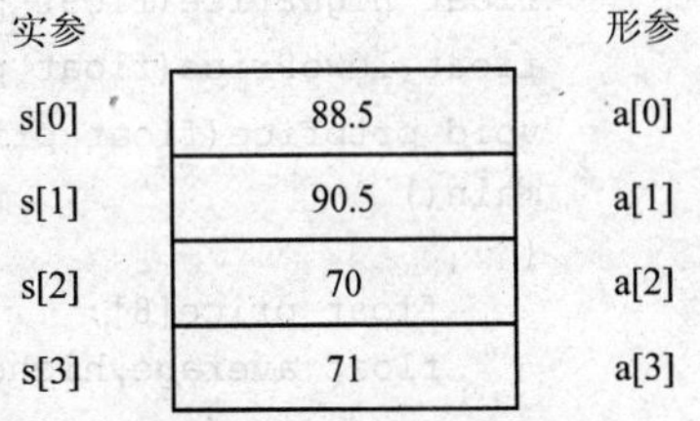

图 2-19　形参和实参数组共占内存单元

因此，当形参的值发生变化时，实参的值也随之发生变化。以数组名作为函数参数时，数据的传送具有"双向性"，也就是说，既可从实参数组将数据"传送"给形参数组，又可将形参数组中的数据"传回"给实参数组。在这里，我们所说的"传送"、"传回"并不是真正意义上的数据赋值，只是对应的数组元素共同占同一个内存单元，这一点很重要。

另外，以数组名作为函数的参数时，形参数组可以不定义长度。例如，上面程序中的 Expfun2 函数可以写成：

```
float Expfun2 (float a[])
{
  …
}
```

这是由于形参数组并不另外分配内存单元，只是共享实参数组的数据。必须注意的是：使用形参数组时，不要超过实参数组的长度。例如，上面程序中数组 s 的长度为 4，则相应的形参数组长度不应超过 4。如果出现 a[5]，a[6]就有可能导致一些意料之外的错误。

【例 2-11】编写程序，从键盘输入 8 种商品的价格，求这 8 种商品的平均价格、最高价和最低价，并将高于平均价格的商品数及价格打印出来。

分析：因为衡量商品价格的数据类型是相同的，因此，可以用数组 float price[8]来保存这 8 种商品的价格。

为了实现程序的模块化，将不同的功能设计成函数，如对商品的价格输入和输出，求平均价格、最高价、最低价、输出高于平均价格的商品数及价格。用数组名作为参数，采用传值的方式传递数组元素的值。各函数的功能如下。

void readprice(float price[])——输入 8 种商品的价格并打印输出。

float averprice(float price[])——求商品的平均价格。

float highprice(float price[])——求商品的最高价。

float lowerprice(float price[])——求商品的最低价。

void prtprice(float price[])——输出高于商品平均价的商品数及价格。

用变量 average、highestP、lowestP 分别表示商品的平均价格、最高价和最低价。

主程序流程图如图 2-20 所示。

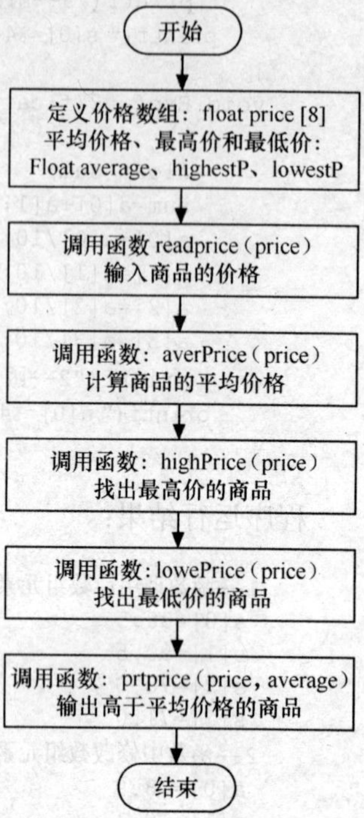

图 2-20　例 2-11 主程序的流程图

程序如下：

```
/*example2_11c  输入 8 种商品的价格，并进行统计*/
#include <stdio.h>
void readprice(float price[8]);                    /*输入商品的价格*/
float averPrice(float price[8]);                   /*计算商品的平均价格*/
float highPrice(float price[8]);                   /*找出最高价的商品*/
float lowePrice(float price[8]);                   /*找出最低价的商品*/
void prtprice(float price[8],float ave); /*输出高于平均价格的商品*/
main()
{
    float price[8];
    float average,highestP,lowestP;
    readprice(price);                              /*输入商品的价格*/
    average=averPrice(price);                      /*计算商品的平均价格*/
    highestP=highPrice(price);                     /*找出最高价的商品*/
    lowestP=lowePrice(price);                      /*找出最低价的商品*/
    printf("The highest Price=%6.2f\n",highestP);
    printf("the lowest Price=%6.2f\n",lowestP);
    printf("The average Price=%6.2f\n",average);
    prtprice(price,average);                       /*输出高于平均价格的商品*/
}
/*-------------------------------*/
```

```
/*输入商品的价格*/
void readprice(float price[8])
{
    int i;
    printf("Enter 8 goods price:\n");
    for (i=0;i<8;i++)
            scanf("%f",&price[i]);
    printf("The price of 8 goods is :\n");
    for (i=0;i<8;i++)
             printf("%6.2f\t",price[i]);
    printf("\n");
    return;
}
/*-------------------------------*/
/*计算商品的平均价格*/
float averPrice(float price[8])
{
    float sum=0.0;
    float average;
    int i;
    for (i=0;i<8;i++)
          sum=sum+price[i];
    average=sum/8;
    return (average);
}
/*-------------------------------*/
/*找出最高价的商品*/
float highPrice(float price[8])
{
    float highest;
    int i;
    highest=price[0];
    for (i=0;i<7;i++)
          if (highest<price[i+1])
                highest=price[i+1];
    return (highest);
}
/*-------------------------------*/
/*找出最低价的商品*/
float lowePrice(float price[8])
{
    float loweest;
    int i;
    loweest=price[0];
    for (i=0;i<7;i++)
          if (loweest>price[i+1])
                loweest=price[i+1];
    return (loweest);
}
/*-------------------------------*/
/*输出高于平均价格的商品*/
void prtprice(float price[8],float average)
{
    int i;
    printf("The goods which are higher than average price:\n");
    for (i=0;i<8;i++)
          if (price[i]>average)
```

```
                printf("%6.2f\t",price[i]);
    return;
}
```

程序运行结果：

```
Enter 8 goods price:
1.1 2.2 3.3 4.4 5.5 6.6 7.7 8.8↵
The price of 8 goods is :
  1.10   2.20   3.30   4.40   5.50   6.60   7.70   8.80
The highest Price= 8.80
the lowest Price= 1.10
The average Price= 4.95
The goods which are higher than average price:
  5.50   6.60   7.70   8.80
```

程序采用了模块化的设计方法，将不同的功能划分成函数，每个函数的功能是单一的，程序通过对多个单一功能的组合，达到所有的目的。这样做有利于程序的维护和扩充。另外，函数采用数组名作为参数，方便了数组元素值的传递。

2.6 程序范例

【例 2-12】编写程序，利用随机函数生成 20 个 50 以内大小的整数，存入到一个数组中，从键盘输入一个整数作为关键字，用线性查找方法在数组中查找，如果输入的数在数组中存在，则输出该数在数组中的下标值；否则输出-1，表示该数在数组中不存在。

分析：线性查找的方法，就是把数组中的每一个元素与输入的关键字作比较。线性查找的方法一般都采用循环结构来实现。

本题的关键是要用随机函数生成 20 个随机数，为了使随机数具有真正意义上的随机性，可采用系统时间作为随机种子，使得每一次运行程序时，获得的随机数都会不一样。

用 array[20]来保存随机生成的 20 个整数，用 key 表示从键盘输入的任意整数。

设计一个线性查找函数：int LineaFind(int a[],int keyword) ；查找 keyword 是否在数组 a [] 中，如果在，返回数组的下标值；否则返回-1。

程序如下：

```
/*example2_12.c  用线性查找方法在数组中查找指定的数值*/
#include <stdio.h>
#include <stdlib.h>
#include <time.h>
int LineaFind(int a[],int keyword);
main()
{
    int i,array[20],key,sub;
    srand(time(NULL));
    for(i=0;i<20;i++)
    {
        array[i]=rand()%50;
    }
    printf("Please enter a keyword: ");
    scanf("%d",&key);
```

```
        sub=LineaFind(array,key);  /* 调用函数查找 key 是否在数组 array[]中 */
        if(sub!=-1)
            printf("Congratulation! Found out the keyword in %d,array[%d]=%d\n",sub,sub,
array[sub]);
        else
            printf("Sorry! Not found the keyword in array\n");
        /* 输出系统生成的 20 个随机数： */
        printf("The value of array. :\n");
        for(i=0;i<20;i++)
        {
            printf("%d\t",array[i]);
        }

    }
    /* 线性查找算法： */
    int LineaFind(int a[],int keyword)
    {
        int i,subscript;
        for(i=0;i<20;i++)
        {
            if(a[i]==keyword)
            {
                subscript=i;
                return subscript;
            }
        }
        subscript=-1;
        return subscript;
    }
```

程序运行结果 1：

```
Please enter a keyword: 12
Sorry! Not found the keyword in array
The value of array :
23      44      23      14      24      38      46      19      20      43
2       25      7       30      48      48      11      40      45      10
```

程序运行结果 2：

```
Please enter a keyword: 34
Congratulation! Found out the keyword in 3,array[3]=34
The value of array. :
11      39      8       34      21      31      31      30      49      2
1       9       28      13      10      25      10      20      17      38
```

【例 2-13】 设有如下所示的一个 4×5 阶矩阵：

$$A = \begin{bmatrix} 2 & 6 & 4 & 9 & -13 \\ 5 & -1 & 3 & 8 & 7 \\ 12 & 0 & 4 & 10 & 2 \\ 7 & 6 & -9 & 5 & 3 \end{bmatrix}$$

请编写程序，完成下面的功能：

1．所有元素的和；

2．输出所有大于平均值的元素。

分析：可以将该矩阵看成是一个二维数组，设计2个函数来完成不同的功能，一个用于计算所有元素的和 int sum_ave(int m,int n,int arr[]);，另一个用于打印所有大于平均值的元素 void prt_up(int m,int n,float average,int arr[])。

用数组A[4][5]来代表矩阵元素的值；sum代表矩阵元素的和；ave代表矩阵元素的平均值。

程序如下：

```
/*example2_13.c  计算矩阵元素的平均值及它们的和*/
#include <stdio.h>
#include <conio.h>
int sum_ave(int m,int n,int arr[]);
void prt_up(int m,int n,float average,int arr[]);
main()
{
     int A[4][5]={{2,6,4,9,-13},{5,-1,3,8,7},{12,0,4,10,2},{7,6,-9,5,2}};
     int i=4,j=5,sum;
     float ave;
     sum=sum_ave(i,j,A[0]);       /* 调用函数求矩阵元素的和 */
     printf("The number of sum=%d\n",sum);
     ave=(float)(sum)/(i*j);
     printf("The number of average=%5.2f\n",ave);
     prt_up(i,j,ave,A[0]);        /* 输出高于平均值的矩阵元素 */
}
/* 计算矩阵元素值的和：*/
int sum_ave(int m,int n,int arr[])
{
     int i;
     int total=0;
     for (i=0;i<m*n;i++)
          total=total+arr[i];
     return(total);
}
/* 输出高于平均值的矩阵元素：*/
void prt_up(int m,int n,float average,int arr[])
{
     int i,j;
     printf("The number of Bigger than average are:");
     for (i=0;i<m;i++)
     {
          printf("\n");
          for (j=0;j<n;j++)
               if (arr[i*n+j]>average)
                    printf("arr[%d] [%d]=%d\t",i,j, arr[i*n+j]);
     }
}
```

程序运行结果：

```
The number of sum=69
The number of average= 3.45
The number of Bigger then average are:
arr[0][1]=6    arr[0][2]=4    arr[0][3]=9
arr[1][0]=5    arr[1][3]=8    arr[1][4]=7
arr[2][0]=12   arr[2][2]=4    arr[2][3]=10
```

```
arr[3][0]=7  arr[3][1]=6  arr[3][3]=5
```

在这个程序中我们定义了 2 个函数 sum_ave 和 prt_up。sum_ave 的作用是对任意大小的矩阵求出它所有元素的和，prt_up 的作用是打印所有大于某个值的数值元素。形参 m 和 n 是矩阵的行数和列数，形参 average 代表数组元素的平均值，形参 arr[]为一维数组。我们知道，二维数组在内存中是按照元素的排列顺序存放的，因此，在程序中如果引用二维数组元素 A[i][j]，即 A[i][j]，则二维数组与一维数组的关系为：A[i][j]=A[i×n+j]。图 2-21 所示为二维数组 A[4][5]与一维数组 arr[]的关系。

因此，可以允许实参为二维数组，形参为一维数组。从实参 A[0]传递给形参 arr 的是 A 数组的起始值。如果在函数调用时直接用数组名 A 作参数，则编译时系统会提示参数类型不匹配。

思考

能否将形参中的数组 arr[]直接定义成二维数组？如果可以，调用函数的时候实参的表达式应该怎样？

【例 2-14】 编写程序，从键盘输入字符（字符个数不大于 1 200 个），计算所输入的字符个数与输入的行数，并将计算结果输出到屏幕，以感叹号“！”作为输入的结束符。

分析：可用一个字符数组来保存所输入的字符，用变量 number 和 lines 分别代表输入的字符个数及行数。将系统功能划分成 3 大块，每一个功能用一个函数来实现。

1．将键盘输入的字符保存到数组 string 中：`void wordInput (char string[]) ;`。

2．统计数组中的字符个数 number 和行数 lines：`void countWords (char string[]) ;`。

3．将计算结果输出到屏幕：`void wordOutput (int number,int lines)`。

为方便起见，可将字符个数 number 和行数 lines 设置成为全局变量。

程序如下：

A[0][0]	2	arr[0]
A[0][1]	6	arr[1]
A[0][2]	4	arr[2]
A[0][3]	9	arr[3]
A[0][4]	−13	arr[4]
A[1][0]	5	arr[5]
A[1][1]	−1	arr[6]
A[1][2]	3	arr[7]
A[1][3]	8	arr[8]
A[1][4]	7	arr[9]
A[2][0]	12	arr[10]
A[2][1]	0	arr[11]
A[2][2]	4	arr[12]
A[2][3]	10	arr[13]
A[2][4]	2	arr[14]
A[3][0]	7	arr[15]
A[3][1]	6	arr[16]
A[3][2]	−9	arr[17]
A[3][3]	5	arr[18]
A[3][4]	3	arr[19]

图 2-21 二维数组 A[4][5]与一维数组 arr[]的关系

```
/*example2_14.c 统计从键盘输入的字符个数及行数 */
#include <stdio.h>
#include <string.h>
#define Max 1200
#define End '!'
void wordInput(char str[]);
void countWords(char str[]);
void wordOutput(int lines,int number);
int lines=0,number=0;
main()
{
      char strings[Max+1];
```

```
    wordInput(strings);         /* 调用函数将输入的字符保存到数组中 */
    countWords(strings);        /* 调用函数统计字符的个数及行数 */
    wordOutput(lines,number);   /* 调用函数将统计结果输出 */
}
/* 将输入的字符保存到数组中 */
void wordInput(char str[])
{
    char c;
    int i=0;
    c=getchar();
    while(i<Max-1 && c!=End)
    {
        str[i]=c;
        c=getchar();
        i++;
    }
    if (str[i-1]=='\n')         /* 对数组的最后一个元素的值进行处理*/
        str[i]='\0';
    else
    {
        str[i]='\n';
        str[i+1]='\0';
    }
}
/* 统计字符的个数及行数 */
void countWords(char str[])     /*行计数*/
{
    int i=0;
    char c;
    c=str[i];
    while(c!='\0')
    {
        if(c=='\n')
                lines++;
        else
                number++;
        i++;
        c=str[i];
    }
}
/* 将统计结果输出 */
void wordOutput(int lines,int number)
{
    printf("The lines of string =%d\n",lines);
    printf("The words of string =%d\n",number);
}
```

程序运行结果：

```
We are learning The C programing language. ↵
This is to count the words and lines. ↵
Do you know what is result? ↵
! ↵
The lines of string =3
The words of string =106
```

注意

程序中输入的换行符没有作为字符计入字数个数中。

【例 2-15】编写一个模拟投票系统，有 20 个人要对 3 个人进行选举投票，要求统计每个人的得票数和弃权票数，并将结果输出到屏幕。

分析：可用数组 int candidate[4]保存投票结果，candidate[1]～candidate[3]分别为 3 个不同候选人的得票数，candidate[0]为弃权票数；用数组 int vote[n]保存 n 个投票人的投票结果，投票的结果值 i 为对第 i 个人的投票（i=1,2,3），如果 i 为其他值（i≠1,2,3），则表示弃权。

设计如下 2 个函数。

1．void vInput（int n,int v[]）：将 n 个人的投票结果保存到数组 v 中。

2．void prtResult（int n,int p[],int v[]）：将 n 个投票结果 v[n]按候选人 p[i]进行统计，并输出投票结果。统计投票结果的关键表达式为：++p[v[i]]，（i=0,1,2,⋯,n）。

程序如下：

```
/*example2_15.c  无记名投票统计*/
#include <stdio.h>
#define NUM 20
void vInput(int n,int v[]);
void prtResult(int n,int p[],int v[]);
main()
{
      int vote[NUM];
      static int candidate[4]={0};                      /* 候选人的初始票数均为 0 */
      printf("请对 3 个候选人投票：\n");
      vInput(NUM,vote);                                 /* 将投票结果保存到数组 vote 中 */
      prtResult(NUM,candidate,vote);                    /* 统计的票数并输出投票结果*/
}
/* 将 n 个人的投票结果保存到数组 v 中： */
void vInput(int n,int v[])
{
      int i;
      for(i=0;i<NUM;i++)
      {
            scanf("%d",&v[i]);                  /* 对候选人投票 */
            if(v[i]<1|| v[i]>3)
                  v[i]=0;                       /* 统计无效票数 */
      }

}
/* 将 n 个投票结果 v[n]按候选人 p[i]进行统计，并输出投票结果：*/
void prtResult(int n,int p[],int v[])
{
      int i;
      for(i=0;i<n;i++)
           ++p[v[i]];
      printf("候选人\t\t 得票数\n");
      printf("------------------------\n");
      for(i=1;i<4;i++)
           printf(" %d\t\t%  d\n",i,p[i]);
      printf("弃权票:\t\t %d\n",p[0]);
}
```

程序运行结果：

```
请对 3 个候选人投票：
2 3 2 3 2 4 5 3 2 2 1 1 2 2 5 2 2 6 4 2↵
候选人        得票数
---------------------------------
1             2
2             10
3             3
弃权票：      5
```

【例 2-16】编写程序，从键盘输入一组字符串，长度不超过 80 个字符，以结束标志为输入结束。将该字符串的字符反向输出到屏幕。假如输入的字符串为“abcdefg”，则输出结果为“gfedcba”。

分析：用字符数组 char strings[81]保存输入的字符。要注意的是，当输入结束时或是输入的字符超过规定的长度时，要将字符串的结束标志放入到数组中最后一个字符的后面，以便于下一步的处理。

采用递归函数算法：void backwards（char s[],int index）进行反向输出。

程序如下：

```
/*example2_16.c   将一字符串的内容反向输出到屏幕*/
#include <stdio.h>
#include <string.h>
#define SIZE 81
void sInput(int n,char s[]);
void backwards(char s[],int index); /* 函数声明*/
void main()
{
     char string[SIZE];                    /*定义字符数组*/
     int i=0,index=0;
     sInput(SIZE,string);                  /* 将不超过 SIZE 个的字符输入到数组 string */
     printf("The reverse of string is:\n");
     backwards(string,index);              /* 将数组 string 中的字符反向输出 */
}
/* 将不超过 n 个的字符保存到数组 s[]中：*/
void sInput(int n,char s[])
{
     int i=0;
     printf("Please enter string:\n");
     while(i<n)
     {
          s[i]=getchar();
          if(s[i]==EOF)
               break;
          i++;
     }
     s[--i]='\0';                          /* 用结束标志替换掉换行符 */
}
/* 将数组 string 中的字符反向输出： */
void backwards(char s[],int index)
{
     if(s[index])
```

```
    {
        backwards(s,index+1);              /* 递归调用函数 */
        printf("%c",s[index]);             /* 反向输出数组 s 中的字符 */
    }
}
```

程序运行结果：

```
Please enter string:
ABCDEFGHIJKL
123456789
^Z
The reverse of string is:
987654321
LKJIHGFEDCBA
```

思考　请读者分析递归函数 void backwards（char s[],int index）的算法思想，写出其算法表达式。

上面是采用递归算法反向输出数组中的字符，当然也可以用非递归的算法来实现，请有兴趣的读者自己思考非递归的算法，并编写程序验证。

2.7　本章小结

本章介绍了数组的概念及使用方法，应重点掌握以下几个方面的内容。

1．数组元素的作用和数组名的作用。

2．字符串的含义及处理方式。

3．多维数组的定义及使用方法。

4．数组元素在内存中的存放方式及占用内存空间的大小。

5．数组元素与数组名作为函数参数有什么区别。

6．进一步掌握结构化的程序设计方法，将系统的工作交给多个函数去处理，每一个函数的功能尽可能的单一化，便于系统的维护和扩充。

实际上，由于数组的存储特性，计算在处理任何多维数组时都可以将其视为一维数组来处理。

习　题

一、单选题在以下每一题的四个选项中，请选择一个正确的答案。

【题 2.1】在 C 语言中，引用数组元素时，其数组下标的数据类型允许是________。

A．整型常量　　　　B．整型表达式

C．整型常量或整型表达式　　　　D．任何类型的表达式

【题 2.2】以下对一维数组 a 中的所有元素进行正确初始化的是________。

A．int a[10]=(0,0,0,0);　　　　B．int a[10]={ };

C．int a[ ]=（0）;　　　　D．int a[10]={10*2};

【题 2.3】对于所定义的二维数组 a[2][3]，元素 a[1][2]是数组的第________个元素。

A．3　　B．4　　C．5　　D．6

【题 2.4】若有说明：int a[20];，则对 a 数组元素的正确引用是________。

A．a[20]　　B．a[3.5]　　C．a(5)　　D．a[10−10]

【题 2.5】若有说明：int a[3][4];，则对 a 数组元素的正确引用是________。

A．a[2][4]　　B．a[1,3]　　C．a[1+1][0]　　D．a(2)(1)

【题 2.6】以下关于数组的描述正确的是________。

A．数组的大小是固定的，但可以有不同类型的数组元素

B．数组的大小是可变的，但所有数组元素的类型必须相同

C．数组的大小是固定的，所有数组元素的类型必须相同

D．数组的大小是可变的，可以有不同类型的数组元素

【题 2.7】字符串“I am a student.”在存储单元中占________个字节。

A．14　　B．15　　C．16　　D．17

【题 2.8】在执行 int a[][3]={{1,2},{3,4}};语句后，a[1][2]的值是________。

A．3　　B．4　　C．0　　D．2

【题 2.9】下面程序段的运行结果是________。

```
char c[5]={'a', 'b', '\0', 'c', '\0'};
printf("%s",c);
```

A．'a''b'　　B．ab　　C．ab c　　D．a,b

【题 2.10】下面程序段的运行结果是________。

```
char c[ ]= "\t\v\\\0will\n";
printf("%d",strlen( c ));
```

A．14　　　　B．3

C．9　　　　D．字符串中有非法字符，输出值不确定

二、判断题。判断下列各叙述的正确性，若正确在（　）内标记√，若错误在（　）内标记×。

【题 2.11】（　　）字符"\0"是字符串的结束标记，其 ASCII 代码值为 0。

【题 2.12】（　　）若有说明：int a[3][4]={0};，则数组 a 中每个元素均可得到初值 0。

【题 2.13】（　　）若有说明：int a[ ][4]={0,0};，则二维数组 a 的第一维大小为 0。

【题 2.14】（　　）若有说明：int a[ ][4]={0,0};，则只有 a[0][0]和 a[0][1]可得到初值 0，其余元素均得不到初值 0。

【题 2.15】（　　）若有说明：static int a[3][4];，则数组 a 中各元素在程序的编译阶段可得到初值 0。

【题 2.16】（　　）若用数组名作为函数调用时的实参，则实际上传递给形参的是数组的第一个元素的值。

【题 2.17】（　　）调用 strlen("abc\0ef\0g")的返回值为 8。

【题 2.18】（　　）在 2 个字符串的比较中，字符个数多的字符串比字符个数少的字符串大。

【题 2.19】（　　）已知：int a[ ][ ]={1,2,3,4,5};，则数组 a 的第一维的大小是不确定的。

【题 2.20】（　　）在 C 语言中，二维数组元素在内存中的存放顺序由用户自己确定。

三、填空题。请在下面各叙述的空白处填入合适的内容。

【题 2.21】在C语言中，字符串不存放在一个变量中，而是存放在一个________中。

【题 2.22】设有“int a[3][4]={{1},{2},{3}};”，则 a[1][1]的值为________。

【题 2.23】若有定义：double x[3][5];，则 x 数组中行下标的下限是 0，列下标的上限是________。

【题 2.24】在 C 语言中，二维数组元素在内存中的存放顺序是________。

【题 2.25】字符'0'的 ASCII 码值为________（十进制形式）。

【题 2.26】要将 2 个字符串连接成一个字符串，使用的函数是________。

【题 2.27】设有定义：`char s[12]= "string";`，则 `printf("%d\n",strlen(s));` 的输出是________。

【题 2.28】字符串“chen jing”占________字节的存储空间。

【题 2.29】如果要比较 2 个字符串中的字符是否相同，可使用的库函数是________。

【题 2.30】若在程序中用到“putchar()”函数时，应在程序开头写上文件包含命令________。

四、阅读下面的程序，写出程序运行结果。

【题 2.31】
```
#include "stdio.h"
void wr(char *st, int i)
{  st[i]='\0';
   puts(st);
   if(i>1)  wr(st, i-1);
}
void main()
{  char st[ ]= "abcdefg";
   wr(st, 7);
}
```

【题 2.32】
```
#include "stdio.h"
void main()
{     int a[5]={1,1};
      int i, j;
      printf("%d %d\n",a[0], a[1]);
      for(i=1; i<4; i++)
      {
          a[i]=a[i-1]+a[i];  a[i+1]=1;
          for(j=0;j<=i+1;j++)
             printf("%d",a[j]);
          printf("\n");
      }
}
```

【题 2.33】
```
#include "stdio.h"
void main()
{   int a[10]={1,2,3,4,5,6,7,8,9,10};
    int b[10]={10,9,8,7,6,5,4,3,2,1};
    int i, j;
    for(i=1, j=9; i<10 && j>0 ; i+=2, j-=3)
      printf("a[%d]*b[%d]=%d\n",a[i],b[j],a[i]*b[j]);
}
```

【题 2.34】
```
#include "stdio.h"
void main()
{  int i, a[10]={1,2,3,4,5,6,7,8,9,10}, temp;
   temp=a[9];
   for(i=9; i; i--)
     a[i]=a[i-1];
   a[0]=temp;
   for(i=0; i<10; i++)
     printf("%d ",a[i]);
}
```

五、程序填空题。请在下面程序空白处填入合适的语句。

【题 2.35】下面程序的功能是将字符串 a 中所有的字符'a'删除，请填空。

```
#include "stdio.h"
void main()
{  char a[50];
   int i, j;
   printf("Enter a string:");
   gets(a);
   for(i=j=0;a[i]!='\0';i++)
       if(a[i]!='a')
             ________;
       a[j]='\0';
       puts(a);
}
```

【题 2.36】下面的程序是将 array 数组按从小到大进行排序，请填空。

```
#include "stdio.h"
void main()
{  int array[10];
   int i,j,temp;
   printf("Input 10 numbers please\n");
   for(i=0;i<10;i++)
       scanf("%d",&array[i]);
   for(i=0;i<9;i++)
       for(j=i+1;j<10;j++)
         if(________)
         {  temp=array[i];
            array[i]=array[j];
            array[j]=temp;
         }
   printf("The sorted 10 number:\n");
   for(i=0;i<10;i++)
       printf("%d\t",array[i]);
}
```

六、编程题。对下面的问题编写程序并上机验证。

【题 2.37】编写程序，用冒泡法对 20 个整数排序。

【题 2.38】编写程序，将一个数插入到有序的数列中去，插入后的数列仍然有序。

【题 2.39】编写程序，在有序的数列中查找某数，若该数在此数列中，则输出它所在的位置，否则输出 no found。

【题 2.40】若有说明：int a[2][3]={{1,2,3},{4,5,6}};，现要将 a 的行和列的元素互换后存

到另一个二维数组 b 中，请编写程序实现。

【题 2.41】定义一个含有 30 个整数的数组，按顺序分别赋予从 2 开始的偶数，然后按顺序每 5 个数求出一个平均值，放在另一个数组中并输出，请编写程序实现。

【题 2.42】编写程序，在 5 行 7 列的二维数组中查找第一次出现的负数。

【题 2.43】从键盘上输入 60 个字符，求相邻字母对（如 ab）出现的频率。

【题 2.44】编写程序，定义数组 int a[4][6], b[4][6], c[4][6]，并完成如下操作：

（1）从键盘上输入数据给数组 a，b。

（2）将数组 a 与数组 b 各对应元素作比较，如果相等，则数组 c 的对应元素为 0，若前者大于后者，则数组 c 的对应元素为 1；若前者小于后者，则数组 c 的对应元素为−1。

（3）输出数组 c 各元素的值。

【题 2.45】编写程序，从键盘上输入 2 个字符串 a 和 b，要求不用 strcat()函数把字符串 b 的前 5 个字符连接到字符串 a 中，如果 b 的长度小于 5，则把 b 的所有元素都连接到 a 中。

【题 2.46】编写函数，从一个排好序的整型数组中删去某数。

【题 2.47】编写函数，它将无符号整数转换成二进制字符表示。

【题 2.48】编写函数 lower()模拟标准函数 strlwr()，调用形式为 lower（char *st），其作用是将字符串 st 中的大写字母转换成小写。

【题 2.49】编写函数 replicate()模拟标准函数 strset()，调用形式为 replicate（char *st,char ch），其作用是将字符串 st 中的所有字符设置成 ch。

【题 2.50】编写函数 reverse()模拟标准函数 strrev()，调用形式为 reverse（char *st），其作用是颠倒字符串 st 的顺序，即按与原来相反的顺序排列。

第3章 指针

指针是C语言中的一个重要内容，正确理解和使用指针，是C语言程序设计的关键之一。通过指针，可以更好地利用内存资源，描述复杂的数据结构，更灵活地处理字符串和数组等。使用指针可以设计出简洁、高效的C语言程序。

对初学者而言，指针的概念及使用有一定难度，但只要多练习，多上机编写程序，通过实践可以尽快地掌握指针的内容。

3.1 指针的概念

在C语言中，指针被用来表示内存单元的地址，如果把这个地址用一个变量来保存，则这个变量就称为指针变量。指针变量也分别有不同的类型，用来保存不同类型变量的地址。严格地说，指针与指针变量是不同的，为了叙述方便，常常把指针变量就称为指针。

内存是计算机用于存储数据的存储器，以一个字节作为存储单元，为了能正确地访问内存单元，必须为每一个内存单元编号，这个编号就称为该单元的地址。如果将一个旅店比喻成内存，则旅店的房间就是内存单元，房间号码就是该单元的地址。

假设有：`int i =-5;`

```
char ch = 'A';
float x =7.34;
```

则变量 i、ch、x 占用内存单元的情况有可能如图 3-1 所示。

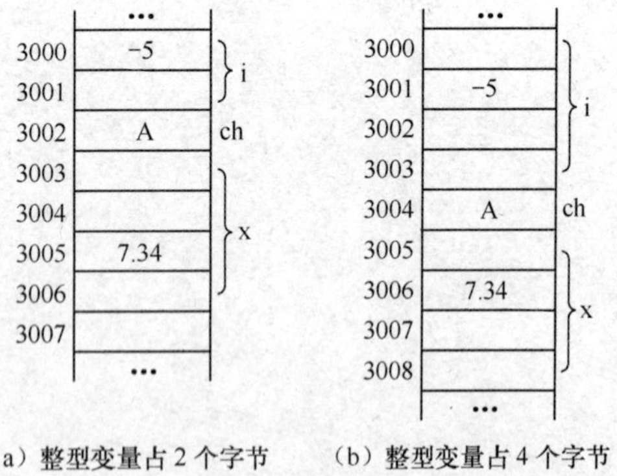

（a）整型变量占2个字节　（b）整型变量占4个字节

图3-1　不同类型的变量占用内存的情况

实际的存储地址可能与图 3-1 不同，变量占用内存空间的大小与编译环境有关，大多数编译器除了整型变量以外，其他类型的变量占用内存单元的数量是不变的，如图 3-1 所示的变量占用内存单元的示意图中，不同的编译环境分配给整型变量 i 的内存空间有可能是不同的，有的只分配 2 个单元，有的分配 4 个单元；字符型变量 ch 要占用 1 个单元；而单精度浮点型变量 x 要占用 4 个单元。

3.1.1　指针变量的定义

指针变量的定义形式：

```
[存储类型]  数据类型  *指针变量名[=初始值];
```

说明

1. 存储类型是指针变量本身的存储类型，与前面介绍过的相同，可分为 register 型、static 型、extern 型和 auto 型 4 种类型，若缺省则为 auto 型。

2. 数据类型是指该指针可以指向的数据类型。

3. *表示后面的变量是指针变量。

4. 初始值通常为某个变量名的地址或为 NULL，不要将内存中的某个地址值作为初始地址值，如

```
int a, *p=&a;          /*p 为指向整型变量的指针，p 指向了变量 a 的地址*/
char *s=NULL;          /*s 为指向字符型变量的指针，p 指向一个空地址*/
float *t ;             /*t 为指向单精度浮点型变量的指针*/
```

指针变量的值是某个变量的地址，因为地址是内存单元的编号，每一个在生命周期内的变量在内存中都有一个单独的编号（亦即变量的地址），这个地址不会因为其变量值的变化而变化。

通常用无符号的长整型来为内存单元编号，也就是说，指针变量的值用无符号的长整型（unsigned long）来表示。

需要特别注意的是，指针变量所指的值和变量的值是两个完全不同的概念。

3.1.2　指针变量的使用

指针变量定义之后，必须将其与某个变量的地址相关联才能使用。

可以通过赋值的方式将指针变量与简单变量相关联，指针变量的赋值方式为：

```
<指针变量名>=&<普通变量名>;
```

例如：
```
int i, *p;
p=&i ;
```

或
```
int i , *p=&i;
```

请注意上面的两种形式都是将变量 i 的地址赋给了指针 p。若写成 int *p=NULL;，则表示 p 不指向任何存储单元。

一旦指针变量指向了某个变量的地址，就可以引用该指针变量，引用的方式为：

1. *指针变量名——代表所指变量的值；
2. 指针变量名——代表所指变量的地址。

例如：
```
int i, *p;
float x, *t;
p=&i;  /* 指针 p 指向了变量 i 的地址 */
t=&x;  /* 指针 t 指向了变量 x 的地址 */
*p=3;  /*相当于 i=3 */
*t=12.34;  /*相当于 x=12.34 */
```

变量及指针的存储关系示意图如图 3-2 所示。

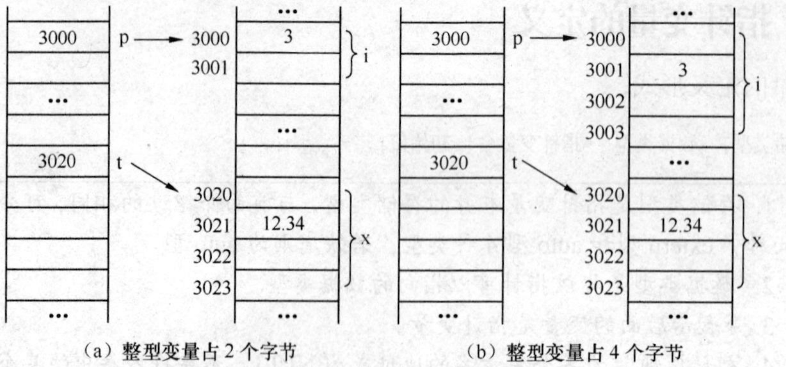

图 3-2　变量与指针的存储关系

在上面的表达式中，p、&i 都表示变量 i 的地址，*p、i 都表示变量 i 的值。

另外，&(*p)也可以表示变量 i 的地址，*(&i)也可以表示变量 i 的值，但一般不这么使用。

图 3-2（a）和图 3-2（b）所示分别是不同的编译环境为整型变量分配的内存空间。

3.1.3　指针变量与简单变量的关系

一旦指针变量指向了某个简单变量的地址，则改变简单变量的值就可以有 3 个途径，但变量的地址值是不允许改变的。

【例 3-1】 阅读下面的程序，了解简单变量与指针的关系。

```
/*example3_1.c  了解指针与变量的关系 */
#include <stdio.h>
main()
{
     int x=10,*p;
     float y=234.5,*pf;
     p=&x;
     pf=&y;
     printf("x=%d\t\ty=%f\n",x,y);          /* 输出变量的值 */
     printf("p=%lu\tpf=%lu\n",p,pf);        /* 按十进制输出变量的地址 */
     printf("p=%p\tpf=%p\n",p,pf);          /* 按十六进制输出变量的地址 */
     /* 改变指针变量所指的值：*/
     *p=*p+10;
     *pf=*pf*10;
     printf("--------------------------------------\n");
     printf("x=%d\t\ty=%f\n",x,y);          /* 输出变量的值 */
     printf("p=%lu\tpf=%lu\n",p,pf);        /* 按十进制输出变量的地址 */
     printf("p=%p\tpf=%p\n",p,pf);          /* 按十六进制输出变量的地址 */
}
```

程序运行结果：

```
x=10            y=234.500000
p=1245052        pf=1245044
p=0012FF7C       pf=0012FF74
--------------------------------------
x=20            y=2345.000000
```

```
p=1245052        pf=1245044
p=0012FF7C       pf=0012FF74
```

根据程序的运行结果可以看出，指针的值可以用无符号的长整形输出，也可以用十六进制来表示，因为指针的值代表的就是变量的地址。请分析指针的值和指针所指变量的值的变化，理解指针的作用和指针与变量的关系。

要避免在没有对指针变量赋值的情况下，就使用指针变量，这样会导致数据的不确定性，请看下面的例子。

【例 3-2】 下面是一个有问题的程序，请分析错误的原因。

```
/*example3_2.c 有问题的程序*/
#include <stdio.h>
main()
{
    int *p,*s,a;
    a=*p+*s;
    printf("a=%d\n*p=%lu\n*s=%lu",a,p,s);
}
```

程序编译时会有警告提示指针变量 p 和 s 没有被初始化，但还是可以执行，并且程序在不同的环境中有不同的结果，如表 3-1 所示。

表 3-1 程序在不同环境下的运行结果

开 发 环 境	运 行 结 果
Visual C++6.0	无结果（程序非正常结束）
Borlnd C++5.0	无结果（程序非正常结束）
Turbo C2.0	*p=150275190 *s=150276348 a=1142

需要指出的是，在 Turbo C2.0 的环境下程序的执行结果是随机的，是不能预先确定的，更不是正确的结果。

3.2 指针的运算

指针本身也可以参与运算，由于这种运算是地址的运算，而不是简单变量的运算，因此有其特殊的含义。

3.2.1 指针的算术运算

指针的运算通常只限于算术运算：+、−，或++、− −，以及关系运算：>、<、>=、<=、==、!=。

+、++代表指针向前移。

−、− −代表指针向后移。

设 p、q 为某种类型的指针变量，n 为整型变量。

则：p+n、p++、++p、p− −、− −p、p−n 的运算结果仍为指针。

例如：

```
int a=3, *p=&a;
```

假设 a 的地址为 3000，则 p=3000，变量 a 与指针 p 的存储关系如图 3-3（a）所示。执行语句：p＝p+1；后，表示指针 p 向前移动一个位置。如果整型变量 a 是占用 2 个字节，则 p 的值为 3002，而不是 3001，如图 3-3（b）所示；如果整型变量 a 是占用 4 个字节，则 p 的值为 3004，如图 3-3（c）所示。

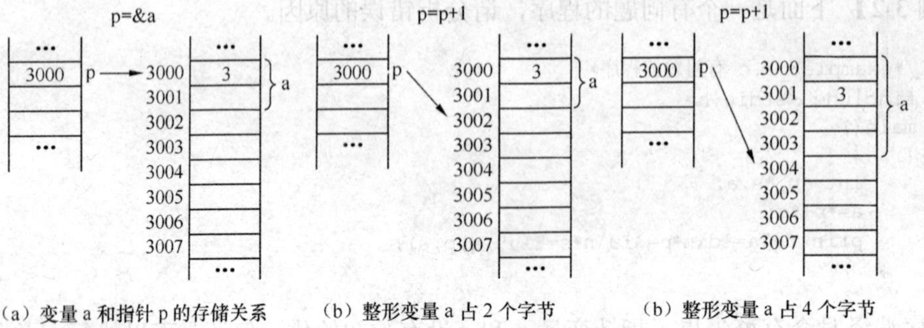

图 3-3　变量 a 与指针 p 的存储关系

从图 3-3 可以看出，p 的值是发生了变化，它表示指针 p 向前移到了下一个变量的存储单元，但指针所指的值是无法确定的，因此，如果在程序中再引用*p，则*p 的值是未知的。

【例 3-3】 阅读下面的程序，了解指针的值的变化。

```
/*example3_3 了解指针的值的变化*/
#include <stdio.h>
main()
{
    int i=108,*pi=&i;
    double f=12.34,*pf=&f;
    long l=123,*pl=&l;
    printf("1:-----------------------------------\n");
    printf("*pi=%d,\t\tpi=%lu\n",*pi,pi);
    printf("*(pi+1)=%d,\tpi+1=%lu\n",*(pi+1),pi+1);    /* 未知单元的值 */
    printf("2:-----------------------------------\n");
    printf("*pf=%lf,\tpf=%lu\n",*pf,pf);
    pf++;
    printf("*pf=%lf,\tpf=%lu\n",*pf,pf);               /* 未知单元的值 */
    printf("3:-----------------------------------\n");
    printf("*pl=%ld,\tpl=%lu\n",*pl,pl);
    pl--;
    printf("*pl=%ld,\tpl=%lu\n",*pl,pl);               /* 未知单元的值 */
}
```

程序运行结果：

```
1:-----------------------------------
*pi=108,              pi=1245052
*(pi+1)=1245120,      pi+1=1245056
```

```
2:---------------------------------
*pf=12.340000,  pf=1245040
*pf=0.000000,   pf=1245048
3:---------------------------------
*pl=123,        pl=1245032
*pl=1245028,    pl=1245028
```

根据程序的运行结果，请分析指针与变量的关系，了解指针移动的作用和效果。

3.2.2　指针的关系运算

两指针之间的关系运算是比较两个指针所指向的地址关系，假设有：

```
int a, *p1, *p2;
p1=&a;
```

则表达式 p1==p2 的值为 0（假），只有当 p1、p2 指向同一元素时，表达式 p1==p2 的值才为 1（真）。

【例 3-4】 阅读下面的程序，了解指针变量的关系运算。

```
/*example3_4.c 指针关系运算符 */
#include <stdio.h>
main()
{
    int a,b,*p1=&a,*p2=&b;
    printf("The result of (p1==p2) is %d\n",p1==p2);
    p2=&a;
    printf("The result of (p1==p2) is %d\n",p1==p2);
}
```

程序运行结果：

```
The result of (p1==p2) is 0
The result of (p1==p2) is 1
```

3.3　指针与数组的关系

每一个不同类型的变量在内存中都有一个具体的地址，数组也是一样，并且数组中的元素在内存中是连续存放的，数组名就代表了数组的首地址。指针存放地址的值，因此，指针也可以指向数组或数组元素。指向数组的指针称为数组指针。

3.3.1　指向一维数组的指针

C 语言规定数组名就是数组的首地址。例如：

```
int a[5], *p;
p=a;        /*指针 p 指向数组的首地址 */
```

数组 a 有 5 个元素，在内存中是按顺序存放的，a[0]是第 1 个元素， &a[0]就代表了数组元素的首地址。指针 p 与数组 a 的存储关系如图 3-4 所示。

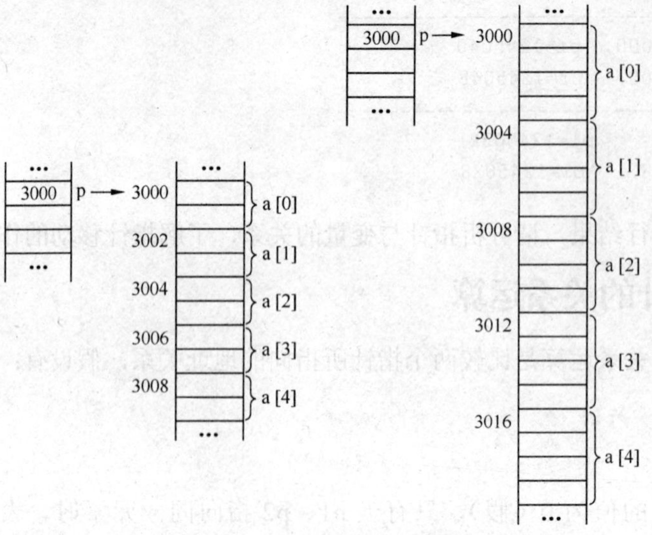

（a）整型变量a占2个字节　　　（b）整型变量a占4个字节

图3-4　指针与数组a的关系

从图3-4可以看出，一维数组a的地址用p、a、&a[0]来表示是等价的，一维数组a中下标为i的元素分别可以用*(a+i)、*(p+i)、a[i]、p[i]来引用。

注意　自增（++）和自减（−−）运算符不可以用于数组名，即a++、a−−、++a、−−a都是不允许的，因为数组名a作为首地址在内存中的位置是不会改变的；但p++、p−−、++p、−−p是允许的，因为p是指针变量。

关于指针p与数组a的关系如表3-2所示。

表3-2　　　指针p与一维数组a的关系

地址描述	意　义	数组元素描述	意　义
a、&a[0]、p	a的首地址	*a、a[0]、*p	数组元素a[0]的值
a+1、p+1、&a[1]	a[1]的地址	*(a+1)、*(p+1)、a[1]、*++p	数组元素a[1]的值
a+i、p+i、&a[0]+i、&a[i]	a[i]的地址	*(a+i)、*(p+i)、a[i]、p[i]	数组元素a[i]的值

表3-2所示的每一种情况都是假定指针p指向数组首地址的情况，实际情况依当时指针p的指向而变化。

【例3-5】阅读下面的程序，了解指针与数组的关系，学会正确使用指针。

```
/*example3_5.c  了解指针与数组的关系*/
#include <stdio.h>
main()
{
    int a[2]={1,2},i,*pa;
    char ch[2]={'a','b'},*pc;
    pa=a;
    pc=&ch[0];
    printf("1: -----------------------------\n");
    for (i=0;i<5;i++)
          printf("a[%d]=%d,ch[%d]=%c\n",i,a[i],i,ch[i]);
    printf("2: -----------------------------\n");
```

```
    for (i=0;i<5;i++)
        printf("*(pa+%d)=%d,pc[%d]=%c\n",i,*(pa+i),i,pc[i]);
    printf("3: ---------------------------\n");
    for (i=0;i<5;i++)
        printf("*a[%d]=%ld, *ch[%d]=%ld\n", i, pa+i, i, ch+i);
}
```

程序运行结果：

```
1: ---------------------------
a[0]=1,ch[0]=a
a[1]=2,ch[1]=b
a[2]=1245120,ch[2]=?
a[3]=4199225,ch[3]=?
a[4]=1,ch[4]=x
2: ---------------------------
*(pa+0)=1,pc[0]=a
*(pa+1)=2,pc[1]=b
*(pa+2)=1245120,pc[2]=?
*(pa+3)=4199225,pc[3]=?
*(pa+4)=1,pc[4]=x
3: ---------------------------
*a[0]=1245048, *ch[0]=1245036
*a[1]=1245052, *ch[1]=1245037
*a[2]=1245056, *ch[2]=1245038
*a[3]=1245060, *ch[3]=1245039
*a[4]=1245064, *ch[4]=1245040
```

从上面的程序我们可以看到：超出数组元素下标范围的值是不确定的，另外，作为整型指针和字符指针的“指针+1”表达式结果是不同的。对整型指针，“指针+1”意味着所指的地址值+4（如果整型变量占 2 个字节，则“指针+1”意味着所指的地址值+2）；对字符型字针，“指针+1”意味着所指的地址值+1。

要注意到另一个问题：指向数组的指针和指向简单变量的指针是不同的，前者可以通过指针引用到数组中的每一个元素，而后者却不能通过指针引用到其他变量。

【例 3-6】阅读下面的程序，了解指向数组的指针和指向变量的指针的关系。

```
/*example3_6.c 了解数组指针与指向变量的指针关系*/
#include <stdio.h>
main()
{
    int a1=123,a2=234,a3=345,i;
    int *p1,*p2,*p3;
    int as[3]={1,2,3},*ps;
    p1=&a1;
    p2=p1+1;
    p3=p2+1;
    printf("p1=%lu\np2=%lu\np3=%lu\n",p1,p2,p3);
    printf("a1=%d\na2=%d\na3=%d\n",a1,a2,a3);
    printf("*p1=%d\n*p2=%d\n*p3=%d\n",*p1,*p2,*p3);
    ps=as;
    for(i=0;i<3;i++)
        printf("ps[%d]=%d\n",i,ps[i]);
}
```

程序运行结果：

```
p1=1245052
p2=1245056
p3=1245060
a1=123
a2=234
a3=345
*p1=123
*p2=1245120
*p3=4199161
ps[0]=1
ps[1]=2
ps[2]=3
```

分析上面的程序不难发现，在程序中，只有指针 p1 是指向了变量 a1 的地址，而指针 p2、p3 并没有指向任何变量的地址，尽管有 p2＝p1+1；p3＝p2+1；这样的表达式，但这并不意味着 p2 指向了变量 a2 的地址和 p3 指向了变量 a3 的地址。

思考 请画出【例 3-6】程序中指针与数组及指针与变量在内存中的存储关系图，进一步深刻了解它们之间的关系。

3.3.2 指向多维数组的指针

对多维数组而言，数组名同样代表着数组的首地址，对于二维数组 int a[3][4]，根据二维数组的特性，可以看成是由 3 个一维数组 a[0]、a[1]、a[2]构成的。

对于 a[0]，它的元素为：

```
a[0][0]、a[0][1]、a[0][2]、a[0][3]
```

对于 a[1]，它的元素为：

```
a[1][0]、a[1][1]、a[1][2]、a[1][3]
```

对于 a[2]，它的元素为：

```
a[2][0]、a[2][1]、a[2][2]、a[2][3]
```

二维数组 a 在内存中的存储形式如图 3-5 所示。

二维数组与一维数组不同，以 int a[3][4]为例：a、a[0]、&a[0][0]都代表数组的首地址。

但数组名 a 代表的是“指向具有 4 个元素的指针”；若将数组 a 看成是由 12 个元素的线性组合，则 a[0]、&a[0][0]都代表的是“第 1 个元素的地址”。

因此，若有 int a[3][4], *p;

则 p=a[0]; 或 p=&a[0][0];是将指针 p 指向数组的首地址。

而 p=a; 这个语句在概念上容易混淆，编译时会有警告：“Suspicious Pointer Conversion”，应该避免这种情况。

对于二维数组的指针 p，其使用方法同一维数组的指针，开始时指向数组元素的首地址，因此，p++的结果为指向下一个元素的地址，如图 3-6 所示。

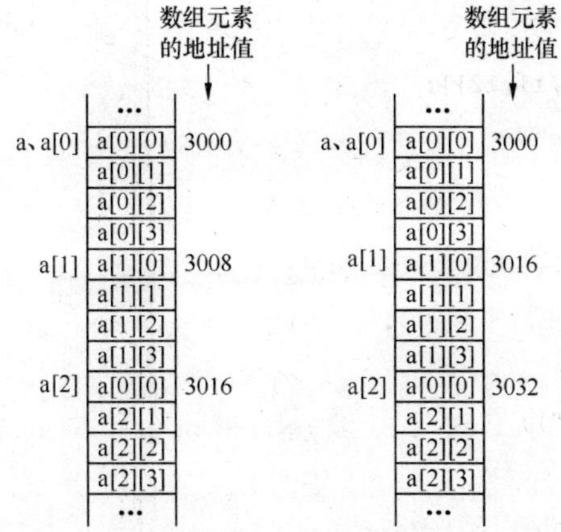

（a）整型变量占 2 个字节　（b）整型变量占 4 个字节

图 3-5　数组 a 的存储形式

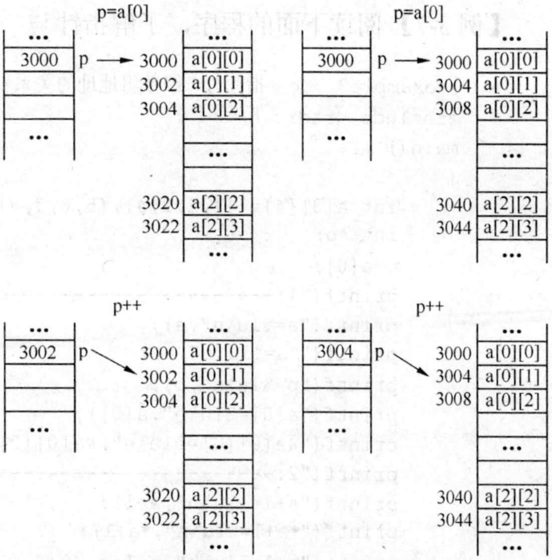

（a）整型变量占 2 个字节　（b）整型变量占 4 个字节

图 3-6　执行 p++前后的情况

注意

二维数组的首地址可以有 3 种表示：a、a[0]、&a[0][0]，但它们之间存在着差异。

若有：int a[3][4], *p=a[0]，假设数组 a 的首地址为 3000，则指针 p 与数组元素地址的关系（1）如表 3-3 所示。

表 3-3　指针与数组元素的地址关系(1)

表 达 式	表达式的值		物 理 意 义
	整型变量占 2 个字节	整型变量占 4 个字节	
p=a+1	3 008	3 016	移到下一行的地址
p=a[0]+1	3 002	3 004	移到下一个元素的地址
p=&a[0][0]+1	3 002	3 004	
p=p+1	3 002	3 004	

一般地，对于具有 m 行 n 列的数组而言，元素 a[i][j]在内存中的存放顺序为第（i*n+j+1）个元素。

对于 int a[3][4]，*p=a[0]，指针与数组元素的关系（2）如表 3-4 所示。

表 3- 4　指针 p 与二维数组 a 的关系(2)

地 址 描 述	意　义	数组元素描述	意　义
a、*a、a[0]、&a[0][0]、p	a 的首地址	**a、*p、*a[0]、a[0][0]	a[0][0]的值
*a+1、a[0]+1、&a[0][0]+1、p+1	a[0][1]的地址	*(*a+1)、*(p+1)、a[0][1]、*(a[0]+1)、*(&a[0][0]+1)	a[0][1]的值
a+1	a[1][0]的地址	**(a+1)、*a[1]、a[1][0]	a[1][0]的值
a+i	a[i][0]的地址	**(a+i)、*a[i]、a[i][0]	a[i][0]的值
*a+i×4+j、p+i×4+j、a[0]+i×4+j &a[0][0]+i×4+j、&a[i][j]	a[i][j]的地址	*(*a+i×4+j)、*(p+i×4+j)、*(a[0]+i×4+j)、a[i][j]、*(&a[0][0]+i×4+j)	a[i][j]的值

【例 3-7】阅读下面的程序，了解指针与二维数组地址的关系。

```
/*example3_7.c  指针与二维数组地址的关系*/
#include <stdio.h>
main()
{
    int a[3][4]={{1,2,3,4},{5,6,7,8},{9,10,11,12}};
    int *p;
    p=a[0];
    printf("1:------------------------\n");
    printf("a=%lu\n",a);
    printf("*a=%lu\n",a);
    printf("p=%lu\n",p);
    printf("a[0]=%lu\n",a[0]);
    printf("&a[0][0]=%lu\n",&a[0][0]);
    printf("2:--------------------------\n");
    printf("a+1=%lu\n",a+1);
    printf("*a+1=%lu\n",*a+1);
    printf("p+1=%lu\n",p+1);
    printf("a[0]+1=%lu\n",a[0]+1);
    printf("&a[0][0]+1=%lu\n",&a[0][0]+1);
    printf("3:------------------------\n");
    printf("*a+1*4+2=%lu\n",*a+1*4+2);
    printf("p+1*4+2=%lu\n",p+1*4+2);
    printf("a[0]+1*4+2=%lu\n",a[0]+1*4+2);
    printf("&a[0][0]+1*4+2=%lu\n",&a[0][0]+1*4+2);
}
```

程序运行结果：

```
1:------------------------
a=1245008
*a=1245008
p=1245008
a[0]=1245008
&a[0][0]=1245008
2:--------------------------
a+1=1245024
*a+1=1245012
p+1=1245012
a[0]+1=1245012
&a[0][0]+1=1245012
3:------------------------
*a+1*4+2=1245032
p+1*4+2=1245032
a[0]+1*4+2=1245032
&a[0][0]+1*4+2=1245032
```

请分析上面程序中指针变量、数组名之间的地址关系，掌握指针与二维数组的联系。

【例 3-8】阅读下面的程序，了解指针与数组元素的关系。

```
/*example3_8.c  了解指针与二维数组元素的关系*/
#include <stdio.h>
main()
{
```

```
    int a[3][4]={{1,2,3,4},{5,6,7,8},{9,10,11,12}};
    int *p,i,j;
    p=a[0];
    for(i=0;i<3;i++)
    {
        for(j=0;j<4;j++)
            printf("a[%d][%d]=%d   ",i,j,a[i][j]);
        printf("\n");
    }
    printf("第1行第1列元素的值：\n");
    printf("**a=%d\n",**a);
    printf("*p=%d\n",*p);
    printf("*a[0]=%d\n",*a[0]);
    printf("a[0][0]=%d\n",a[0][0]);
    printf("第1行第2列元素的值：\n");
    printf("*(*a+1)=%d\n",*(*a+1));
    printf("*(p+1)=%d\n",*(p+1));
    printf("*(a[0]+1)=%d\n",*(a[0]+1));
    printf("*(&a[0][0]+1)=%d\n",*(&a[0][0]+1));
    printf("a[0][1]=%d\n",a[0][1]);
    printf("第2行第3列元素的值：\n");
    printf("*(*a+1*4+2)=%d\n",*(*a+1*4+2));
    printf("*(p+1*4+2)=%d\n",*(p+1*4+2));
    printf("*(a[0]+1*4+2)=%d\n",*(a[0]+1*4+2));
    printf("*(&a[0][0]+1*4+2)=%d\n",*(&a[0][0]+1*4+2));
    printf("a[1][2]=%d\n",a[1][2]);
}
```

程序运行结果：

```
a[0][0]=1   a[0][1]=2   a[0][2]=3   a[0][3]=4
a[1][0]=5   a[1][1]=6   a[1][2]=7   a[1][3]=8
a[2][0]=9   a[2][1]=10   a[2][2]=11   a[2][3]=12
第1行第1列元素的值：
**a=1
*p=1
*a[0]=1
a[0][0]=1
第1行第2列元素的值：
*(*a+1)=2
*(p+1)=2
*(a[0]+1)=2
*(&a[0][0]+1)=2
a[0][1]=2
第2行第3列元素的值：
*(*a+1*4+2)=7
*(p+1*4+2)=7
*(a[0]+1*4+2)=7
*(&a[0][0]+1*4+2)=7
a[1][2]=7
```

请分析程序中用指针引用数组元素的表达式，不难发现，引用同一个数组元素，有多种不同的方法，读者可以在多种方法中选择一种自己认为最合适的方法。

C 语言还提供了一个指向多个元素的指针，它具有与数组名相同的特征，可以更方便地用指针来处理数组，指向多个元素指针的定义形式为：

```
数据类型(*指针变量名)[N];
```

其中，N是一整型常量。

例如：
```
int (*p)[4];        /* 指向具有4个整型元素的数组   */
float (*pt)[3];     /*指向具有3个浮点型元素的数组  */
```

若有：

```
p=p+1;，则p的值增加16。
pt=pt+1;，则p的值增加12。
```

【例3-9】阅读下面的程序，了解指向简单变量的指针p和指向多个元素的指针t的特性。掌握它们的使用方法。

```
/*example3_9.c  了解指向n个元素的指针的作用*/
#include <stdio.h>
main()
{
      int a[3][4]={{1,2,3,4},{5,6,7,8},{9,10,11,12}},i;
      int *p,(*t)[4];
      p=a[0];                    /*指向数组的首地址*/
      t=a;                       /*指向数组的首地址*/
      printf("p=%lu,*p=%d\n",p,*p);
      printf("t=%lu,**t=%d\n",t,**t);
      printf("--------------------\n");
      p=p+1;
      t=t+1;
      printf("p=%lu,*p=%d\n",p,*p);
      printf("t=%lu,**t=%d\n",t,**t);
      printf("--------------------\n");
      p=p-1;                     /*重新指向数组的首地址*/
      t=t-1;                     /*重新指向数组的首地址*/
      printf("用指针p输出数组元素:\n");
      for(;p<a[0]+12;p++)
            printf("%d  ",*p);
      printf("\n用指针t输出数组元素:\n");
      for(;t<a+3;t++)
            for(i=0;i<4;i++)
                  printf("%d  ",*(*t+i));
}
```

程序运行结果：

```
p=1245008,*p=1
t=1245008,**t=1
--------------------
p=1245012,*p=2
t=1245024,**t=5
--------------------
用指针p输出数组元素:
1  2  3  4  5  6  7  8  9  10  11  12
用指针t输出数组元素:
1  2  3  4  5  6  7  8  9  10  11  12
```

程序中 p 为指向整型变量的指针，i 为指向具有 4 个整型元素的指针，指针 p 和 t 的变化情况如图 3-7 所示。

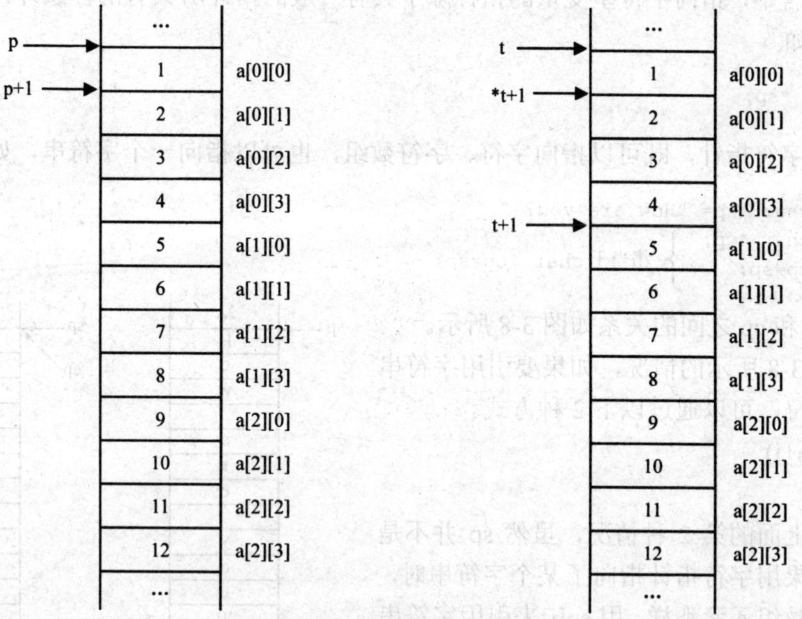

图 3-7 例 3-9 中指针 p 与指针 t 的关系

图 3-7 中的 p++和 t++相当于程序中的 p=p+1;和 t=t+1;。对于指向具有多个元素的指针，最好是通过数组名将地址赋给指针，即 t=a;，指针 t 具有与数组名相同的性质。

对于 t 而言，初始时 t 指向数组名，*t 指向数组第 1 行的首地址，**t 为第 1 个数组元素的值。

由于 t 指向的是行地址（t 是指向具有 4 个元素的指针），因此，*(t+i)是第 i 行第 0 列元素的地址，*(t+i)+j 是第 i 行第 j 列元素的地址，*(*(t+i)+j)就是第 i 行第 j 列元素的值。

【例 3-10】 阅读下面的程序，了解用指针引用数组元素的方法。

```
/*example3_10.c  了解指向多个元素的指针的作用*/
#include <stdio.h>
main()
{  int a[3][4]={{1,2,3,4},{5,6,7,8},{9,10,11,12}};
     int (*t)[4],i,j;
     t=a;                          /*指向数组的首地址*/
     for(i=0;i<3;i++)              /*用指针 t 输出数组元素*/
          {
             for(j=0;j<4;j++)
                   printf("%d\t",*(*(t+i)+j));
              printf("\n");
          }
}
```

程序运行结果：

```
1       2       3       4
5       6       7       8
9       10      11      12
```

3.3.3 字符指针

在 C 语言中，指向字符型变量的指针除了具有一般的指针所具有的性质外，另外还有不同的特性，如

```
char *sp;
```

sp 作为字符指针，既可以指向字符、字符数组，也可以指向一个字符串，如

```
char *sp= "How are you? "
char *cp;   } 相当于 char *cp=sp;
cp=sp;
```

指针 sp 和 cp 之间的关系如图 3-8 所示。

对于图 3-8 所示的情况，如果要引用字符串中的某个字符，可以通过以下 2 种方式。

1．* (sp+i)

2．sp[i]

注意到上面的第 2 种情况，虽然 sp 并不是数组，但如果用字符指针指向了某个字符串时，可以像引用数组元素那样，用 sp[i]来引用字符串中的字符，但却不可以用它来改变字符串中 sp[i]所代表的这个字符。另外，如果改变指针变量的值，实际上是改变了指针的指向。

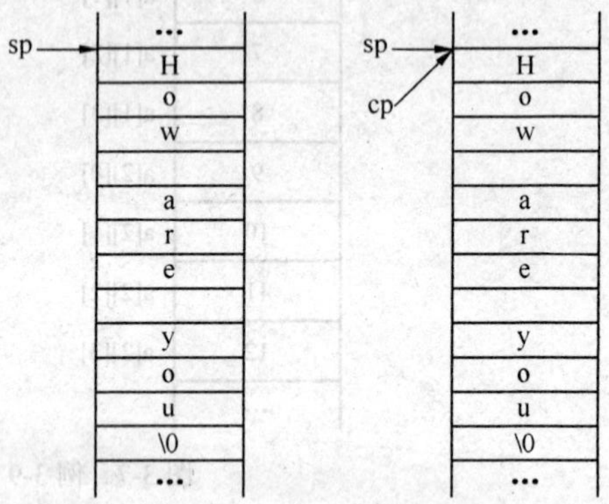

（a）sp 指向字符串的首地址（b）执行完 cp=sp；后的情况

图 3-8　sp 与 cp 的关系

【例 3-11】下面的程序是用指针来输出数组中的字符，阅读程序，了解字符指针的作用。

程序如下：

```
/*example3_11.c  l了解字符指针的作用 */
#include <stdio.h>
#include <conio.h>
main()
{
    char ch[30]="This is a test of point",*p=ch;
    int i;
    printf("通过指针输出数组元素：\n");
    printf("1.整体输出：\n%s\n",p);
    printf("2.单个元素输出：\n");
    while(*p!='\0')
    {
        putch(*p);
        p++;
    }
    printf("\n");
    p=ch;
    printf("3.单个元素输出：\n");
    for(i=0;i<30;i++)
        printf("%c",p[i]);
    printf("\n");
}
```

程序的运行结果：

```
通过指针输出数组元素：
1.整体输出：
This is a test of point.
2.单个元素输出：
This is a test of point.
3.单个元素输出：
This is a test of point.
```

请读者分析程序中指针 p 引用字符数组元素的方法。利用字符指针，可以很方便地完成许多字符串问题的处理。

请改写程序，采用直接输出数组元素的方法，输出字符数组中的内容，并与上面的程序进行比较。

3.3.4　指针数组

如果数组中的每一个元素都是指针，则称为指针数组，指针数组的定义形式为：

```
[存储类型]  数据类型  *数组名[元素个数]
```

例如：`int *p[5];`

则 p 为指针数组，共有 p[0]、p[1]、p[2]、p[3]和 p[4] 5 个元素，每一个元素都是指向整型变量的指针。

通常可用指针数组来处理字符串和二维数组。

【例 3-12】阅读下面的程序，了解用指针数组访问二维数组中的每一个元素的方法。

```
/*example3_12.c  了解指针数组的使用*/
#include <stdio.h>
main()
{
    static char ch[3][4]={"ABC","DEF","HKM"};
    char *pc[3]={ch[0],ch[1],ch[2]};
    int i,j;
    static int a[3][4]={{11,22,33,44},{55,66,77,88},{99,110,122,133}};
    int *p[3]={a[0],a[1],a[2]};
    printf("1. 直接输出数组元素（字符）ch[i][j]: \n");
    for(i=0;i<3;i++)
    {
          for(j=0;j<4;j++)
                printf("ch[%d][%d]=%c\t",i,j,ch[i][j]);
          printf("\n");
    }
    printf("\n2. 用指针数组输出第 2 行的字符串：\n");
    printf("ch[1]=%s\t",pc[1]);
    printf("\n\n3. 用指针数组输出数组元素（字符）pc[i][j]: \n");
    for(i=0;i<3;i++)
    {
          for(j=0;j<4;j++)
               printf("ch[%d][%d]=%c\t",i,j,pc[i][j]);
          printf("\n");
    }
```

```
        printf("\n4. 用指针数组输出第 2 行的数组元素（整型数）：\n");
        for(i=0;i<4;i++)
              printf("a[1][%d]=%d\t",i,p[1][i]);
        printf("\n\n5. 用指针数组输出数组元素（整型数）p[i][j]: \n");
        for(i=0;i<3;i++)
        {
              for(j=0;j<4;j++)
                    printf("a[%d][%d]=%d\t",i,j,p[i][j]);
              printf("\n");
        }
    }
```

程序运行结果：

```
1. 直接输出数组元素（字符）ch[i][j]:
ch[0][0]=A      ch[0][1]=B      ch[0][2]=C      ch[0][3]=
ch[1][0]=D      ch[1][1]=E      ch[1][2]=F      ch[1][3]=
ch[2][0]=H      ch[2][1]=K      ch[2][2]=M      ch[2][3]=
2. 用指针数组输出第 2 行的字符串:
ch[1]=DEF
3. 用指针数组输出数组元素（字符）pc[i][j]:
ch[0][0]=A      ch[0][1]=B      ch[0][2]=C      ch[0][3]=
ch[1][0]=D      ch[1][1]=E      ch[1][2]=F      ch[1][3]=
ch[2][0]=H      ch[2][1]=K      ch[2][2]=M      ch[2][3]=
4. 用指针数组输出第 2 行的数组元素（整型数）:
a[1][0]=55      a[1][1]=66      a[1][2]=77      a[1][3]=88
5. 用指针数组输出数组元素（整型数）p[i][j]:
a[0][0]=11      a[0][1]=22      a[0][2]=33      a[0][3]=44
a[1][0]=55      a[1][1]=66      a[1][2]=77      a[1][3]=88
a[2][0]=99      a[2][1]=110     a[2][2]=122     a[2][3]=133
```

程序中 p 和 pc 均为指针数组，其数组元素均为指针，分别指向二维整型数组 a[3][4]和二维字符型数组 ch[3][4]，并且初始化其指针元素的值为指向数组每一行的首地址，即

pc[0]=ch[0]，pc[1]= ch [1]，pc[2]= ch [2]; p[0]=a[0]，p[1]=a[1]，p[2]=a[2]。

通过 p[i][j]可访问到数组元素 a[i][j]。

请读者分析程序中字符指针数组和整型指针数组的使用方法和它们的区别。

【例 3-13】编写程序，对一组英文单词字符串进行按字典排列方式（从小到大）进行排序。

分析：可以用字符指针数组来保存每一个字符串，这样数组中的每一个元素就可以指向一个字符串，通过对数组元素中的字符进行比较，就可以完成字典排序。

设计一个排序函数：void sort(char *words[ ], int n)，可以对 words 中的 *n* 个字符串进行排序。

程序如下：

```
/*example3_13.c  对一组英文单词进行按字典排序*/
#include <stdio.h>
#include <string.h>
void sort(char *words [], int n);
main()
{
    char *wString[]={"implementation","language","design", "fortran","computer "};
    int i, n=5;
```

```
    printf("The words are :\n");
    for (i=0; i<n; i++)
            printf ("\twString[%d]=%s\n", i, wString[i]);
    printf("After sort,The words are:\n");
    sort(wString,n);      /* 调用函数，对指针数组wString中的n个字符串排序 */
    for (i=0; i<n; i++)
           printf ("\twString[%d]=%s\n", i, wString[i]);
}
/* 对指针数组s中的n个字符串按字典排序 */
void sort(char *s[], int n)
{
    char *temp;
    int i,j,k;
    for (i=0; i<n-1; i++)
    {
        k=i;
        for (j=i+1; j<n; j++)
            if (strcmp(s[k],s[j])>0)
                k=j;
            if (k!=i)
            {
                temp=s[i];
                s[i]=s[k];
                s[k]=temp;
            }
    }
}
```

程序运行结果：

```
The words are :
        wString[0]=implementation
        wString[1]=language
        wString[2]=design
        wString[3]=fortran
        wString[4]=computer
After sort,The words are:
        wString[0]=computer
        wString[1]=design
        wString[2]=fortran
        wString[3]=implementation
        wString[4]=language
```

请读者分析程序中排序函数 **void sort(char *words[ ], int n)**的实现算法，并思考用其他的算法来实现对字符串的排序。

3.4 指针作为函数的参数

指针作为变量，也可以用来作为函数的参数，如果函数的参数类型为指针型，这样在调用函数时，采用的是一种“传址”方式，在这种情况下，如果函数中有对形参值的改变，实际上也就是修改了实参的值。

【例 3-14】 从键盘输入任意 2 个整数作为 2 个变量的值，编写程序，将这 2 个变量的值进行交换。

分析：要让 2 个变量的值互换，可设计函数 void swap(int *p1,int *p2)，通过指针与变量的关系，交换指针 p1 和 p2 所指变量的值。

程序如下：

```
/*example3_14.c 交换两变量的值*/
#include <stdio.h>
void swap(int *p1,int *p2)
{
     int temp;
     temp=*p1;
     *p1=*p2;
     *p2=temp;
}
main()
{
     int a,b,*t1=&a,*t2=&b;
     printf("Please enter the number of a and b:\n");
     scanf("%d%d",&a,&b);
     printf("Before swap:\n a=%d,b=%d\n",a,b);
     swap(t1,t2);  /* 调用函数，交换 a、b 的值*/
     printf("After swap:\n a=%d,b=%d\n",a,b);
}
```

程序运行结果：

```
Please enter the number of a and b:
12 34↵
Before swap:
 a=12,b=34
After swap:
 a=34,b=12
```

程序运行后，在函数 swap 调用前指针 t1 和 t2 分别指向变量 a 和 b 的地址，调用函数时，t1 和 t2 分别把其地址值传给形参指针变量 p1 和 p2，此时 t1、p1 和 t2、p2 共同指向变量 a 和 b 的地址，在函数中对*p1、*p2 的值进行了交换，函数返回后，a、b 的值就发生了交换。调用过程如图 3-9 所示。

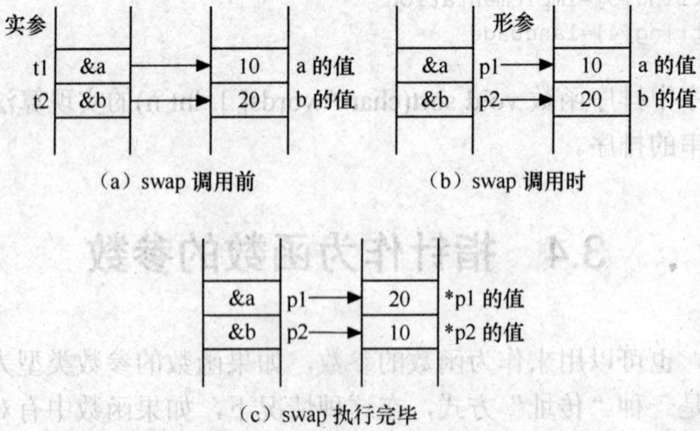

图 3-9　传址调用函数交换两变量的值

如果将 exam3_14.c 中的 swap 函数改成下面的形式：

```
void swap(int *p1,int *p2)
{
     int *temp;
     temp =p1;
     p1=p2;
     p2= temp;
}
```

则调用函数结束后，两实参变量的值并没有被交换，只是在函数调用过程中交换了形参指针变量的指向，函数调用结束时，形参指针无效，实参指针 t1、t2 的指向仍没有发生变化，如图 3-10 所示。

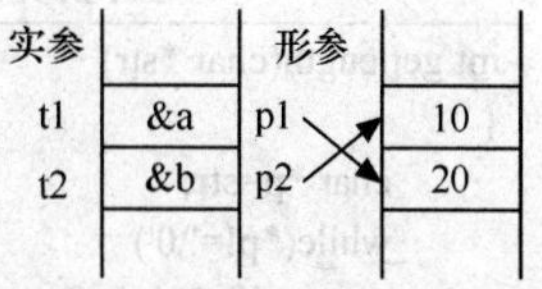

图 3-10　形参指针指向改变

【例 3-15】用字符指针指向从键盘输入的字符串，编写程序，计算输入的字符串的长度。输入结束时的换行符不作为字符计入其长度。

分析：用字符指针来表示字符串时，指针指向的是字符串的首地址，输入结束时，系统会将结束标志'\0'置于字符串的尾部，计算字符串的长度时，结束标志是不计数的。

假如输入的字符串为"abcdefg"，其占用的内存单元为 8 个，但字符串的长度为 7。

可设计函数 int getlength(char *str)来计算由字符指针所指字符串的长度，对于字符串的结束标志和输入的换行符均不计入字符的长度。

程序如下：

```
/*example3_15.c 求字符串的长度(用指针作为函数的参数)*/
#include <stdio.h>
#define N 81
/* 统计 str 所指字符串的长度： */
int getlength(char *str)
{
      char *p=str;
      while(*p!='\0')
            if( *p!='\n')
                    p++;
      return p-str;  /* 返回字符串的长度 */
}
main()
{
      char word[N],*string=word;
      int length;
      printf("Please enter strings:\n");
      gets(string);
      length=getlength(string);
      printf("The length of string is: %d\n",length);
}
```

程序运行结果：

```
Please enter strings:
Now we are learning how to use the point of string.
The length of string is: 51
```

请读者分析统计字符串长度函数的算法。

因为对字符串的结束标志('\0')和输入的换行符('\n')均不计入字符的长度，请读者思考，假如用如下的程序语句：

```
while(*p!='\0' || *p!='\n')
    p++;
```

来统计字符串的长度，是否能达到要求？函数 int getlength(char *str)和修改以后的函数算法对比关系如表 3-5 所示。

表 3-5　　　　算法关系对比

程序的算法程序：	修改后的算法程序：

int getlength(char *str)
{
　char *p=str;
　while(*p!='\0')
　　if(*p!='\n')
　　　p++;
　return p-str;
}
	int getlength(char *str)
	{
	　char *p=str;
	　while(*p!='\0' || *p!='\n')
	　　p++;
	　return p-str;
	}

请读者自行验证修改后的函数，通过分析其算法思想，掌握简单程序的算法设计。

3.5　函数的返回值为指针

函数的返回值可以代表函数的计算结果，其类型可以是系统定义的简单数据类型，作为指针，也是系统认可的一种数据类型，因此，指针数据类型理所当然的可以作为函数的返回值。

如果函数的返回值为指针，通常可称之为指针函数，其定义形式为：

```
[存储类型] 数据类型 *函数名 ([形参表]);
```

例如：
```
int *fun1( );     /*返回一个指向整型变量的指针*/
char *fun2( );    /*返回一个指向字符型变量的指针*/
```

【例 3-16】编写程序，从键盘输入一个字符 ch，在字符串 string 中查找是否存在有该字符，若存在，给出该字符在字符串中第 1 次出现的位置。

分析：对于指定的字符串 string，在内存中会分配一段连续的空间存储 string 中每一个字符的值，将输入的字符 ch 与字符串 string 中的每一个字符进行比较，如果相等，则返回字符串中与字符 ch 相等的字符的位置（地址）。

设计函数 char* search(char *str,char c)，其功能为：在 str 所指的字符串中，查找是否有字符变量 c 的字符，如果有，返回字符串中那个相同字符的地址。

程序如下：

```
/*example3_16.c 在字符串中查找指定的字符*/
#include <stdio.h>
char* search(char *str,char c)
{
    char *p=str;
    while(*p!='\0')
```

```
    {
        if (*p==c)
        {
            return p;
        }
        p++;
    }
    return NULL;
}
main()
{
    char ch,*pc=NULL,*string="This is a test of search string";
    int position;
    printf("Please enter the character:\n");
    scanf("%c",&ch);
    pc=search(string,ch);
    position=(pc-string)+1;
    if(pc)
    {
        printf("Congratulation! The word '%c' is in string.\n",ch);
        printf("and the position is: %d\n",position);
    }
    else
        printf("Sorry!,The word '%c' is not in string.\n",ch);
    printf("------ The string is: -------\n");
    printf("%s\n",string);
}
```

程序第一次运行结果：

```
Please enter the character:
s↵
Congratulation! The word 's' is in string.
and the position is: 4
------ The string is: -------
This is a test of search string
```

程序第二次运行结果：

```
Please enter the character:
a↵
Congratulation! The word 'a' is in string.
and the position is: 9
------ The string is: -------
This is a test of search string
```

本例查找函数 char* search(char *str,char c)的返回值为指向字符的指针，请读者分析该函数的算法思想，并思考采用不同的算法思想来实现。

3.6 指向函数的指针

通常函数名就代表了函数执行的入口地址，函数指针就是指向函数的指针，函数指针的作用就是用来存放函数的入口地址。

函数指针的定义形式：

```
[存储类型] 数据类型 (*变量名)();
```

存储类型为函数指针本身的存储类型，数据类型为指针所指函数的返回值的数据类型。请注意定义中的两个圆括号，如

```
int (*p)( );
```

p是一个函数指针变量，所指函数的返回值为int型。同普通指针一样，若p没有指向任何函数时，p的值是不确定的，因此，在使用p之前必须给p赋值，将函数的入口地址赋给函数指针变量，赋值形式为：

```
函数指针变量=函数名;
```

如果函数指针变量已经指向了某个函数的入口地址，则可以通过函数指针来调用该函数，其调用形式为：

```
(*函数指针变量名)(实参表);
```

【例3-17】阅读下面的程序，了解函数指针的使用。

```
/*exmaple3_17.c 了解函数指针的作用*/
#include <stdio.h>
int max(int a,int b)
{
     return a>b?a:b;
}
main()
{
     int (*p)();
     p=max;
     printf("The max of (3,4) is %d\n",(*p)(3,4));
}
```

程序运行结果：

```
The max of (3,4) is 4
```

如果函数指针仅仅是替代函数名去调用函数，就像程序exam3-17.c中所示，那就失去了函数指针本身的意义。可以将函数指针设计成某个函数的形参，这样，在调用函数时，实参会把函数名传给函数指针。

例如：
```
int sub(int (*p1)( ), int (*p2)( ), int a , int b)
{
      int m, n;
      m=(*p1)(a, b) ;
      n=(*p1)(m, a+b);
      return m+n;
}
```

如果fun1、fun2分别为其他函数的函数名，通过传递函数名，可以调用函数sub(fun1, fun2, x,y)，达到调用其他函数的情况，这种方法主要表现在使程序设计的模块化程度更高。

【例3-18】阅读下面的程序，了解函数指针作为函数参数的作用。

```
/*exmaple3_18.c 了解函数指针的用途*/
#include <stdio.h>
int add(int m,int n)
{
        return m+n;
}
int mul(int m,int n)
{
        return m*n;
}
int getvalue(int (*p)(),int a,int b)
{
        return (*p)(a,b);
}
main()
{
        int result,a,b;
        printf("Please enter the value of a and b:\n");
        scanf("%d%d",&a,&b);
        result=getvalue(add,a,b);
        printf("The sum of (a+b)=%d\n",result);
        result=getvalue(mul,a,b);
        printf("The multiply of (a*b)=%d\n",result);
}
```

程序运行结果：

```
Please enter the value of a and b:
4 7↵
The sum of (a+b)=11
The multiply of (a*b)=28
```

3.7 main()函数的参数

在C语言中，main()函数也可以带参数，参数的个数最多为3个，但参数名及参数的顺序和类型是固定的，参数形式如下：

```
main(int argc, char *argv[], char *env[])
```

同一般函数不同，main()函数的形参是具有特定的意义的。因为每一个C语言程序都是从main()函数开始执行的，现在也许我们会有些疑惑，怎样才能将参数传递给main()函数？

其实带有main()函数参数的程序，在执行的时候不适合在集成开发环境下运行，而要以输入命令的方式来执行程序，其参数就来自在命令方式下运行该程序输入的一些信息。

1．第1个参数（int argc）：统计执行该程序时输入的参数个数，每个参数都用字符串来表示，字符串之间由空格分开。

2．第2个参数（char *argv[ ]）：指针数组，每一个元素分别指向执行该程序时输入的每一个参数，元素个数与输入的参数个数相等。

3．第3个参数（char *env[ ]）：指针数组，每一个元素分别指向系统的环境变量字符串，元素个数与系统的环境变量个数相等。

设有一C语言程序exam.c，其中main()函数中带有参数，经过编译、链接后生成可执行文件：exam.exe，执行该程序时，假如输入的命令为：

```
exam <参数1> <参数2>……<参数(n-1)>↵
```

其中参数1至参数（n−1）均为合法的字符串。

则main()函数中的参数值为：

```
argc=n;
argv[0]= "exam"、argv[1]= "参数1"、…、argv[n-1]= "参数(n-1)"。
env[0]～env[m]：系统环境变量，一般而言，不同的机器会有不同的结果。
```

根据C语言的规则，main()函数参数的个数可以允许有不同，但参数的顺序不允许变化，因此，main()函数参数的形式就只有如下4种：

1．main( )
2．main(int argc)
3．main(int argc, char *argv[ ])
4．main (int argc, char *argv[ ], char *env[ ])

【例3-19】 阅读下面的程序，了解main()函数参数的特点，分别在命令方式下（如DOS模式）和集成开发环境下运行该程序，看看有什么变化与不同。

```
/*example3_19.c  main()函数的参数*/
#include <stdio.h>
main (int argc, char *argv[],char *env[])
{
     int i;
     printf("argc=%d\n", argc);
     for(i=0;i<argc;i++)
          printf("argv[%d]=%s\n",i,argv[i]);
     for(i=0;env[i]!=NULL;i++)
          printf("env[%d]=%s\n",i,env[i]);
}
```

1．在集成开发环境下程序的运行结果：

```
argc=1
argv[0]=D:\C_Source\Debug\example3_19.exe
env[0]=ALLUSERSPROFILE=C:\Documents and Settings\All Users
…
env[M]= …
```

从程序的运行结果可以看出，集成环境下运行该程序时输入的参数就只有1个：argc=1，因此，指针数组也只有第1个元素argv[0]，它指向由该程序所在的路径及程序名组成的字符串；env[0]～env[M]为运行该程序所需的系统环境，共有M+1个，M的值会依据系统的不同而不同，为简化起见，这里没有给出数组env的全部结果。

2．在命令模式下（DOS环境）下程序的运行结果：

```
D:\C_Source\Debug>example3_19 What is the mean of argc[]?↵
argc=7
argv[0]=example3_19
```

```
argv[1]=What
argv[2]=is
argv[3]=the
argv[4]=mean
argv[5]=of
argv[6]=argc[]?
env[0]=ALLUSERSPROFILE=C:\Documents and Settings\All Users
…
env[N]=…
```

与集成环境下程序时运行结果不同，在 DOS 环境下，通过输入命令：

```
D:\C_Source\Debug>example3_19 What is the mean of argc[]?
```

开始运行程序，程序检测到输入的参数就有 7 个：argc=7，由指针数组元素 argv[0]～argv[6]分别指向这 7 个字符串；env[0]～env[N]为运行该程序所需的系统环境，共有 N+1 个，N 的值会依据系统的不同而不同，同样，为简化起见，这里没有给出数组 env 的全部结果。

注意

1. 此时 argv[0]所指的字符串不包括该程序所在的路径。
2. 此时表示环境字符串的个数 N 与第 1 种运行环境下的环境字符串个数 M 不一定相等，同时，数组 env[0]～env[M]与 env[0]～env[N]所指的字符串也不一定相同。

在获取了这些参数的值以后，程序中就可以直接使用这些数据，为程序的设计提供方便。

3.8　指向指针的指针

指针作为一种变量，也是要占用内存空间的，C 语言提供另一种变量来保存指针变量的地址，这就是指向指针变量的指针，它的值为指针变量的地址，其定义形式为：

[存储类型]　数据类型　**指针变量名;

例如：

```
int a=6, *p, **pp;
p=&a;
pp=&p;
…
```

则*pp 的值为 p 的地址值。

**pp 的值等于*p（变量 a 的值）。

a、p、pp 的关系如图 3-11 所示。

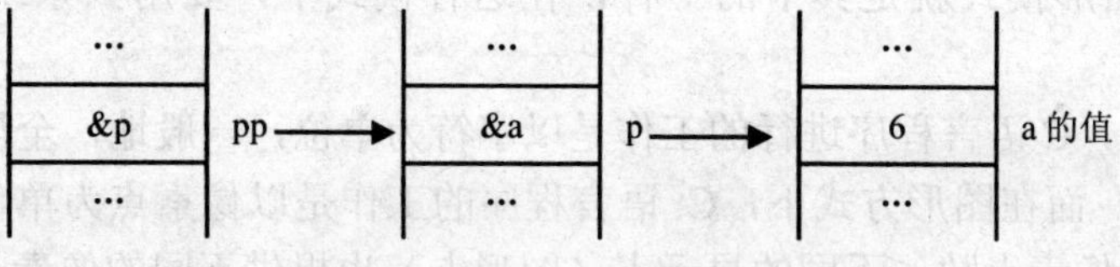

图 3-11　a、p、pp 之间的存储关系

【例 3-20】下面的程序是利用指向指针的指针变量，访问二维字符数组，请阅读程序，

了解指向指针的指针变量的作用和使用方法。

```
/*example3_20.c 了解指向指针的指针的作用 */
#include <stdio.h>
#include <stdlib.h>
main()
{
    int i;
    static char words[][16]={"internet","times","mathematics","geography"};
    static char *pw[]={words[0],words[1],words[2],words[3]};
    static char **ppw;
    ppw=pw;
    for (i=0;i<4;i++)
          printf("%s\n",*ppw++);
    printf("------------------\n");
    for (i=0;i<4;i++)
    {
          ppw=&pw[i];
          printf("%s\n",*ppw);
    }
}
```

程序运行结果：

```
internet
times
mathematics
geography
------------------
internet
times
mathematics
geography
```

请注意程序中的语句：ppw=pw；的作用是将指针数组的首地址传递给指向指针的指针变量，因此，表示第 i 行的首地址应该用*（ppw+i）而不是 ppw+i，程序设计时要注意区分。

3.9　图形处理模式

到目前为止，我们大都是在 Visual C++的集成开发环境下来编辑、调试和运行程序，但最初 C 语言是在 DOS 环境下编辑、调试和运行程序，一般情况下的 DOS 环境为字符方式（或称为文本方式），它可以通过输入命令的方式来执行程序。

在 DOS 环境下，C 语言还提供了大量的系统函数，可以用来将程序的运行环境改变成其他模式，如图形模式就是其中的一种，在这种模式下，要用到系统提供的图形处理函数。

在文本方式下，C 语言程序进行的工作是以字符为单位，一般地，全屏可显示 80（列）×25（行）个字符；而在图形方式下，C 语言程序的工作是以像素点为单位，一般地，不同的显示器有不同的像素点数，不同的显示卡（图形卡）也提供不同的像素点。

要使得 C 语言程序在图形方式下工作，必须要先进行图形模式的初始化，然后才能进行处理。C 语言的图形处理函数在头文件 graphics.h 中，其工作流程如图 3-12 所示。

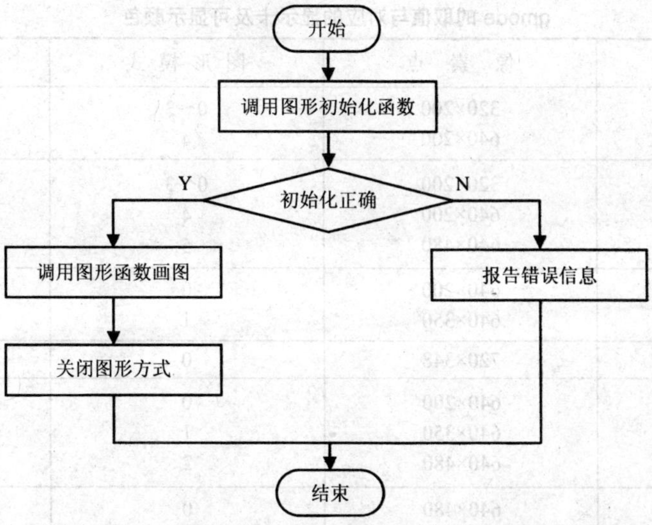

图 3-12　图形工作方式流程

从图 3-12 可以知道，对图形的初始化是通过调用函数完成的，由系统提供的图形初始化函数为：

```
void initgraph (int *gdriver, int far *gmode, char far *pdrive);
```

其中，各参数的含义如下：

① gdriver——图形驱动程序的地址值。*gdriver 取值为 0～10，其值与对应的显示卡如表 3-6 所示。

表 3-6　　gdriver 的值与显示卡制式

gdriver 的值	显 示 制 式
0	DETECT（自动检测）
1	CGA
2	MCGA
3	EGA
4	EGA64
5	EGAMONO
6	IBM8514
7	HERCMONO
8	ATT400
9	VGA
10	PC3270

② gmode——图形模式，取值为 0～5。具体的取值与显示卡有关，详细情况见相关参考手册，几种常见的情况如表 3-7 所示。

表 3-7　　gmode 的取值与对应的显示卡及可显示颜色

显示卡	像素点	图形模式	颜色
CGA	320×200 640×200	0～3 4	1 2
MCGA	320×200 640×200 640×480	0～3 4 5	1 2 2
EGA	640×200 640×350	0 1	16 16
HERC	720×348	0	2
VGA	640×200 640×350 640×480	0 1 2	16 16 16
IBM8514	640×480 1024×760	0 1	256 256

③ gdrive——图形驱动程序 BGI 文件的路径。BGI 文件是系统提供的图形初始化数据文件。

通常情况下，为了使程序具有更好的通用性，程序中图形初始化一般都采用自动检测，如下所示：

```
int gdriver=DETECT, gmode;
initgraph(&gdriver, &gmode, "BGI 文件所在的路径");
```

图形初始化以后，还要对初始化的结果进行检验，看是否正确，获取图形初始化结果使用下面这个函数：

```
int far graphresult(void);
```

它的返回值为−18～0。不同的返回值代表不同的错误，详细情况请查阅相关手册，常见的几种情况如表 3-8 所示。

表 3-8　　gdriver 错误代码与信息

返回值	符号常量	错误信息
0	grOK	No error
−1	grNoinitGraph	（BGI）graphics not installed(use initgraph)
−2	grNotDetected	Graphics hardware not detected
−3	grFileNotFound	Device driver file not found

如果 graphresult 函数的返回值为 0，则图形初始化正确，接下来就可以使用 graphics.h 中的各种图形函数进行图形处理。

当前颜色设置：`void far setcolor(int color);`

背景颜色设置：`void far setbkcolor(int clolor);`

设置填充模式和颜色：`void far setfillstyle(int pattern, int color);`

画弧：`void far arc(int x, int y, int strangle, int endangle, int radius);`

画线：void far line (int x1, int y1, int x2, int y2);

图形字符：void far outtext(char far *textstring);

void far outtextxy(int x, int y, char far textstring);

Clolor 的取值与颜色的对应关系如表 3-9 所示。

表 3-9　　color 的取值与颜色的对应关系

color	颜　色	color	颜　色
0	BLACK（黑色）	8	DARKGRAY（深灰）
1	BLUE（蓝色）	9	LIGHTBLUE（浅蓝）
2	GREEN（绿色）	10	LIGHTGREEN（浅绿）
3	CYAN（青色）	11	LIGHTCYAN（浅青色）
4	RED（红色）	12	LIGHTRED（浅红）
5	MAGENTA（洋红）	13	LIGHTMAGENTA（浅洋红）
6	BROWN（棕色）	14	YELLOW（黄色）
7	LIGHTGRAY（浅灰）	15	WHITE（白色）

图形处理完毕后，在程序结束之前，要关闭图形模式，关闭图形模式的函数原型为：

void far closegraph(void);

【例 3-21】下面的程序是在屏幕上画一条直线和 15 个不同颜色的圆圈。阅读程序，了解 DOS 环境下图形模式的程序编写。

```
/*example3_21.c  了解图形模式下的程序编写*/
/*此程序在屏幕上画出一条线和 15 个不同颜色的圆圈*/
#include <graphics.h>
#include <stdlib.h>
#include <stdio.h>
#include <conio.h>
main()
{
    int i,midx, midy;
    int radius = 100;
    int gdriver = DETECT, gmode, errorcode;          /* 自动检测 */
    /* 初始化图形方式: */
    initgraph(&gdriver, &gmode, "c:\\bc5\\bgi");
    printf("gdriver=%d\n",gdriver);
    printf("gmode=%d\n",gmode);
    /* 获取图形初始化结果: */
    errorcode = graphresult();
    printf("errorcode=%d\n",errorcode);
    if (errorcode != grOk)
    {
        printf("Graphics error: %s\n", grapherrormsg(errorcode));
        printf("Press any key to halt:");
        getch();
        exit(1);
    }
    /* 画线 */
    line(100, 100, getmaxx()-100, getmaxy()-100);
    /* 画 15 个不同颜色的圆 */
    for (i=1;i<=15;i++)
```

```
        {
            midx = i*20+getmaxx()/3;
            midy = i+getmaxy()/3;
            setcolor(i);
            circle(midx, midy,radius);
            getch();
        }
        /* 关闭图形方式 */
        closegraph();
    }
```

程序运行后，可以在屏幕的左上角看到显示制式（gdriver 的值）、图形模式（gmode 的值）和初始化结果的值（errorcode）。圆的 15 种不同颜色是通过循环变量 i 来变化的，没有让 i 的初值从 0 开始，是因为 0 值对应的颜色为黑色，而背景色在程序中是取默认值 0（没有设置背景），读者可以对这个程序中作一些改变，观察图形的一些其他变化。

请注意：要让程序能在图形模式下能正常工作，图形模式的初始化工作是必须的，程序中的语句：

```
initgraph(&gdriver, &gmode, "c:\\bc5\\bgi");
```

说明了该程序要用到的图形初始化工具在 c:\\bc5\\bgi 下，如果读者的环境不是这样，可以修改程序中的路径，以便于能正确地完成程序的工作。

3.10 程序范例

【例 3-22】下面的程序是一种变化的约瑟夫问题，有 30 个人围坐一圈，从 1 到 M 按顺序编号，从第 1 个人开始循环报数，凡报到 7 的人就退出圈子，请按照顺序输出退出人的编号。

分析：可设置两个整型数组：person 和 pout。person 用来表示 30 个人围成的一个队列圈，其数组元素的值只有两种情况：0 和非 0。非 0 表示该元素还在队列内；0 表示该元素已出队列。

从 person 的第 1 个元素开始报数，报到第 7 的时候，将该元素的值改为 0，同时将该元素的下标值按顺序赋给另一个整型数组 pout，当数组 person 中的所有元素的值为 0 时，输出顺序就生成了。

设计函数：void goout(int pp[],int po[],int n)，其功能为：从数组 pp 中第 1 个元素开始，按 n 循环报数出队，出队顺序保存到数组 po 中。

程序如下：

```
/*example3_22.c  一种变化的约瑟夫问题，输出退出的顺序*/
#include <stdio.h>
#define SIZE 30
void goout(int p[],int po[],int n);
main()
{
    int preson[SIZE];
    int pout[SIZE];                     /* 出队顺序初值为-1 */
    int i,n;
    printf("请输入循环数 n（大于 0 的正整数）:\n");
    scanf("%d",&n);
    /* 为队列元素赋初值：*/;
```

```
    for(i=0;i<SIZE;i++)
        preson[i]=i+1;
    printf("队列原始数据编号值：\n");
    for(i=0;i<SIZE;i++)
        printf("preson[%d]=%d\t",i,preson[i]);
    printf("\n");
    goout(preson,pout,n);                  /*调用函数，将出队顺序放到数组 pout 中 */
    printf("出队顺序值：\n");
    for(i=1;i<=SIZE;i++)
        printf("pout[%d]=%d\t",i,pout[i-1]);
    printf("\n");
}
/*将数组 p 中的数据从第 1 个按 n 循环输出下标值到数组 po 中：*/
void goout(int pp[],int po[],int n)
{
    int i,temp,*p;
    p=pp;    /* 指针 p 指向队列数组的首地址 */
    for(i=0;i<SIZE;i++)
    {
        temp=0;
        while(temp<7)                      /* 开始循环报数 */
        {
            if(*p!=0)
            {
                if(p==(pp+SIZE))
                    p=pp;    /* 如果到达队尾，指针重新回到队头*/
                else
                {
                    p=p+1;
                    temp=temp+1;
                }
            }
            else
            {
                if(p==(pp+SIZE))  /* 如果到达队尾，指针重新回到队头*/
                   p=pp;
                p=p+1;
            }
        }
        p=p-1;
        po[i]=*p;                          /* 生成输出队列顺序 */
        *p=0;                              /* 标记成已经出队 */
    }
}
```

程序运行结果：

```
请输入循环数 n（大于 0 的正整数）：
7↵
队列原始数据编号值：
preson[0]=1     preson[1]=2     preson[2]=3     preson[3]=4     preson[4]=5
preson[5]=6     preson[6]=7     preson[7]=8     preson[8]=9     preson[9]=10
preson[10]=11   preson[11]=12   preson[12]=13   preson[13]=14   preson[14]=15
preson[15]=16   preson[16]=17   preson[17]=18   preson[18]=19   preson[19]=20
preson[20]=21   preson[21]=22   preson[22]=23   preson[23]=24   preson[24]=25
preson[25]=26   preson[26]=27   preson[27]=28   preson[28]=29   preson[29]=30
```

```
出队顺序值：
pout[1]=7      pout[2]=14     pout[3]=21     pout[4]=28     pout[5]=5
pout[6]=13     pout[7]=22     pout[8]=30     pout[9]=9      pout[10]=18
pout[11]=27    pout[12]=8     pout[13]=19    pout[14]=1     pout[15]=12
pout[16]=25    pout[17]=10    pout[18]=24    pout[19]=11    pout[20]=29
pout[21]=17    pout[22]=6     pout[23]=3     pout[24]=2     pout[25]=4
pout[26]=16    pout[27]=26    pout[28]=15    pout[29]=20    pout[30]=23
```

该算法有两个地方值得注意：

1．当队列报数到达最后 1 个元素的时候，要让指针回到数组的起始位置。

2．对已经出队的元素值要赋 0 值。

请读者分析程序的算法思想，思考其他能解决该问题的算法，并编写程序验证。

【例 3-23】 编写程序，利用系统提供的图形库函数在屏幕上画一个变化的环，方法是将一个半径为 r1 的圆周等分 *n* 份，再以每个等分点为圆心，以半径 rs 画 *n* 个圆，要求在命令方式下给出 r1、rs 的值及环的颜色值。

```
/*example823.c  在屏幕上画圆，圆的个数从键盘输入*/
#include <stdio.h>
#include <stdlib.h>
#include <graphics.h>
#include <math.h>
#define PI 3.1415926
main(int argc,char *argv[])
{
     int x,y,r1,rs,color;
     float a;
     int gm,gd=DETECT;
     if(argc<4)
     {
          printf("缺少参数个数!");
          exit(0);
     }
     initgraph(&gd,&gm,"c:\\bc4\\bgi");
     r1=atoi(argv[1]);
     rs=atoi(argv[2]);
     color=atoi(argv[3]);
     cleardevice();
     setbkcolor(color);
     setcolor(4);
     for(a=0;a<=2*PI;a+=PI/19)
     {
          x=r1*cos(a)+320;
          y=r1*sin(a)+240;
          circle(x,y,rs);
     }
     getchar();
     closegraph();
}
```

将程序生成完可执行文件后，在命令方式下（DOS）运行这个程序，输入命令方式为：

<程序名> <半径 r1> <半径 rs> <圆的颜色>↵

如：example3_23 100 100 50↵

请观察程序的运行结果。

【例 3-24】 编写程序，采用冒泡法对一组从键盘输入的任意个整数（个数≤50）进行升序排序，输出排序后的结果。

分析：冒泡排序就是将最小的数放在最前面。可以将输入的数据保存到数组，再对数组元素进行排序。

程序如下：

```
/*example3_24.c 对输入的数据进行升序排序*/
#include <stdio.h>
void swap(int *a,int *b)
{
    int temp;
    temp=*a;
    *a=*b;
    *b=temp;
}
main()
{
    int array[50],num,i,j;
    printf("请输入数据的个数(<50):");
    scanf("%d",&num);
    printf("请输入%d 个元素的值:\n");
    for(i=0;i<num;i++)
        scanf("%d",&array[i]);
    for(i=0;i<num;i++)
        for(j=i+1;j<num;j++)
            if(array[j]<array[i])
                swap(&array[j],&array[i]);
    printf("升序排序的结果:\n");
    for(i=0;i<num;i++)
        printf("%d, ",array[i]);
    printf("\n");
}
```

程序运行结果：

```
请输入数据的个数(<50): 10↵
请输入 10 个元素的值:
79 45 67 12 34 95 112 340 49 28↵
升序排序的结果:
12, 28, 34, 45, 49, 67, 79, 95, 112, 340,
```

请读者思考升序排序的算法。

【例 3-25】 编写两个函数，分别完成洗牌和发牌。

1. `void shuffle(int deck[4][13]);`完成洗牌的功能。

2. `void deal(int deck[4][13],char *face[],char *suit[]);`完成发牌的功能。

编写程序，测试函数的功能。

分析：

不计大王和小王，一副牌有 52 张（4 种花色，每个花色有 13 张牌），如图 3-13 所示，用一个 4×13 的整型二维数组 deck 表示纸牌的面值和花色。数组的行与花色对应：第 1 行代表红桃（Hearts）；第 2 行代表方块（Diamonds）；第 3 行代表梅花（Clubs）；第 4 行代表黑桃（Spades）。数组的列数与面值对应：第 1 列到第 10 列对应于“A”到 10，第 11 列到第 13 列分别对应于“J”、“Q”和“K”。字符指针数组 suit 代表 4 种花色，字符指针数组 face 代表 13 张牌的面值。

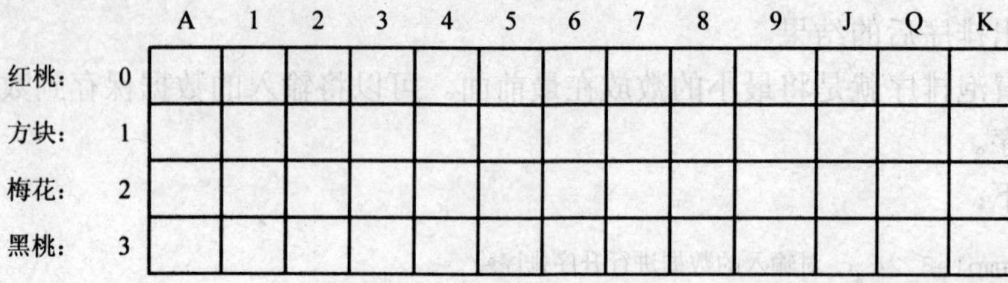

图 3-13　一副纸牌的二维数组

洗牌算法：依次随机地从纸牌数组中选择一张牌 deck[row][column]，并将第一次选出的 deck[row][column]的值赋为 1，继续这个选牌过程，并将第 i 次选出的 deck[row][column]的值赋为 i（1<i≤52）。

发牌算法：按每行 4 张牌的形式输出洗好的牌。

主程序和发牌程序的算法流程图如图 3-14 所示。

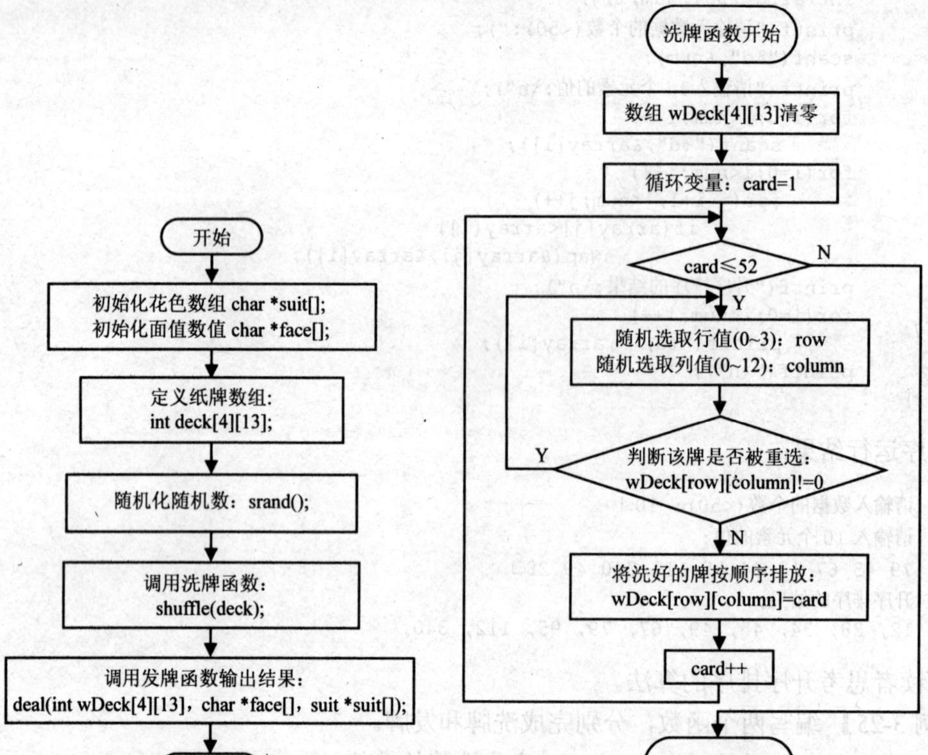

（a）主程序流程图　　　（b）洗牌程序流程图

图 3-14　算法流程图

根据图 3-14 所示的算法，编写程序如下：

```
/* example3_25.c 扑克牌游戏，模拟洗牌和发牌*/
#include <stdio.h>
#include <stdlib.h>
#include <time.h>
void shuffle(int deck[4][13]);
void deal(int deck[4][13],char *face[],char *suit[]);
main()
```

```
{
    char *suit[4]={"Hearts","Diamonds","Clubs","Spades"};
    char *face[13]={"A","2","3","4","5","6","7","8","9","10","J","Q","K"};
    int deck[4][13];              /*初始化纸牌数组的值为 0*/
    srand(time(NULL));
    shuffle(deck);                /* 洗牌 */
    printf("第一次洗牌结果: \n");
    deal(deck,face,suit);         /* 发牌 */
    printf("\n");
    shuffle(deck);                /* 洗牌 */
    printf("第二次洗牌结果: \n");
    deal(deck,face,suit);         /* 发牌 */
    getchar();
}
/*洗牌函数: */
void shuffle(int wDeck[4][13])
{
    int card,row,column;
    int i,j;
    for(i=0;i<=3;i++)
        for(j=0;j<=12;j++)
            wDeck[i][j]=0;
    for(card=1;card<=52;card++)
    {
    do
        {   row=rand()%4;
            column=rand()%13;
        }while(wDeck[row][column]!=0);
        wDeck[row][column]=card;
    }
}

/*发牌函数: */
void deal(int a[4][13],char *pf[],char *pw[])
{
    int card,row,column;
    for(card=1;card<=52;card++)
        for(row=0;row<=3;row++)
            for(column=0;column<=12;column++)
                if(a[row][column]==card)
                {   printf("%10s:%3s",pw[row],pf[column]);
                    if(card%4==0)
                        printf("\n");
                    else
                        printf("\t");
                }
}
```

运行结果:

第一次洗牌结果:

```
    Hearts:     7      Spades:    A      Hearts:     6       Clubs:    4
     Clubs:     8       Clubs:    6    Diamonds:     7      Spades:    9
     Clubs:     Q      Spades:    J       Clubs:     7      Hearts:    K
    Hearts:     8    Diamonds:    3    Diamonds:    10      Spades:    5
  Diamonds:     8       Clubs:    A    Diamonds:     6      Spades:   10
```

```
    Hearts:      J  Diamonds:   K    Spades:     8   Diamonds:   2
Diamonds:        Q  Diamonds:   A    Hearts:     2     Clubs:    K
    Hearts:      9    Clubs:    5    Hearts:     5    Spades:    2
Diamonds:        5    Clubs:    3    Hearts:     A   Diamonds:   9
    Spades:      7    Hearts:   4     Clubs:    10    Spades:    4
    Hearts:      Q    Clubs:    J  Diamonds:     4    Hearts:    3
    Hearts:     10   Spades:    3    Spades:     Q    Spades:    6
    Clubs:       2  Diamonds:   J    Spades:     K     Clubs:    9
```

第二次洗牌结果：

```
    Spades:      K    Clubs:    9  Diamonds:     4     Clubs:    8
    Clubs:       4  Diamonds:   K    Spades:     2     Clubs:    A
Diamonds:        8    Hearts:   8    Hearts:     2    Spades:    Q
    Clubs:       Q   Spades:    6    Hearts:     6   Diamonds:  10
    Clubs:       5    Hearts:   7    Spades:     A     Clubs:    3
    Hearts:      4   Spades:    8  Diamonds:     5    Hearts:    3
    Hearts:      9   Spades:    7    Hearts:     K    Hearts:    Q
Diamonds:        A    Clubs:    7  Diamonds:     6   Diamonds:   9
Diamonds:        Q    Clubs:   10     Clubs:     K    Spades:   10
    Hearts:      5   Spades:    4    Spades:     3     Clubs:    J
Diamonds:        2    Hearts:   J  Diamonds:     J    Hearts:   10
    Clubs:       2    Clubs:    6    Hearts:     A   Diamonds:   7
    Spades:      9  Diamonds:   3    Spades:     J    Spades:    5
```

【例 3-26】 对例 3-24 进行改进。由计算机生成 10 个 100 以内的整型随机数，放入数组。通过函数指针，完成对数组的升序排序或者降序排序。

分析：将随机生成的数据放入整型数组 a 中，升序排序采用冒泡法，每一趟排序找出最小的数，降序排序则相反，每一趟排序找出其中的最大数。

函数：void sort(int work[],int size,int (*compare)(int,int));

完成对整型数组元素 work[0]～work [size−1]的排序，通过函数指针来确定是调用升序排序还是降序排序。sort 函数算法的流程图如图 3-15 所示。

根据图 3-15 所示的算法，编写程序如下：

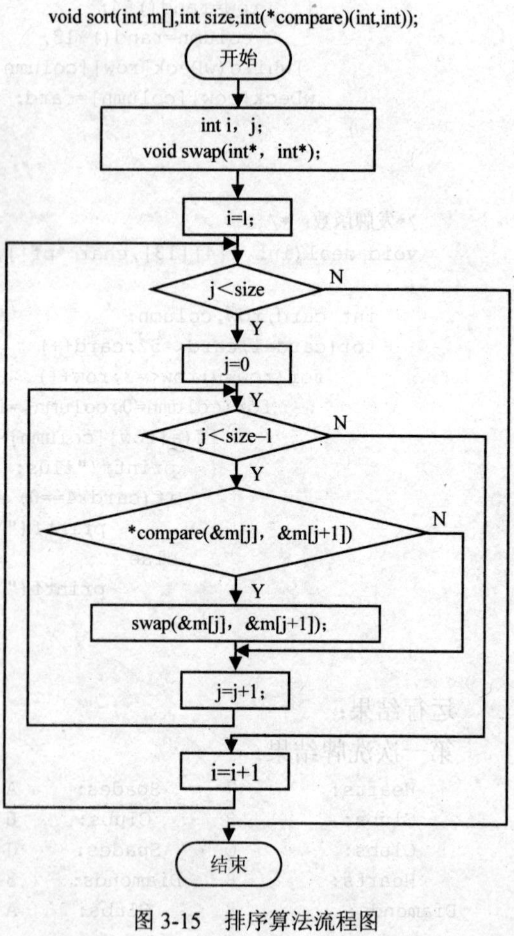

图 3-15 排序算法流程图

```
    /* example3_26.c 使用函数指针进行多用途排序 */
    #include <stdio.h>
    #include <stdlib.h>
    #include <time.h>
    #define SIZE 10
    void sort(int[],const int,int (*) (int,
int));
    int ascending(int,int);
    int descending(int,int);
    main()
```

```
{
    int order,counter,(*p)();
    int a[SIZE];
    srand(time(NULL));
    printf("计算机生成的随机数：\n" );
    for(counter=0;counter<SIZE;counter++)
    {
        a[counter]=rand()%100;
        printf( "%5d",a[counter]);
    }
    printf("\n 请输入你的选择:\n");
    printf("\t1: 升序排序\n");
    printf("\t2: 降序排序\n");
    scanf("%d",&order );
    if(order==1)
    {
        p=ascending;
        printf( "升序排序结果：\n" );
    }
    else if(order==2)
    {
        p=descending;
        printf( "降序排序结果：\n" );
    }
    else
    {
        printf( "\n 选择错误，程序将结束\n" );
        exit(0);
    }
    sort(a,SIZE,p);
    for(counter=0;counter<SIZE;counter++)
        printf("%5d",a[counter]);
    printf( "\n" );
}
void sort(int m[],int size,int(*compare)(int,int))
{
    int i,j;
    void swap(int *,int *);
    for(i=1;i<size;i++ )
        for(j=0;j<size-1;j++ )
            if((*compare)(m[j],m[j+1]))
                swap(&m[j],&m[j+1]);
}
void swap(int *e1Ptr, int *e2Ptr )
{
    int temp;
    temp = *e1Ptr;
    *e1Ptr = *e2Ptr;
    *e2Ptr = temp;
}
int ascending(int a, int b)
{
    return b < a;
}
int descending(int a, int b)
{
    return b > a;
}
```

程序第一次运行结果：

```
计算机生成的随机数：
   39   37   46   86   93   64   45    7   88   27
请输入你的选择：
          1：升序排序
          2：降序排序
2↵
降序排序结果：
   93   88   86   64   46   45   39   37   27    7
```

程序第二次运行结果：

```
计算机生成的随机数：
   79   72   48    3   34   39   61   17   28   22
请输入你的选择：
          1：升序排序
          2：降序排序
1↵
升序排序结果：
    3   17   22   28   34   39   48   61   72   79
```

程序第三次运行结果：

```
计算机生成的随机数：
   65   39   98   56   41   87   63    2   16   62
请输入你的选择：
          1：升序排序
          2：降序排序
3↵
选择错误，程序将结束
```

从程序运行结果可以看到，计算机生成的随机数每次都是不相同的，请读者分析程序的算法。

3.11 本章小结

本章介绍了指针的概念以及不同类型指针变量的特点和使用方法。应该注意到指针变量也是一种变量，在未被赋值以前不会有任何确定的值，也就是说指针变量所指的值不确定，同时，指针变量同普通变量一样，也要占用内存，这个内存地址可用指向指针的指针变量来保存。要掌握一些常用的指针变量的作用，如指向不同类型变量的指针、指向具有 *N* 个元素的指针、指向数组的指针、指针数组、指向字符串的指针、指向函数的指针及函数的返回值为指针，对每一种不同的指针要注意它们的区别，不要混淆各指针变量的含义，多动手编写程序进行验证，才能真正理解和掌握。

以下是一些常用指针定义形式及含义。

```
int i;                       i 是整型。
int *i;                      i 是整型指针。
```

```
int **i;                    i 是整型指针的指针。
int *i[5];                  i 是含有五个元素的整型指针数组。
int (*i)[5];                i 是指向五个整型元素的指针。
int *i( );                  i 是返回整型指针的函数。
int *(*i)( );               i 是函数指针，函数返回整型指针。
int *(*i[ ])( );            i 是函数指针数组，函数返回整型指针。
int (*i)( );                i 是返回整型的函数指针。
int *((*i)())[5];           i 是函数指针，函数返回指向五个整型指针元素的指针。
```

在使用指针时，常常容易犯以下一些常识性的小错误。

1．用指针引用数组元素（包括一维数组和二维数组）时，错误地认为对任何数组而言，数组名、第 1 行的首地址、数组第 1 个元素的首地址都具有相同的含义和功能，它们的相同之处是这 3 个地址值是相同的，但使用时根据不同的数组会有不同的特性。

2．在输出地址值时常常出现负值，这是由于在 printf 中使用了%d 来输出地址，正确地做法应该是采用%lu（无符号长整型）、%x（十六进制）或%o（八进制）等格式输出字符串。

3．对地址运算符&和指针运算符*的概念不清。实际上，如果有：

```
int a=10, *p=&a;
```

则 p、&a、&(*p)的值都为变量的地址值，而 a、*p、*&a 的值都为 10。

习 题

一、单选题。在以下每一题的四个选项中，请选择一个正确的答案。

【题 3.1】 数组名和指针变量均表示地址，以下不正确的说法是________。

A．数组名代表的地址值不变，指针变量存放的地址可变

B．数组名代表的存储空间长度不变，但指针变量指向的存储空间长度可变

C．①和②的说法均正确

D．没有差别

【题 3.2】 变量的指针，其含义是指该变量的________。

A．值　　B．地址　　C．名　　D．一个标志

【题 3.3】 已有定义 `int a=5; int *p1, *p2;`，且 p1 和 p2 均已指向变量 a，下面不能正确执行的赋值语句是________。

A．`a=*p1+*p2;`　　B．`p2=a;`　　C．`p1=p2;`　　D．`a=*p1*(*p2);`

【题 3.4】 若 `int(*p)[5];`，其中，p 是________。

A．5 个指向整型变量的指针

B．指向 5 个整型变量的函数指针

C．一个指向具有 5 个整型元素的一维数组的指针

D．具有 5 个指针元素的一维指针数组，每个元素都只能指向整型量

【题 3.5】 设有定义：`int a=3, b, *p=&a;`，则下列语句中使 b 不为 3 的语句是________。

A．`b=*&a;`　　B．`b=*p;`　　C．`b=a;`　　D．`b=*a;`

【题 3.6】 若有以下定义，则不能表示 a 数组元素的表达式是________。

```
int a[10]={1,2,3,4,5,6,7,8,9,10}, *p=a;
```

A. *p　　　B. a[10]　　　C. *a　　　D. a[p-a]

【题 3.7】设 char **s;，以下正确的表达式是________。

A. s="computer";　　　B. *s="computer";

C. **s="computer";　　　D. *s='c';

【题 3.8】设 char s[10] ，*p=s;，以下不正确的表达式是________。

A. p=s+5;　　　B. s=p+s;　　　C. s[2]=p[4];　D. *p=s[0];

【题 3.9】执行下面程序段后，*p 等于________。

```
int a[5]={1,3,5,7,9}, *p=a;
p++;
```

A. 1　　　B. 3　　　C. 5　　　D. 7

【题 3.10】下列关于指针的运算中，________是非法的。

A. 两个指针在一定条件下，可以进行相等或不等的运算

B. 可以用一个空指针赋值给某个指针

C. 一个指针可以是两个整数之差

D. 两个指针在一定的条件下，可以相加

二、判断题。判断下列各叙述的正确性，若正确在（　）内标记√，若错误在（　）内标记×。

【题 3.11】（　）&b 指的是变量 b 的地址处所存放的值。

【题 3.12】（　）通过变量名或地址访问一个变量的方式称为“直接访问”方式。

【题 3.13】（　）存放地址的变量同其他变量一样，可以存放任何类型的数据。

【题 3.14】（　）指向同一数组的两个指针 p1、p2 相减的结果与所指元素的下标相减的结果是相同的。

【题 3.15】（　）如果两个指针的类型相同，且均指向同一数组的元素，那么它们之间就可以进行加法运算。

【题 3.16】（　）char　*name[5]定义了一个一维指针数组，它有 5 个元素，每个元素都是指向字符数据的指针型数据。

【题 3.17】（　）语句 y=*p++; 和 y=(*p)++; 是等价的。

【题 3.18】（　）函数指针所指向的是程序代码区。

【题 3.19】（　）int　*p;定义了一个指针变量 p，其值是整型的。

【题 3.20】（　）用指针作为函数参数时，采用的是“地址传送”方式。

三、填空题。请在下面各叙述的空白处填入合适的内容。

【题 3.21】“*”称为________运算符，“&”称为________运算符。

【题 3.22】在 int a=3;, p=&a;中，*p 的值是________。

【题 3.23】在 int*pa[5];中，pa 是一个具有 5 个元素的指针数组，每个元素是一个________指针。

【题 3.24】若两个指针变量指向同一个数组的不同元素，则可以进行减法运算和________运算。

【题 3.25】存放某个指针的地址值的变量称为指向指针的指针，即________。

【题 3.26】在 C 语言中，数组元素的下标是从________开始，数组元素连续存储在内存单元中。

【题 3.27】 设 `int a[10], *p=a;`,则对 a[3]的引用可以是 p[3]（下标法）和________（地址法）。

【题 3.28】 &后跟变量名，表示该变量的________，&后跟指针名，表示该指针变量的________。

【题 3.29】 若 a 是已定义的整型数组，再定义一个指向 a 的存储首地址的指针 p 的语句是________。

【题 3.30】 设有 `char a[ ]= "ABCD"`，则 `printf("%c",*a)`的输出是________。

【题 3.31】 在右边内存示意图中，每一刻度小格代表内存中一个字节空间，变量说明如下：

```
int a, *p、*p1, *p2、*pd;
```

图 3-16（a）中第 2 列数字表示地址编号，每个框内数字表示内存初始状态，经过以下运算后，请将运算结果填入到图 3-16（b）中相应位置。

```
*pd += (double)*p1;
p1=&a;
*p1=*p;
p2=p1;
*p2 /= 3;
++p2;
++*p2;
```

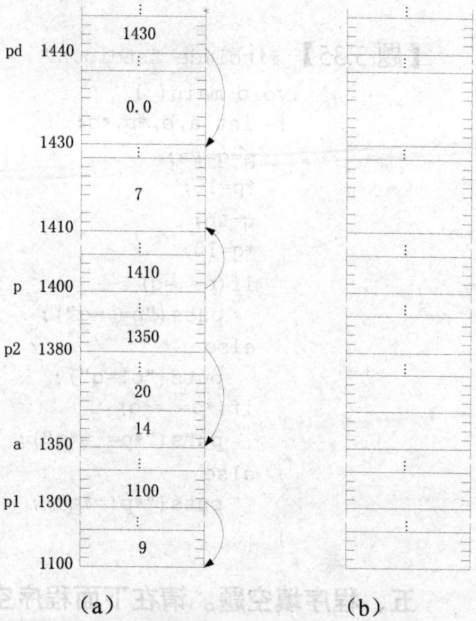

图 3-16 题 3.31 图

四、阅读下面的程序，写出程序运行结果。

【题 3.32】

```
#include  "stdio.h"
void main( )
{  int a, b;
   int *p, *q, *r;
   p=&a; q=&b; a=9;
   b=5*(*p%5);
   r=p; p=q; q=r;
   printf("\n%d, %d, %d\n", *p, *q, *r);
}
```

【题 3.33】

```
#include "stdio.h"
#include "string.h"
void fun(char *s)
{  char a[7];
   s=a;
   strcpy(a, "book");
   printf("%s\n",s);
}
void main( )
{   char *p;
   fun(p);
}
```

【题 3.34】

```
#include "stdio.h"
#include "string.h"
```

```
void main( )
{  char *p,str[20]="abc";
   p="abc";
   strcpy(str+1,p);
   printf("%s\n",str);
}
```

【题 3.35】
```
#include "stdio.h"
void main( )
{  int a,b,*p,*q;
   p=q=&a;
   *p=10;
   q=&b;
   *q=10;
   if(p= =q)
     puts("p= =q");
   else
     puts("p!=q");
   if(*p= =*q)
     puts("*p= =*q");
   else
     puts("*p!=*q");
}
```

五、程序填空题。请在下面程序空白处填入合适的语句。

【题 3.36】下面的程序中有一函数求两个整数之和，并通过形参传回结果。

```
#include "stdio.h"
void add(int x,int y,_______ z)
{   _______=x+y; }
void main( )
{   int i,j,k;
    printf("Input two integers:");
    scanf("%d %d",&i,&j);
    add(i,j,&k);
    printf("The sum of two integers is: %d\n",k);
}
```

【题 3.37】下面的程序实现从 10 个整数中找出最大值和最小值。

```
#include "stdio.h"
int max,min;
void find(int *p,int n)
{   int *q;
    max=min=*p;
    for(q=p;_______;q++)
        if(*q>max)
            max=*q;
        else if(_______)
            min=*q;
}
void main( )
{   int i,num[10];
    printf("Input 10 numbers:\n");
    for(i=0;i<10;i++)
        scanf("%d",&num[i]);
```

```
    find(num,10);
    printf("max=%d,min=%d\n",max,min);
}
```

六、编程题。对下面的问题编写程序并上机验证（要求用指针方法实现）。

【题 3.38】输入 3 个整数，按从大到小的次序输出。

【题 3.39】编写将 *n* 阶正方矩阵进行转置的函数。在主函数中对一个 4 行 4 列的矩阵调用此函数。

【题 3.40】有 3 个整型变量 *i*、*j*、*k*，请编写程序，设置 3 个指针变量 *p*1、*p*2、*p*3，分别指向 *i*、*j*、*k*。然后通过指针变量使 *i*、*j*、*k* 3 个变量的值顺序交换，即把 *i* 的原值赋给 *j*，把 *j* 的原值赋给 *k*，把 *k* 的原值赋给 *i*。要求输出 *i*、*j*、*k* 的原值和新值。

【题 3.41】设有 *n* 个整数，现在要使前面各数顺序向后移 *m* 个位置，最后 *m* 个数变成最前面 *m* 个数。编写程序实现以上功能，在主函数中输入 *n* 个整数并输出调整后的 *n* 个数。

【题 3.42】给定 5 个字符串，输出其中最大的字符串。

【题 3.43】编写程序，将所给的 5 个字符串进行排序。

【题 3.44】输入 10 个整数，将其中最大数与第一个数交换，最小数与最后一个数交换。

【题 3.45】编写函数，比较两个字符串是否相等（用指针完成）。

【题 3.46】编写程序，输入 15 个整数存入一维数组，再按逆序重新存放后输出（用指针完成）。

【题 3.47】编写程序，在一个整型数组（其元素全大于 0）中查找输入的一个整数，找到后，求它前面的所有整数之和。

【题 3.48】编写程序，用函数指针的方法，求任意给定的两个整数 *x* 和 *y* 的和、差。

【题 3.49】编写程序，统计从键盘输入的命令行中第二个参数所包含的英文字符个数。

第 4 章 构造数据类型

本章之前所介绍的数据类型都只包含一种数据类型，即使是有多个元素的数组，也只能存储同一种数据类型的数据，如整型、浮点型、字符型等。但在实际问题中，常常要求把一些属于不同数据类型的数据作为一个整体来处理，如一个职员的编号、姓名、年龄、性别、身份证号码、民族、文化程度、职务、住址、联系电话等，这些数据用来处理一个对象——职员，代表着该职员的属性。但每个数据又不属于同一数据类型，如图 4-1 所示。这种由一些不同数据类型的数据组合而成的数据整体，C 语言称之为“结构体”数据类型，结构体中所包含的数据元素称之为成员。

编号	姓 名	年 龄	性 别	身份证号	民 族	文化程度	住 址	联系电话
（长整型）	（字符数组）	（整 型）	（字 符）	（长整型）	（字符型）	（字符数组）	（字符数组）	（长整型）

图 4-1 结构体类型示例

4.1 结构体数据类型

4.1.1 结构体的定义

在程序中要使用结构体，必须对结构体的组成进行描述，这个描述过程称为结构类型定义，其定义形式为：

```
struct 结构体名
{
   成员项表列;
};
```

其中，成员项表列的形式同简单变量的定义形式相同。

对于图 4-1 所列出的职员的属性，我们可以定义成下面的结构体类型：

```
struct person
{
    long no;
    char name[12];
    int age;
```

```
    char sex;
    long indentityNo;
    char education[12];
    char addr[40];
    long telno;
};
```

在上面的例子中，struct 为关键字，person 为结构体名，no、name、age、sex、indentityNo、education、addr、telno 称为成员。

结构体类型具有如下一些不同于基本数据类型的特点。

① 结构体名为任何合法的标识符，建议用具有一定意义的单词或组合作为结构体名。

② 虽然成员的类型定义形式同简单变量，但不能直接使用。

③ 与其他变量不同，定义一个结构体类型，并不意味着系统将分配一段内存单元来存放各个数据项成员。这只是定义类型而不是定义变量。它告诉系统该结构由哪些类型的成员构成，并把它们当作一个整体来处理。

4.1.2　结构体变量的定义

一旦定义了结构体，就可以定义结构体变量，可以采用不同的形式来定义结构体变量。

（1）先定义了结构体类型，再定义该类型的变量。

定义格式：类型标识符　<变量名列表>;

例如：

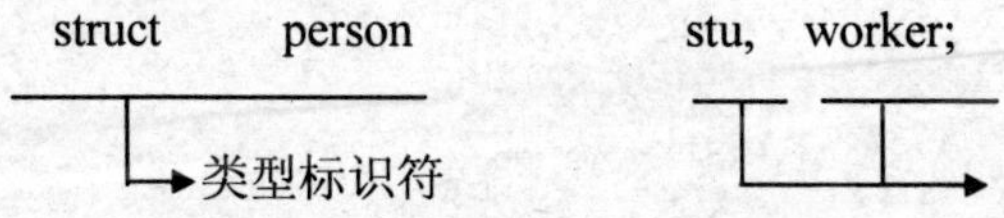

上面定义了两个变量 stu 和 worker，它们是结构体 struct person 的变量。请注意，"struct person"代表类型名（类型标识符），如同用 int 定义变量（如，int a，b;）时，int 是类型名一样。此处的 struct person 相当于 int 的作用。不要错写为：

```
struct stu, worker;（没有声明是哪一种结构体类型）
```

或

```
person stu, worker;（没有关键字 struct，不认为是结构体类型）
```

定义了一个结构体类型后，可以用它来定义不同的变量，如

```
struct person teacher, doctor;
```

（2）在定义一个结构体类型的同时定义一个或若干个结构体类型变量。

定义格式：

```
struct <结构体名>
{
  成员项列表;
}<变量名列表>;
```

例如：

```
struct person
{
```

```
        long no;
        char name[12];
        int age;
        char sex;
        long indentity No;
        char education[12];
        char addr[40]
        long telno;
    }teacher, doctor;
```

这是第（1）种形式的紧凑形式，既定义了结构类型，又定义了变量。如有必要，还可采用第（1）种方式再定义另外的结构体类型变量，如 struct person stu。

（3）直接定义结构体类型的变量。

定义格式：

```
struct
{
    成员项列表;
}<变量名列表>;
```

例如：

```
struct
{
        long no;
        char name[12];
        int age;
        char sex;
        long indentity No;
        char education[12];
        char addr[40];
        long telno;
}teacher, doctor;
```

这里只是定义了 teacher 和 doctor 两个变量为结构体类型，但没有定义该结构体类型的名字，因此，不能再用来定义其他变量。例如：

```
struct stu;
```

是不合法的。

结构变量占用的内存单元大小为结构体内各成员占用空间大小的总和。

4.1.3 结构体变量的初始化

和其他简单变量及数组型变量一样，结构体类型的变量也可在变量定义时进行初始化，亦即在定义变量的同时给变量的成员赋值。

例如：

```
struct smail
{
    char name[12];
    char addr[40];
    long zip;
```

```
    long tel;
};
```

若 `struct smail teacher={"Li Ming", "Blue Road 18",430000, 88753540};`，则 teacher 为结构体类型的变量，定义时依次对它的各成员赋予了初值，上面的结构体定义和变量定义可以合二为一。

例如：

```
struct smail
{
    char name[12];
    char addr[40];
    long zip;
    long tel;
 }teacher={"Li Ming", "Blue Road 18", 430000, 88753540};
```

注意，不能写成以下的形式：

```
struct smail
{
   char name[12]= "Li MIng";
   chair addr[40]= "Blue Road 18";
   long zip=430000;
   long tel=88753540;
}teacher;
```

也不允许直接对结构体变量赋一组常量：`teacher={"Li ming", "Blue Road 18", 430000, 8853540};`，若结构体的成员中另有一个结构体类型的变量，则初始化时仍然要对各个基本成员赋予初值。

例如：

```
struct date
{
    int day;
    int month;
    int year;
};
struct person;
{
    char name[12];
    struct date birthday;
    char sex;
     long telno;
};
struct person doctor={"Li Ming", 24, 3, 1970, 'M', 88753540};
```

4.1.4 结构体变量成员的引用

在定义了一个结构体类型的变量后，就可以引用该变量的一个成员，也可以将结构体变量作为一个整体来引用。

（1）引用结构体变量中的成员。

```
引用格式：<结构变量名>.<成员名>
若结构变量为指针型，则其成员的引用形式为：
<结构指针变量名>-><成员名>
```

或：<*结构指针变量名>.<成员名>

其中的圆点运算符称为成员运算符，->为指针运算符。

例如：teacher.no、teacher.age、teacher.name[0]均为对结构成员的正确引用形式。不能直接使用结构中的成员名 no、age、name[0]，因为成员名并不代表变量。

与普通变量指针相同，如果要用结构指针变量来引用结构成员，必须要将结构指针变量与结构变量相关联后才能使用。

若一个结构体类型中含有另一个结构体类型的成员，则在访问该成员时，应采取逐级访问的方法。如上面的结构体变量 doctor，若要得到 Li Ming 的出生日期，可以使用：

```
doctor.birthday.day——出生日
doctor.birthday.month——出生月份
doctor.birthday.year——出生年
```

而不能写成：

```
doctor.day
doctor.month
doctor.year
```

另有一点我们必须注意：因为结构体变量的成员是简单的基本数据类型，因此，对结构变量的成员所允许的运算与该成员所属类型的运算相同。

（2）将结构体变量作为一个整体来使用。

可以将一个结构体变量作为一个整体赋给另一个结构体变量，条件是这两个变量必须具有相同的结构体类型。

例如：

```
struct person doctor={"Li Ming",24, 3, 1970, 'M', 88753540};
struct person teacher;
teacher=doctor;  /*将结构体变量 doctor 的值赋给 teacher */
```

这样，变量 teacher 中各成员的值均与 doctor 的成员的值相同。

【例 4-1】下面的程序定义了两个结构：课程成绩和学生基本信息，阅读下面的程序，了解结构体成员的使用方法。

```
/*example4_1.c  了解结构成员的使用*/
#include <stdio.h>
#include <conio.h>
/* 定义学生成绩结构：*/
struct score
{
    int math;    /* 数学成绩 */
    int eng;     /* 英语成绩 */
    int comp;   /* 计算机成绩 */
};
/* 定义学生基本信息结构：*/
struct stu
{
    char name[12];         /* 姓名 */
    char sex;              /* 性别 */
    long StuClass;         /* 学号 */
```

```
        struct score sub;         /* 成绩 */
    }
    main()
    {
        struct stu student1={"Na Ming",'M',990324,88,80,90};
        struct stu student2;
        student2=student1;
        student2.name[0]='H';
        student2.name[1]='u';
        student2.StuClass=990325;
        student2.sub.math=83;
        printf("姓名\t 性别\t 学号\t\t 数学成绩\t 英语成绩\t 计算机成绩\n");
        printf("%s\t%c\t%ld\t\t%d\t\t%d\t\t%d\n",student1.name,
        student1.sex,student1.StuClass,student1.sub.math,
        student1.sub.eng,student1.sub.comp);
        printf("%s\t%c\t%ld\t\t%d\t\t%d\t\t%d\n",student2.name,
        student2.sex,student2.StuClass,student2.sub.math,
        student2.sub.eng,student2.sub.comp);
    }
```

程序运行结果：

姓名	性别	学号	数学成绩	英语成绩	计算机成绩
Na Ming	M	990324	88	80	90
Hu Ming	M	990325	83	80	90

请分析程序中结构成员的使用方法，灵活应用到程序设计中去。

4.1.5 结构体变量成员的输入/输出

上面说到 C 语言允许将结构体变量作为一个整体来使用，但 C 语言不允许把一个结构体变量作为一个整体进行输入或输出操作，因此，下面的这些语句是错误的：

```
scanf("%s\n", student1);
printf("%s\n", student1);
```

因为在使用 **printf** 和 **scanf** 函数时，必须指出输出格式（用格式转换符）。而结构体变量包括若干个不同类型的数据项，像上面那样用一个%s 格式来输出 **student1** 的各个数据项显然是不行的。但是用下面的语句来完成对结构体变量的输入/输出是否可以呢？

```
printf("%s, %c, %ld, %d, %d, %d\n", student1);
scanf("%s %c %ld %d %d %d", student1);
```

回答仍然是否定的。因为在用 **printf** 函数输出时，每一个格式符对应的只能是简单数据类型，而结构体变量并不属于简单数据类型。

例如，若有一个结构体变量：

```
struct
{
    char name[14];
    char addr[20];
    long zip;
}stud={"Li Ming", "321 Nanjing Road", 430000};
```

只能对变量的成员进行输入/输出，如下所示：

```
scanf("%s%s%ld", stud.name, stud.addr, &stud.zip);
printf("%s, %s, %ld\n", stud.name, stud.addr, stud.zip);
```

当然也可以用 gets 函数和 puts 函数输入和输出一个结构变量中字符数组成员，如

```
gets(stud.name);         /* 输入一个字符串给 stud.name */
puts(stud.name);         /*将 stud.name 数组中的字符串输出到显示器*/
```

4.2 结构体数组

一个结构体变量只能存放一个对象的数据。在例 4-1 中，我们定义了两个结构体变量 student1 的 student2 来分别代表两个学生，但如果学生人数不止两个，而是 50 个、100 个或者更多，难道要定义 50 个、100 个或者更多的结构变量来代表这些学生吗？理论上当然是可以的，但这显然不是一个好办法，使用起来会感到很不方便。若使用数组，会简便得多。C 语言允许使用结构体数组，亦即数组中每一个元素都是一个结构体变量。

4.2.1 结构体数组的定义

结构体数组的定义方法与结构体变量的定义方法相同，可采用下列 3 种方法中的一种。

（1）先定义结构体，再定义结构体数组。

```
struct <结构体名>
{
        <成员项表列>
};
struct <结构体名> <数组名> [<数组大小>];
```

（2）在定义结构体的同时，定义结构体数组。

```
struct <结构体名>
{
        <成员项表列>
}<数组名>[<数组大小>];
```

（3）直接定义结构体变量而不定义结构体名。

```
struct
{
    <成员项表列>
}<数组名>[<数组大小>];
```

4.2.2 结构体数组成员的初始化和引用

结构体数组成员的值也可以初始化，初始化的形式与多维数组的初始化形式类似，例如：

```
struct student stu[30]={{ "LiFei", "DongFeng Road 14", 430038},
                  {"LiMing", "zhongshan Road 378", 430082},
                  {"LiYong", "Xiao Shan Road 25", 430001}};
```

这只是对元素 stu[0]、stu[1]和 stu[2]的成员赋予了初值，stu[3]～stu[29]的各成员的值仍是

不确定的。

关于对结构体数组初始化的其他规则与一般数组相同，不再赘述。

结构体数组的引用完全类似于结构体变量的引用，只是用结构体数组元素来代替结构体变量，其他规则不变，如下所示：

```
stu[0].name  }
stu[0].age   }      /*引用某一元素的成员 */
stu[0]=stu[2];      /*将结构体数组元素作为一个整体来使用 */
```

必须注意，同结构体类型变量一样，结构体数组元素不能作为一个整体来输入或输出，只能以单个成员为对象进行输入和输出，因为每一个结构体数组元素都是一个结构体类型变量。

4.3 结构体变量与函数

4.3.1 函数的形参与实参为结构体

【例 4-2】设某团体要购进一批书籍，共 4 种。编写程序，从键盘输入书名、购买数量、书的单价，请编写程序，计算每种书的总金额和所有要购书籍的总金额，输出购书清单，输出的购书清单格式如下：

```
购书清单：
书名    数量    单价    合计
……      ……      ……      ……
购书金额总计：……
```

分析：购书信息可以用结构体来表示;

```
struct BookLib
{
        char name[12];
        int num;
        float price;
        float SumMoney;
};
```

设计函数：void list（struct BookLib StuBook），用于输出购书信息。

程序如下：

```
/*exam4_2.c  输出购书清单，函数的参数为结构类型*/
#include <stdio.h>
#include <conio.h>
#include <stdlib.h>
struct BookLib
{
        char name[12];
        int num;
        float price;
        float SumMoney;
};
```

```
void list(struct BookLib StuBook);
main()
{
      struct BookLib Book[4];
      int i;
      float Total=0;
      printf("请输入 4 本要购进的书籍信息：书名  数量  单价\n");
      for(i=0;i<4;i++)
      {
            scanf("%s",Book[i].name);  /* 输入书名 */
            scanf("%d%f",&Book[i].num,&Book[i].price);   /* 输入数量和单价 */
            Total=Total+Book[i].num*Book[i].price;
      }
      printf("\n-------------------------------------------------\n");
      printf("购书清单：\n");
      printf("书名\t\t\t 数量\t 单价\t 合计\n");
      for(i=0;i<4;i++)
            list(Book[i]);      /* 输出购书清单 */
      printf("购书金额总计：%.2f\n",Total);
}
void list(struct BookLib StuBook)
{
    StuBook.SumMoney=StuBook.num*StuBook.price;
    printf("%-24s%d\t%.2f\t%.2f\n",StuBook.name,
          StuBook.num,StuBook.price,StuBook.SumMoney);
}
```

程序运行结果：

```
请输入 4 本要购进的书籍信息：书名  数量  单价
Computer 10 18.5↵
Mathematics 10 15↵
Chamistry 15 16↵
English 20 17↵

-------------------------------------------------
购书清单：
书名                    数量      单价      合计
Computer                10        18.50     185.00
Mathematics             10        15.00     150.00
Chamistry               15        16.00     240.00
English                 20        17.00     340.00
购书金额总计：915.00
```

在程序中，用结构体类型 BookLib 来描述购书的信息，输出函数 list（struct BookLib StuBook），它的参数为结构型变量，函数的作用是计算购书的总费用并输出所有信息。

请读者分析程序的功能，思考能否将“输入购书信息”功能设计成独立的模块，使程序的模块化程度更高。

4.3.2 函数的返回值类型为结构体

我们已经知道，函数的返回值可以为整型、实型、字符型和指向这些数据类型的指针，还有无返回值类型等。在新的 C 标准中还允许函数的返回值为结构体类型的值。

【例 4-3】 修改例 4-2 所示的程序，将“输入购书信息”功能设计成独立的模块。

分析：因为每次输入的数据都是结构类型变量的成员赋值，因此，可设计函数：

```
struct BookLib InputInfo();
```

用于将购书信息输入到结构数组 StuBook 中；输出清单的函数同例 4-2 中的程序相同。

程序如下：

```
/*example4_3.c  输出购书清单，函数的参数为结构类型*/
#include <stdio.h>
#include <conio.h>
#include <stdlib.h>
struct BookLib
{
    char name[12];
    int num;
    float price;
    float SumMoney;
};
struct BookLib InputInfo();
void list(struct BookLib StuBook);
float Total=0;
main()
{
    struct BookLib Book[4]; /* 定义结构数组*/
    int i;
    printf("请输入 4 本要购进的书籍信息：书名  数量  单价\n");
    for(i=0;i<4;i++)
        Book[i]=InputInfo(); /* 调用函数输入购书信息 */
   printf("\n-------------------------------------------------\n");
   printf("购书清单：\n");
   printf("书名\t\t\t 数量\t 单价\t 合计\n");
   for(i=0;i<4;i++)
      list(Book[i]);    /* 输出购书清单 */
    printf("购书金额总计：%.2f\n",Total);
}
/* 将输入的购书信息保存到结构 StuBook 中 */
struct BookLib InputInfo()
{
    struct BookLib StuBook;
    scanf("%s",StuBook.name);                      /* 输入书名 */
    scanf("%d%f",&StuBook.num,&StuBook.price);    /* 输入数量和单价 */
    Total=Total+StuBook.num*StuBook.price;
    return StuBook;
}
/* 输出数组 StuBook 中的购书信息清单 */
void list(struct BookLib StuBook)
{
    StuBook.SumMoney=StuBook.num*StuBook.price;
    printf("%-24s%d\t%.2f\t%.2f\n",StuBook.name,
          StuBook.num,StuBook.price,StuBook.SumMoney);
}
```

显然，主程序的功能主要是调用函数来完成，程序的模块化程度提高了。程序运行时的输入和输出可以完全与例 4-2 程序的结果相同。

请读者思考用其他的算法来解决本例的问题，使程序更加完善。

4.4 联合体数据类型

联合体又称为共用体，它是把不同类型的数据项组成一个整体，这些不同类型的数组项在内存中所占用的起始单元是相同的。

共用体类型的定义形式与结构体类型的定义形式相同，只是其关键字不同，共用体的关键字为 union，有 3 种定义方式。

（1）先定义共用体类型，再定义共用体类型变量。

```
union<共用体名>
{
    成员列表
};
union <共用体名>  <变量名>;
```

例如：

```
union memb
{
    float v;
    int n;
    char c;
};
union memb tag1, tag2;
```

（2）在定义共用体类型的同时定义共用体类型变量。

```
union<共用体名>
{
  成员列表
}<变量名列表>;
```

例如：

```
union memb
 {
      float v;
      int n;
      char c;
 }tag1, tag2;
```

（3）定义共用体类型时，省去共用体名，同时定义共用体类型变量。

```
union
{
    成员列表
}<变量名列表>;
```

例如：

```
union
{
   float v;
```

```
    int n;
    char c;
}tag1, tag2;
```

注意 使用第（3）种方法定义的共用体类型不能再用来定义另外的共用体类型变量。

共用体类型的变量与结构体类型的变量在内存中所占用的单元是不同的，例如：设内存起始地址为 1100，则

```
struct memb
{
     float v;
     int n;
     char c;
}stag;
```

结构体变量 stag 所占用的内存单元如图 4-2 所示。

```
union memb
{
     float v;
     int n;
     char c;
}utag;
```

共用体类型变量 utag 每次只能存放一个成员的值，它所占用的内存单元如图 4-3 所示。

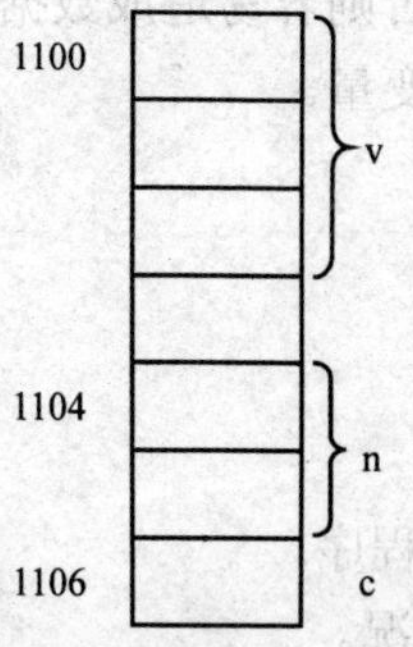

图 4-2 stag 所占用的内存单元

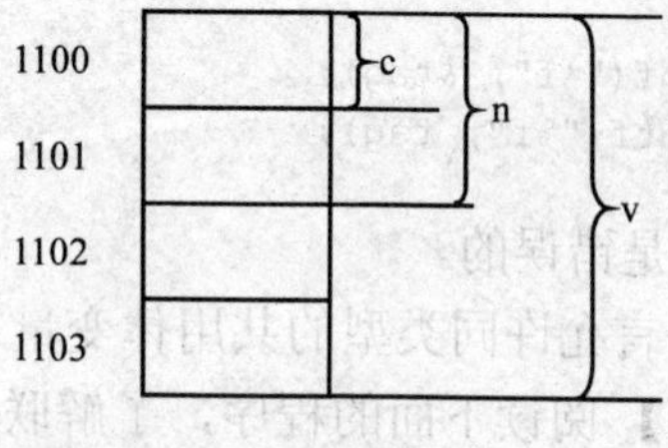

图 4-3 utag 占用的内存单元

如果使用 sizeof()来计算数据类型长度，则会有：

```
sizeof(struct memb)的值为 7;
sizeof(union memb)的值为 4。
```

共用体类型变量的引用方式与结构体变量的引用方法类似：

```
<共用体类型变量名>.<成员名>
```

由于共用体类型变量不同时具有每个成员的值，因此，最后一个赋予它的值就是共用体类型变量的值。请看下面的程序。

【例 4-4】阅读下面的程序，分析和了解联合体变量成员的取值情况。

```
/*example4_4.c  了解联合变量成员的值*/
#include <stdio.h>
union memb
{
        double v;
        int n;
        char c;
};
main()
{
        union memb tag;
        tag.n=18;
        tag.c='T';
        tag.v=36.7;
        printf("联合变量 tag 成员的值为：\n");
        printf("tag.v=%6.2lf\ntag.n=%4d\ntag.c=%c\n",tag.v,tag.n,tag.c);
}
```

程序运行结果：

```
联合变量 tag 成员的值为:
tag.v= 36.70
tag.n=-1717986918
tag.c=?
```

从程序例 4-4 的运行结果我们可以看到，尽管对共用体变量的成员赋予了不同的值，但它只接受最后一个赋值。也就是说，只有成员 v 具有确定的值，而成员 n 和 c 的值是不可预料的。

因此，在使用联合变量成员的时候，要注意到它的特点，否则容易造成数据的混乱。

同结构体类型变量一样，不能直接输入和输出共用体类型变量。

例如：

```
scanf("%f", &tag);
printf("%f", tag);
```

这样的语句是错误的。

但 C 语言允许同类型的共用体变量之间赋值，请看下面的程序。

【例 4-5】阅读下面的程序，了解联合体类型变量的赋值情况。

```
/*example4_5.c  联合变量成员的赋值*/
#include <stdio.h>
union memb
{
     float v;
     int n;
     char c;
};
main()
{
     union memb tag,Sval;
     tag.n=37;
     Sval=tag;
     printf("The value of Sval is:\n");
```

```
    printf("Sval is: %d\n",Sval.n);
}
```

程序运行结果：

```
The value of Sval is:
Sval is: 37
```

4.5　枚举数据类型

枚举是用标识符表示的整数常量的集合，从其作用上看，枚举常量是自动设置值的符号常量。枚举类型定义的一般形式如下：

```
enum <枚举类型名>{标识符 1,标识符 2,……,标识符 n};
```

枚举常量的起始值为 0，例如：

```
enum months{JAN, FEB, MAR, APR, MAY, JUN, JUL, AUG, SEP, OCT, NOV, DEC};
```

其中，标识符的值被依次自动设置为整数 0～11。可以采用在定义时指定标识符的初值来改变标识符的取值，例如：

```
enum months{JAN=1, FEB, MAR, APR, MAY, JUN, JUL, AUG, SEP, OCT, NOV, DEC};
```

这样，枚举常量的值被依次自动设置为整数 1～12。

枚举类型定义中的标识符必须是唯一的。可以在枚举类型定义时为每一个枚举常量指定不同的值，也可以对中间的某个枚举常量指定不同的值，例如：

```
enum clolor{red, blue, green, yellow=5, black, white};
```

由于只指定了 **yellow** 的值，则枚举常量的取值情况为：

```
red=0, blue=1, green=2,
yellow=5, black=6, while=7。
```

定义了枚举类型后，其枚举常量的值就不可更改，但可以作为整型数使用。只有在定义了枚举类型后，才可以定义枚举变量，枚举变量定义的一般形式如下：

```
enum<枚举类型名>  变量名 1,变量名 2,……变量名 n;
```

例如：

```
enum month work_day, rest_day;
```

也可以在定义枚举类型的同时定义枚举变量，如

```
enum color {red, yellow, green}light;
```

枚举常量标识符是不能直接输入/输出的，只能通过其他方式来输出枚举常量标识符。

【例 4-6】 阅读下面的程序，了解枚举变量的输出方式。

```
/* example4_6.c 了解枚举类型的作用*/
```

```
#include <stdio.h>
enum months{JAN=1,FEB,MAR,APR,MAY,JUN,JUL,AUG,SEP,OCT,NOV,DEC};
main()
{
     enum months month;
     char *monthName[]={"","January","February","March","April",
                          "May","June","July","Auguest","September",
                          "October","November","Dcember"};
     for(month=JAN;month<=DEC;month++)
          printf("%2d -- %-10s\n",month,monthName[month]);
}
```

程序运行结果：

```
 1 -- January
 2 -- February
 3 -- March
 4 -- April
 5 -- May
 6 -- June
 7 -- July
 8 -- Auguest
 9 -- September
10 -- October
11 -- November
12 -- Dcember
```

4.6 链表的概念

在构造数据类型中，数组作为同类型数据的集合，给程序设计带来很大方便，但同时也存在一些问题，因为数组的大小必须事先定义，并且在程序中不能对数组的大小进行调整，这样有可能会出现使用的数组元素超出了数组定义的大小，导致数据不正确而使程序发生错误，严重时会引起系统发生错误。另有一种情况就是实际所需的数组元素的个数远远小于数组定义时的大小，造成了存储空间的浪费。

链表为解决这类问题提供了一个有效的途径。

链表指的是将若干个数据项按一定的规则连接起来的表，链表中的数据项称为节点。链表中每一个节点的数据类型都有一个自引用结构，自引用结构就是结构成员中包含一个指针成员，该指针指向与自身同一个类型的结构，例如：

```
struct node
{  int  data;
   struct node * nextPtr;
};
```

定义了一个自引用结构类型 struct node。它有两个成员，一个是整数类型的成员 data，另一个是指针类型的成员 nextPtr，且该指针成员指向 struct node 类型的结构。成员 nextPtr 称为“链节”，也就是说，nextPtr 可用来把一个 struct node 类型的结构与另一个同类型的结构链在一起。这样，我们就可以给链表一个更准确的定义。

链表是用链节指针连接在一起的节点的线性集合。其结构如图 4-4 所示。

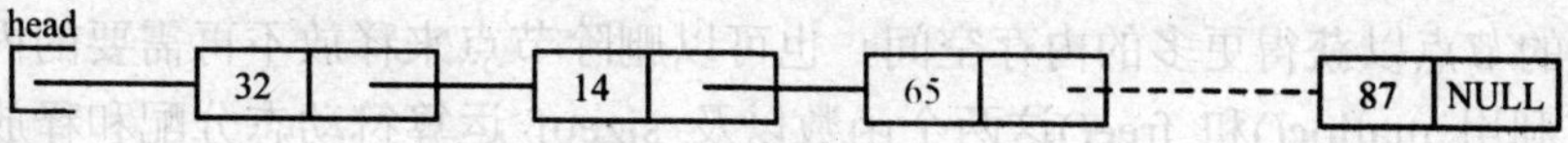

图 4-4　链表的图示

自引用结构成员的变量通常是指针型的，其结构成员的引用与成员的类型相关，例如，可以定义这样的结构变量：

```
struct node *pt;
```

则结构成员的引用形式为：

```
pt->data;
pt->nextptr;
```

节点中的成员可包含任何类型的数据，包括其他结构类型。

例如：

```
struct brithday
{    int year;
     int month;
     int day;
};
struct person
{    char name[10] ;
     int work_age;
     struct brithday brith;
     sturct person *nextPs;
};
```

struct person 是一个正确的自引用结构，它共有 4 个成员：name 是具有 10 个元素的字符数组，可用来指向一个字符串的首地址；work_age 是整数类型的成员；brith 是 struct brithday 结构类型的成员，该成员又含有另外 3 个 struct brithday 类型的成员，且 struct brithday 结构类型的定义是在 struct person 结构类型的定义之前；nextPs 是指向自身结构类型的指针。

必须要注意的是：节点中的成员不能是自身类型的非指针成员，例如：

```
struct Enode
{    int num;
     char name[20] ;
     struct Enode nextPe;      /* nextPe 是错误的结构成员 */
};
```

是一个错误的结构类型，其成员 nextPe 是一个自身类型的非指针成员，这在 C 语言中是不允许的。

链表是一种较为复杂的数据结构，根据数据之间的相互关系，链表又可分为单链表、循环链表、双向链表等。链表的最大优越性是可以建立动态的数据结构，它可以将不连续的内存数据连接起来。

本书主要介绍单链表，其他链表可参见“数据结构”等教程。

4.6.1　动态分配内存

建立和维护动态数据结构需要实现动态内存分配，这个过程是在程序运行时执行的，它可以链接新的节点以获得更多的内存空间，也可以删除节点来释放不再需要的内存空间。

C 语言利用 malloc()和 free()这两个函数以及 sizeof 运算符动态分配和释放内存空间。malloc()函数和 free()函数所需的信息在头文件 stdlib.h 或 alloc.h 中，其函数原型及功能如下。

1. 函数原型：void *malloc(unsigned size)

功能：从内存分配一个大小为 size 个字节的内存空间。

若成功，返回新分配内存的首地址；若没有足够的内存分配，则返回 NULL。

为确保内存分配准确，函数 malice()通常和运算符 sizeof 一起使用，例如：

```
int  * p;
p=malloc(20*sizeof(int)); /*分配 20 个整型数所需的内存空间*/
```

通过 malloc 函数分配能存放 20 个整型数连续内存空间，并将该存储空间的首地址赋予指针变量 p。

又例如：

```
struct student
{    int no;
     int score;
     struct student *next;
};
struct student *stu;
stu=mallco(sizeof(struct student));
```

程序会通过 sizeof 计算 struct student 的字节数，然后分配 sizeof（struct student）个字节数的内存空间，并将所分配的内存地址存储在指针变量 stu 中。

2. 函数原型：void free(void*p)

功能：释放由 mallco 函数所分配的内存块，无返回值。

例如：free(stu);

该语句的作用是将 stu 所指的内存空间释放。

动态分配内存时，需要注意以下几个方面。

① 结构类型占用的内存空间不一定是连续的，因此，应该用 sizeof 运算符来确定结构类型占用内存空间的大小。

② 使用 mallco()函数时，应对其返回值进行检测是否为 NULL，以确保程序的正确。

③ 要及时地使用 free()函数释放不再需要的内存空间，避免系统资源过早地用光。

④ 不要引用已经释放的内存空间。

4.6.2 单链表的建立

链表是通过指向链表第一个节点的指针访问的，通常称这个指针为头指针或头节点，它指向链表在内存中的首地址，其后的节点是通过节点中的链节指针成员访问的。链表的最后一个节点中的链节指针通常被设置成 NULL，用来表示链尾。

链表中的每一个节点是在需要的时候建立的，各节点在内存中的存储地址不一定是连续的，它是根据系统内存使用情况自动分配的，即有可能是连续分配内存空间，也有可能是跳跃式的不连续分配内存空间。

建立一个单链表的主要步骤如下。

① 定义单链表的数据结构（定义一个自引用结构）。

② 建立表头（建立一个空表）。

③ 利用 malloc 函数向系统申请分配一个节点空间。

④ 将新节点的指针成员的值赋为空（NULL），若是空表，将新节点连接到表头；若非空表，则将新节点连接到表尾。

⑤ 若有后续节点要接入链表，则转到③，否则结束。

输出一个单链表的主要步骤如下。

① 找出表尾，则结束，节点指针 P 指向头节点。

② 若 P 尾非空，循环执行下列操作。

```
{
    输出节点值；
    P 指向下一节点；
}
```

否则结束。

【例 4-7】 编写程序，创建一个链表，该链表可以存放从键盘输入的任意长度的字符串，以按下回车键作为输入的结束。统计输入的字符个数并将其字符串输出。

程序如下：

```
/* example4_7.c   创建字符串链表并将其输出 */
#include <stdlib.h>
#include <stdio.h>
struct string
{
    char ch;
    struct string *nextPtr;
};
struct string *creat(struct string *h);
void print_string(struct string *h);
int num=0;
main()
{
    struct string *head;                                    /*定义表头指针*/
    head=NULL;                                              /*创建一个空表*/
    printf("请输入一行字符（输入回车时程序结束）:\n");
    head=creat(head);                                       /*调用函数创建链表*/
    print_string(head);                                     /*调用函数打印链表内容*/
    printf("\n 输入的字符个数为：%d\n",num);
}
struct string *creat(struct string *h)
{
    struct string *p1,*p2;
    p1=p2=(struct string*)malloc(sizeof(struct string));  /*申请新节点*/
    if(p2!=NULL)
    {
        scanf("%c",&p2->ch);     /*输入节点的值*/
        p2->nextPtr=NULL;        /*新节点指针成员的值赋为空*/
    }
    while(p2->ch!='\n')
    {
        num++;                   /*字符个数加 1 */
        if(h==NULL)
```

```
            h=p2;                   /*若为空表，接入表头*/
        else
            p1->nextPtr=p2;         /*若为非空表，接入表尾*/
        p1=p2;
        p2=(struct string*)malloc(sizeof(struct string)); /*申请下一个新节点*/
        if(p2!=NULL)
        {
            scanf("%c",&p2->ch);         /*输入节点的值*/
             p2->nextPtr=NULL;
        }
    }
    return h;
}
void print_string(struct string *h)
{
    struct string *temp;
    temp=h;                     /*获取链表的头指针*/
    while(temp!=NULL)
    {
        printf("%-2c",temp->ch);  /*输出链表节点的值*/
        temp=temp->nextPtr;       /*移到下一个节点*/
    }
}
```

程序运行结果：

```
请输入一行字符（输入回车时程序结束）：
abcd efgh ijkl mnop↵
a b c d   e f g h   i j k l   m n o p
输入的字符个数为：19
```

程序中定义了 **creat()**和 **pring_string()**两个函数，还定义了一个全局变量 **num**。**creat()**函数用于创建字符链表；**pring_string()**函数用于将链表的内容输出；全局变量 **num** 用于记录输入的字符个数。

程序中有一条重要的关键语句 **p1=p2**，它所起的重要作用就是将前一个节点与下一个新节点连接起来。请读者思考一下，程序中若没有 **p1=p2** 这条语句，其结果会是怎样的？为什么？

另一点必须说明的是，也可以用其他方法来处理这个问题，如采用字符数组或字符指针等。

【例 4-8】编写程序，用链表的结构建立一条公交线路的站点信息，从键盘依次输入从起点到终点的各站站名，以单个“#”字符作为输入结束，统计站的数量并输出这些站点。

分析：各站点信息可以采用结构类型的数据。

```
struct station
{
    char name[8];
    struct station *nextSta;
};
```

设计函数：**struct station *creat_sta(struct station *h)**，将键盘输入的站点名依次插入到链表 **h** 中。

程序如下：

```
/* example4_8.c   创建公交线路站名链表并将其输出 */
#include <stdlib.h>
#include <stdio.h>
#include <conio.h>
struct station
{
    char name[8];
    struct station *nextSta;
};
struct station *creat_sta(struct station *h);
void print_sta(struct station *h);
int num=0;
main()
{
    struct station *head;
    head=NULL;
    printf("请输入站名:\n");
    head=creat_sta(head);
    printf("---------------------------\n");
    printf("共有%d个站点:\n",num);
    print_sta(head);
}
struct station *creat_sta(struct station *h)
{
    struct station *p1, *p2;
    p1=p2=(struct station*)malloc(sizeof(struct station));
    if(p2!=NULL)
    {
        scanf("%s",&p2->name);
        p2->nextSta=NULL;
    }
    while(p2->name[0]!='#')
    {
        num++;
        if(h==NULL)
            h=p2;
        else
            p1->nextSta=p2;
        p1=p2;
        p2=(struct station*)malloc(sizeof(struct station));
        if(p2!=NULL)
        {
        scanf("%s",&p2->name);
            p2->nextSta=NULL;
        }
    }
   return h;
}
void print_sta(struct station *h)
{
   struct station *temp;
   temp=h;
   while(temp!=NULL)
   {
      printf("%-8s",temp->name);
      temp=temp->nextSta;
   }
}
```

程序运行结果：

```
请输入站名:
CheZhan↵
ZhongShan↵
MeiYuan↵
ShanJiu↵
YaoLing↵
ChengNan↵
QiaoTou↵
MaiChang↵
#
----------------------------
共有 8 个站点:
CheZhan  ZhongTing  MeiYuan  ShanJiu  YaoLing  ChengNan  QiaoTou  MaiChang
```

程序结构与例 4-7 的程序类似，函数 creat_sta()和 print_sta()分别用于创建站名链表和将链表的内容输出，全局变量 num 用于记录站名的个数。

请读者分析链表建立函数 creat_sta()的算法，思考其中有可能存在的问题，修改并完善程序。

4.6.3 从单链表中删除节点

可以对已建好的链表删去一个节点而不破坏原链表的结构。例如，对于这样的自引用结构：

```
struct node
{   int n;
    struct node *next;
};
```

假设已建好了如图 4-5 所示的链表。

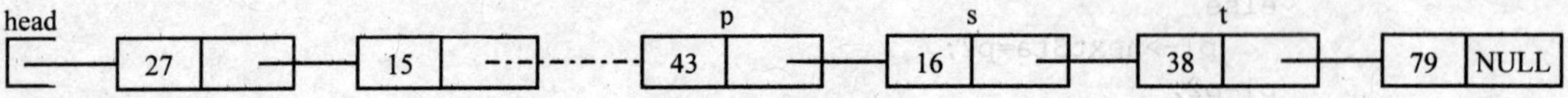

图 4-5　一个整数链表

现在要删除图 4-5 中的 s 节点，使链表成为图 4-6 所示的形式。

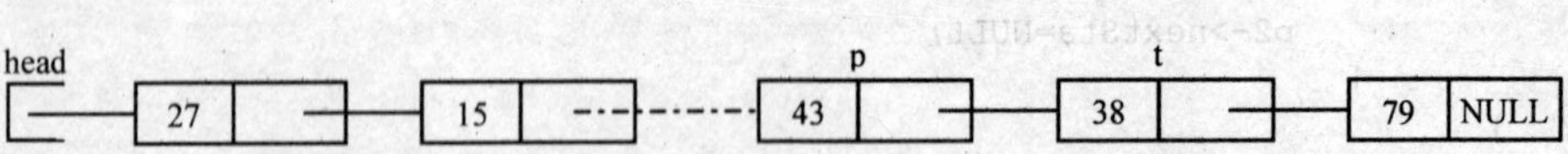

图 4-6　删除节点后的链表

在链表中删除节点，主要是修改节点指针域的值，如图 4-7 所示。

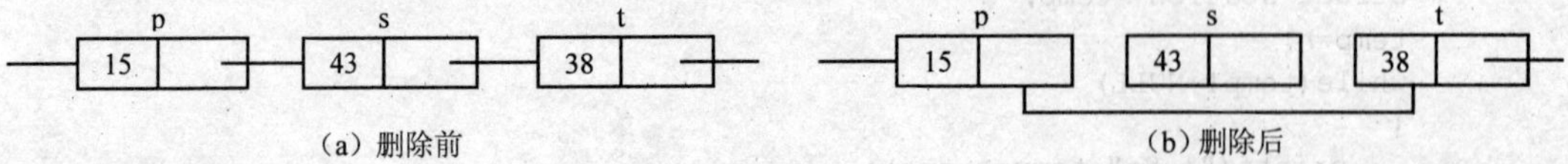

图 4-7　删除节点

图 4-7（a）所示为节点 s 被删除前的情况，图 4-7（b）所示为节点 s 被删除后的情况，是通过修改链表指针完成的。对于被删除的节点 s，在表中的位置只有 3 种情况，对应的修改节点指针的方法也相应的有 3 种。

① s 节点在表的中间（即不在表头，也不在表尾）：

```
p->next=s->next;
```

② s 节点位于表头：

```
head=s->next;
```

③ s 节点位于表尾：

```
p->next=NULL;
```

表中的节点一旦被删除后，就应该用 free()函数释放被删除节点所占用的内存空间，对于图 4-5 中的 s 节点而言，可用 free(s)语句来释放其所占用的空间，将空间交还给系统。

【例 4-9】修改例 4-8 的程序，再从键盘输入一个要删除的站点名，并将删除后的站点依次输出。

分析：可以在例 4-8 程序的基础上增加一个删除节点的函数：

```
struct station *del_sta(struct station *h,char *str);
```

在 h 所指的链表中，删除节点值为 str 所指字符串的节点。

程序如下：

```
/* example4_9.c   删除链表中的一个节点并将结果输出 */
#include <stdlib.h>
#include <stdio.h>
#include <conio.h>
#include <string.h>
struct station
{
    char name[8];
    struct station *nextSta;
};
struct station *creat_sta(struct station *h);
void print_sta(struct station *h);
struct station *del_sta(struct station *h,char *str);
int num=0;
main()
{
   struct station *head;
   char name[50],*del_stas=name;
   head=NULL;
   printf("请输入站名:\n");
   head=creat_sta(head);  /* 建立链表 */
   printf("----------------------------\n");
   printf("站点数为: %d\n",num);
   print_sta(head);       /* 输出链表中的站点信息 */
   printf("\n请输入要删除的站名:\n");
   scanf("%s",name);
```

```
    head=del_sta(head,del_stas);  /* 删除链表中的一个站点 */
    printf("--------------------------\n");
    printf("新的站点为：\n");;
    print_sta(head);  /* 输出删除站点后链表中的站点信息 */
    printf("\n");
}
/* 建立由各站点组成的链表 */
struct station *creat_sta(struct station *h)
{
    struct station *p1,*p2;
    p1=p2=(struct station*)malloc(sizeof(struct station));
    if(p2!=NULL)
    {
        scanf("%s",&p2->name);
        p2->nextSta=NULL;
    }
    while(p2->name[0]!='#')
    {
        num++;
        if(h==NULL)
            h=p2;
        else
            p1->nextSta=p2;
        p1=p2;
        p2=(struct station*)malloc(sizeof(struct station));
        if(p2!=NULL)
        {
        scanf("%s",&p2->name);
            p2->nextSta=NULL;
        }
    }
    return h;
}
/* 输出链表中的信息 */
void print_sta(struct station *h)
{
    struct station *temp;
    temp=h;                         /*获取链表的头指针*/
    while(temp!=NULL)
    {
        printf("%-8s",temp->name);          /*输出链表节点的值*/
        temp=temp->nextSta;             /*移到下一个节点*/
    }
}
/* 修改链表中指针的指向，删除的站点名为 str 所指的字符串*/
struct station *del_sta(struct station *h,char *str)
{
    struct station *p1,*p2;
    p1=h;
    if(p1==NULL)
    {
        printf("The list is null\n");
        return h;
    }
    p2=p1->nextSta;
    if(!strcmp(p1->name,str))
```

```
    {
        h=p2;
        return h;
    }
    while(p2!=NULL)
    {
        if(!strcmp(p2->name,str))
        {
            p1->nextSta=p2->nextSta;
            return h;
        }
        else
        {
            p1=p2;
            p2=p2->nextSta;
        }
    }
    return h;
}
```

程序运行结果：

```
请输入站名:
AAA BBB CCC DDD EEE FFF GGG HHH KKK MMM↵
#↵
----------------------------
站点数为：9
AAA     BBB     CCC     DDD     EEE     FFF     GGG     HHH     MMM
请输入要删除的站名:
EEE↵
----------------------------
新的站点为:
AAA     BBB     CCC     DDD     FFF     GGG     HHH     MMM
```

请读者分析函数：struct station *del_sta(struct station *h,char *str)的算法，注意到删除节点的核心就是修改链表中的指针，该函数对于要删除的站名（str 所指的字符串）进行判断，看是否在链表中，若在链表中，则修改链表节点的指针域的值（删除节点），然后可释放该节点所占用的内存，返回一个新的链表。若 str 所指的字符串不在链表中，则不删除任何节点，返回原来的站点线路。

请思考程序中还存在哪些不足？怎样可以使程序更加完善？

4.6.4　向链表中插入节点

同删除节点一样，也可以向链表中插入节点，而不破坏原链表的结构。例如，可在图 4-8（a）所示的链表中，在节点 p 和节点 t 之间插入一个节点 s，使其成为图 4-8（b）所示的链表。

向链表中插入一个节点，也是通过修改节点指针的值来完成的，如图 4-8 所示。

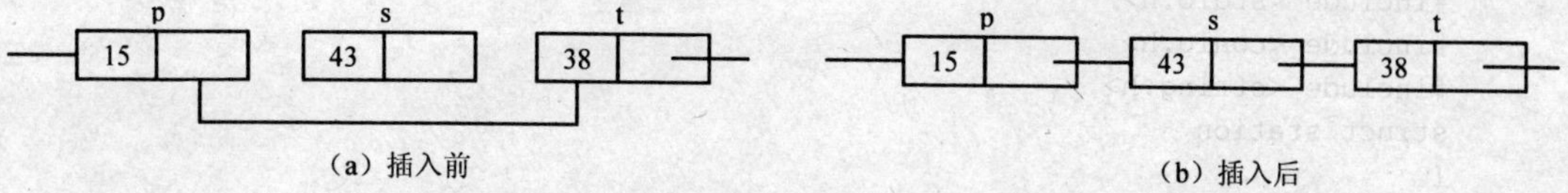

图 4-8　插入节点

对于被插入的节点 s，插入后在链表中的位置只有 3 种情况，对应的修改节点指针的方法也相应有 3 种。

① s 节点插入到表中（即不在表头，也不在表尾），如图 4-8 所示。图 4-8（a）所示为节点 s 插入前的链表，图 4-8（b）所示为节点 s 插入后的链表，通过修改链表指针完成：

```
s->next=t;
p->next=s;
```

② s 节点插入到表头，如图 4-9 所示。图 4-9（a）所示为插入前的链表，图 4-9（b）所示为插入后的链表，通过修改链表指针完成：

```
s->next=t;
head=s;
```

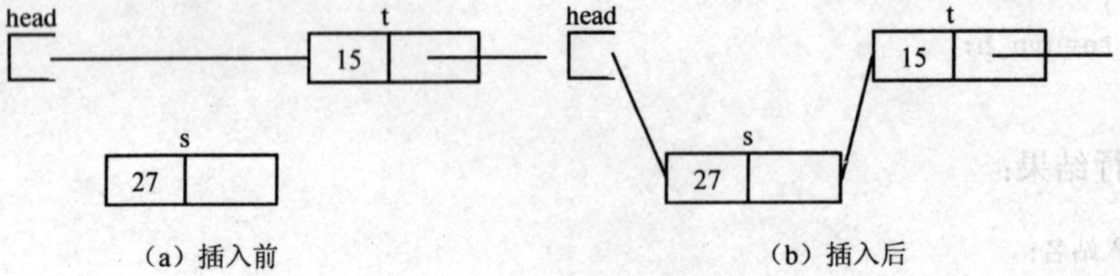

（a）插入前　　（b）插入后

图 4-9　将 s 节点插入表头

③ s 节点插入到表尾，如图 4-10 所示。在 s 节点插入前，p->next 的值为 NULL。图 4-10（a）所示为插入前的链表，图 4-10（b）所示为插入后的链表，通过修改链表指针完成：

```
p->next=s;
s->next=NULL;
```

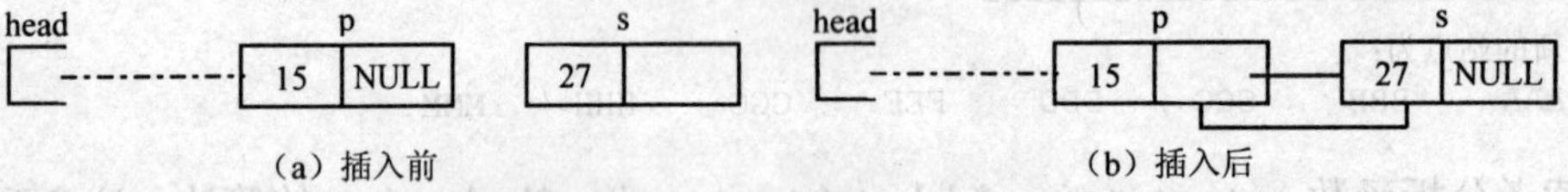

（a）插入前　　（b）插入后

图 4-10　将节点插入表尾

【例 4-10】 修改例 4-8 的程序，从键盘输入一个要加入的站点名，并将加入后的站点依次输出。

分析：可以在例 4-8 程序的基础上加一个增加节点的函数：

```
struct station *add_sta(struct station *h,char *stradd, char *strafter);
```

将 stradd 所指的站点插入到 h 链表中原有的站点 strafter 的后面。

程序如下：

```
/*example4_10.c    在链表中增加一个节点并将结果输出 */
#include <stdlib.h>
#include <stdio.h>
#include <conio.h>
#include <string.h>
struct station
{
    char name[8];
```

```
    struct station *nextSta;
};
struct station *creat_sta(struct station *h);
void print_sta(struct station *h);
struct station *add_sta(struct station *h,char *stradd, char *strafter);
int num=0;
main()
{
    struct station *head;
    char add_stas[30],after_stas[30];
    head=NULL;
    printf("请输入线路的站点名:\n");
    head=creat_sta(head); /* 建立站点线路的链表 */
    printf("---------------------------\n");
    printf("站点数为: %d\n",num);
    print_sta(head);     /* 输出站点信息 */
    printf("\n 请输入要增加的站点名: \n");
    scanf("%s",add_stas);
    printf("请输入要插在哪个站点的后面: ");
    scanf("%s",after_stas);
    head=add_sta(head,add_stas,after_stas);
    printf("---------------------------\n");
    printf("增加站点后的站名为: \n");
    print_sta(head);   /* 将新增加的站点插入到链表中 */
    printf("\n");
}
/* 建立站点线路的链表: */
struct station *creat_sta(struct station *h)
{
    struct station *p1,*p2;
    p1=p2=(struct station*)malloc(sizeof(struct station));
    if(p2!=NULL)
    {
        scanf("%s",&p2->name);
        p2->nextSta=NULL;
    }
    while(p2->name[0]!='#')
    {
        num++;
        if(h==NULL)
            h=p2;
        else
            p1->nextSta=p2;
        p1=p2;
        p2=(struct station*)malloc(sizeof(struct station));
        if(p2!=NULL)
        {
      scanf("%s",&p2->name);
          p2->nextSta=NULL;
        }
    }
    return h;
}
/* 输出站点信息: */
void print_sta(struct station *h)
```

```
{
    struct station *temp;
    temp=h;                          /*获取链表的头指针*/
    while(temp!=NULL)
    {
        printf("%-8s",temp->name);     /*输出链表节点的值*/
        temp=temp->nextSta;          /*移到下一个节点*/
    }
}
/* 将stradd所指的站点插入到链表h中的strafter站点的后面 */
struct station *add_sta(struct station *h,char *stradd, char *strafter)
{
   struct station *p1,*p2;
   p1=h;
   p2=(struct station*)malloc(sizeof(struct station));
   strcpy(p2->name,stradd);
   while(p1!=NULL)
   {
      if(!strcmp(p1->name,strafter))
      {
         p2->nextSta=p1->nextSta;
         p1->nextSta=p2;
         return h;
      }
      else
         p1=p1->nextSta;
   }
   return h;
}
```

程序运行结果：

```
请输入线路的站点名:
aaa bbb ccc ddd fff ggg hhh  kkk mmm↵
#↵
----------------------------
站点数为：9
aaa     bbb     ccc     ddd     fff     ggg     hhh     kkk     mmm
请输入要增加的站点名:
www↵
请输入要插在哪个站点的后面：fff↵
----------------------------
增加站点后的站名为:
aaa     bbb     ccc     ddd     fff     www     ggg     hhh     kkk     mmm
```

请读者分析函数：struct station *add_sta（struct station *h,char *stradd, char *strafter）的算法，注意到增加节点的核心就是修改链表中的指针，将 stradd 所指的字符串插入到链表中 strafter 所指字符串的后面，返回一个新的链表。如果链表中没有 strafter 所指字符串，则不能完成插入工作，返回原来的站点线路。

思考

程序中还存在哪些不足？怎样可以使程序更加完善？

4.7　程序范例

【例 4-11】编写程序，从键盘输入一个矩形的左下角和右上角的坐标，输出该矩形的中心点坐标值，再输入任意一个点的坐标，判断该点是否在矩形内。

分析：用 xd、yd 代表矩形的左下角坐标；用 xu、yu 代表矩形的右上角坐标；用 xm、ym 代表矩形的中点坐标；设计函数：int ptin（struct point p,struct rect r），用于判断输入的点 p 是否在矩形 r 的内部。

程序如下：

```
/*example4_11.c   计算点与矩形的关系*/
#include <stdio.h>
struct point
{
        int x;
        int y;
};
struct rect
{
        struct point pt1;
        struct point pt2;
};
struct point makepoint(int x,int y);
int ptin(struct point p,struct rect r);
main()
{
        int xd,yd,xu,yu,xm,ym,in;
        struct point middle,other;
        struct rect screen;
        printf("请输入左下角的坐标：(xd,yd):\n");
        scanf("%d%d",&xd,&yd);
        printf("请输入右上角的坐标：(xu,yu):\n");
        scanf("%d%d",&xu,&yu);
        screen.pt1=makepoint(xd,yd);
        screen.pt2=makepoint(xu,yu);
        xm=(screen.pt1.x+screen.pt2.x)/2;
        ym=(screen.pt1.y+screen.pt2.y)/2;
        middle=makepoint(xm,ym);
        printf("\n矩形的中心点坐标为：(%d,%d)\n",middle.x,middle.y);
        printf("请输入任一点的坐标：(x,y):\n");
        scanf("%d%d",&other.x,&other.y);
        in=ptin(other,screen);
        if(in==1)
               printf("恭喜你!你输入的点在矩形内\n");
        else
               printf("对不起! 你输入的点不在矩形内!\n");
}
struct point makepoint(int x,int y)
{
        struct point temp;
        temp.x=x;
        temp.y=y;
```

```
        return temp;
}
int ptin(struct point p,struct rect r)
{
        if((p.x>r.pt1.x) && (p.x<r.pt2.x) && (p.y>r.pt1.y) &&(p.y<r.pt2.y))
                return 1;
        else
                return 0;
}
```

程序运行结果：

```
请输入左下角的坐标：(xd,yd)：
50 50↵
请输入右上角的坐标：(xu,yu)：
200 200↵

矩形的中心点坐标为：(125,125)
请输入任一点的坐标：(x,y)：
60 120↵
恭喜你！你输入的点在矩形内
```

【例 4-12】改进例 3-25 的程序。采用结构，设计一个洗牌和发牌的程序，用 H 代表红桃，D 代表方片，C 代表梅花，S 代表黑桃，用 1～13 代表每一种花色的面值。

分析：可用结构类型来表示扑克牌的花色和面值：

```
struct card {
        char *face;
        char *suit;
};
```

结构成员 face 代表扑克牌的面值；suit 代表扑克牌的花色。

函数：void shuffle（Card *）用于对扑克牌完成洗牌。

程序如下：

```
/*example4_12.c 改进例 3-25 的洗牌算法*/
#include <stdio.h>
#include <stdlib.h>
#include <time.h>
struct card {
        char *face;
        char *suit;
};
typedef struct card Card;
void fillDeck(Card *, char *[], char *[]);
void shuffle(Card *);
void deal(Card *);
main()
{
      Card deck[52];
      char *face[] = {"1", "2", "3", "4", "5",
                                        "6", "7", "8", "9", "10",
                                        "11", "12", "13"};
      char*suit[]={"H","D","C","S"};
      srand(time(NULL));
```

```
    fillDeck(deck, face, suit);
    shuffle(deck);
    deal(deck);
}

void fillDeck(Card *wDeck, char *wFace[], char *wSuit[])
{
    int i;

    for (i = 0; i <= 51; i++) {
          wDeck[i].face = wFace[i % 13];
          wDeck[i].suit = wSuit[i / 13];
    }
}

void shuffle(Card *wDeck)
{
    int i, j;
    Card temp;
    for (i = 0; i <= 51; i++) {
           j = rand() % 52;
           temp = wDeck[i];
           wDeck[i] = wDeck[j];
           wDeck[j] = temp;
    }
}
void deal(Card *wdeck)
{
    int i;
    for (i = 0; i <= 51; i++)
           printf("%2s--%2s%c", wdeck[i].suit, wdeck[i].face,
                       (i + 1) % 4 ? '\t' : '\n');
}
```

程序运行结果：

```
D- -11    D- -8     S- -13    D- -12
D- -1     S--12     H--10     S- -4
C- -9     C- -1     S- -9     S- -6
D- -7     C- -12    D- -3     C- -3
C- -7     H- -12    C- -8     S- -1
H- -2     C- -2     D--10     H- -9
H- -5     S--10     H- -3     C- -10
D- -6     C--13     S- -8     H- -4
H- -6     C- -6     D- -9     C- -4
D- -13    S- -11    H- -8     S- -7
S- -2     C- -11    D- -4     H- -11
D- -2     H- -7     H- -13    S- -3
S- -5     D- -5     H- -1     C- -5
```

请读者分析程序的算法，并思考是否还有其他的算法？

【例 4-13】 修改例 4-12，用位段结构成员表示一副牌，发牌时显示每张牌的颜色。

分析：因为牌的面值只有 13 种，牌的花色只有 4 种，牌的颜色只有 2 种，因此，可用一个位段结构来表示一副牌：

```
struct bitCard{
    unsigned face: 4;
```

```
        unsigned suit: 2;
        unsigned color: 1;
    };
```

face 表示面值；suit 表示花色；color 表示颜色。

程序如下：

```
/*example4_13.c  另一种高效的洗牌方法*/
#include<stdio.h>
#include<stdlib.h>
#include<time.h>

struct bitCard{
     unsigned face: 4;
     unsigned suit: 2;
     unsigned color: 1;
};
typedef struct bitCard Card;

void fillDeck(Card *);
void shuffle(Card *);
void deal (Card *);
char *suit[4]={"Diamonds","Hearts","Clubs","Spades"};
char *face[13]={"A","2","3","4","5","6","7","8","9","10","J","Q","K"};
char *color[13]={"Red","Black"};
main()
{
     Card deck[52];
     srand(time (NULL));
     fillDeck(deck);
     shuffle(deck);
     deal(deck);
}
void fillDeck(Card *wDeck)   /*初始化每一张牌*/
{
     int i;
     for (i=0;i<=51;i++){
           wDeck[i].face=i%13;
           wDeck[i].suit=i/13;
           wDeck[i].color=i/26;
     }
}
void shuffle(Card *wDeck)   /*用随机数洗牌*/
{
     int i,j;
     Card temp;
     for (i=0;i<52;i++){
     j=rand()%52;
     temp=wDeck[i];
     wDeck[i]=wDeck[j];
     wDeck[j]=temp;
     }
}
void deal (Card *wDeck)  /*发牌*/
{
     int k1,k2;
     for (k1=0,k2=k1+26;k1<=25;k1++,k2++)
     {
```

```
        printf("%-5s%-8s%s\t",
            color[wDeck[k1].color],suit[wDeck[k1].suit],face [wDeck[k1].face]);
        printf("%-5s%-8s%s\n",
            color[wDeck[k2].color],suit[wDeck[k2].suit],face [wDeck[k2].face]);
    }
}
```

程序运行结果：

```
Black Clubs    4    Red    Hearts    J
Red   Hearts   6    Black  Clubs     2
Red   Diamonds 7    Red    Hearts    A
Red   Hearts   7    Red    Diamonds  2
Black Clubs    6    Red    Diamonds  K
Red   Diamonds 5    Black  Spades    6
Black Clubs    5    Red    Diamonds  A
Black Clubs    9    Black  Spades    A
Black Spades   8    Red    Diamonds  8
Black Clubs    K    Red    Diamonds  J
Red   Hearts   K    Red    Diamonds  3
Red   Hearts   9    Black  Spades    5
Red   Diamonds 10   Red    Hearts    5
Red   Hearts   Q    Red    Diamonds  9
Red   Hearts   4    Red    Diamonds  4
Black Clubs    J    Red    Diamonds  Q
Black Clubs    A    Black  Spades    J
Black Clubs    8    Black  Spades    9
Red   Hearts   3    Black  Spades    4
Black Spades   3    Black  Clubs     3
Black Spades   7    Black  Spades    10
Black Clubs    Q    Red    Hearts    8
Red   Hearts   10   Black  Spades    K
Black Clubs    7    Black  Clubs     10
Black Spades   Q    Black  Spades    2
Red   Hearts   2    Red    Diamonds  6
```

请读者分析程序的算法，比较例 3-25、例 4-12、例 4-13 中 3 个不同的程序，理解结构化程序的设计思想和算法设计的基本方法。

【例 4-14】 编写程序，求解另一种变化的约瑟夫问题：由 n 个人围成一圈，对他们从 1 开始依次编号，现指定从第 m 个人开始报数，报到第 s 个数时，该人员出列，然后从下一个人开始报数，仍是报到第 s 个数时，人员出列，如此重复，直到所有人都出列，输出人员的出列顺序。

分析：可采用结构成员记录每个人的序号和邻近的下一个人的序号：

```
struct child{
    int num;
    int next;
};
```

求解出队序列通过函数 void OutQueue（int m,int n,int s,struct child ring[]）来实现。函数 OutQueue()的算法如下：

（1）用 i、j 表示结构数组 ring 的下标值，count 作为循环变量；

（2）如果 m=1（即从第一个人开始报数），则队尾的下标值 j=n；否则队尾的下标值 j=m−1；

（3）用二层循环输出出列的人。

第一层用循环变量 count 控制总的出列人数；第二层用循环变量 i 寻找下一个出列的间隔数；若第 j 个人出列，则置 ring[j].num=0;。

函数 OutQueue()算法流程图如图 4-11 所示。

根据图 4-11 所示的流程图，写出如下程序：

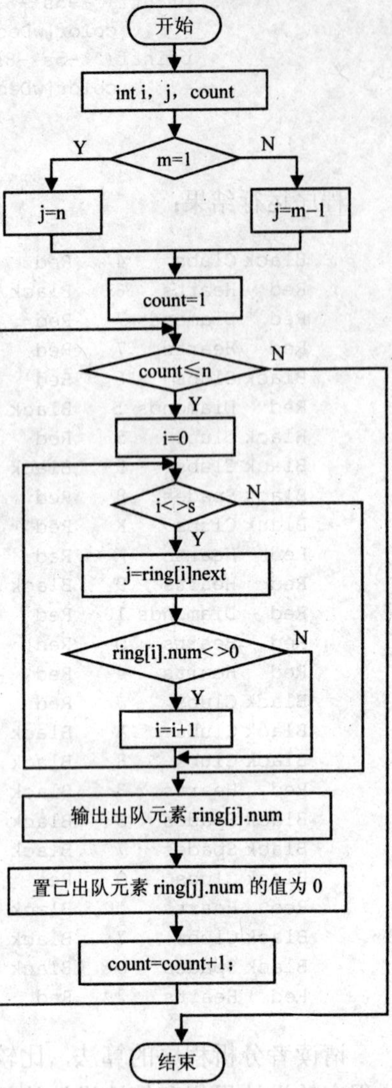

图 4-11　出队函数 OutQueue 的算法流程图

```
/*example4_14  用结构成员解决约瑟夫问题*/
#include <stdio.h>
struct child
{
      int num;
      int next;
};
void OutQueue(int m,int n,int s,struct child
ring[]);
main()
{
      struct child ring[100];
      int i,n,m,s;
      printf("请输入人数 n(1～99): ");
      scanf("%d",&n);
      for(i=1;i<=n;i++)   /* 对人员编号*/
      {
           ring[i].num=i;
           if(i==n)
                ring[i].next=1;
           else
                ring[i].next=i+1;
      }
      printf("人员编号为: \n");/*输出人员编号*/
      for(i=1;i<=n;i++)
      {
           printf("%6d",ring[i].num);
           if(i%10==0)
               printf("\n");
      }
      printf("\n 请输入开始报数的编号 m(1～100): ");
      scanf("%d",&m);
      printf("报到第几个数出列 s(1～100): ");
      scanf("%d",&s);
      printf("出列顺序: \n");
      OutQueue(m,n,s,ring);
}
void OutQueue(int m,int n,int s,struct child ring[])
{
      int i,j,count;
      if(m==1)
          j=n;
      else
          j=m-1;
      for(count=1;count<=n;count++)
      {
          i=0;
```

```
            while(i!=s)
            {
            j=ring[j].next;
            if(ring[j].num!=0)
            i++;
         }
         printf("%6d",ring[j].num);
         ring[j].num=0;
         if(count%10==0)
            printf("\n");
      }
   }
```

第 1 次程序运行结果：

```
请输入人数 n(1～99): 30
人员编号为:
    1    2    3    4    5    6    7    8    9   10
   11   12   13   14   15   16   17   18   19   20
   21   22   23   24   25   26   27   28   29   30
请输入开始报数的编号 m(1～100): 1
报到第几个数出列 s(1～100): 7
出列顺序:
    7   14   21   28    5   13   22   30    9   18
   27    8   19    1   12   25   10   24   11   29
   17    6    3    2    4   16   26   15   20   23
```

读者可以将这个结果与例 3-22 中的程序作比较，分析它们算法的不同。

第 2 次程序运行结果：

```
请输入人数 n(1～99): 40
人员编号为:
    1    2    3    4    5    6    7    8    9   10
   11   12   13   14   15   16   17   18   19   20
   21   22   23   24   25   26   27   28   29   30
   31   32   33   34   35   36   37   38   39   40
请输入开始报数的编号 m(1～100): 9
报到第几个数出列 s(1～100): 5
出列顺序:
   13   18   23   28   33   38    3    8   14   20
   26   32   39    5   11   19   27   35    2   10
   21   30   40    9   22   34    6   17   36   12
   29    7   31   16    4    1   15   25   37   24
```

4.8 本章小结

本章介绍了自定义的数据类型：结构体、联合体和枚举，要注意类型定义与变量定义的区别。若将结构型变量作为函数的参数，它只是起传值作用。只有当函数的参数为指向结构型变量的指针时，才可以起到传址作用。

结构类型的定义可以嵌套，结构类型与联合类型的定义也可以互相嵌套，只是要注意被嵌套的类型必须先有定义。

通过结构数组、结构指针等可以很方便地描述一些复杂的数据，设计出更高效的程序。

习　题

一、单选题。在以下每一题的四个选项中，请选择一个正确的答案。

【题 4.1】 当说明一个结构体变量时，系统分配给它的内存是________。

A．各成员所需内存量的总和

B．结构体中第一个成员所需内存量

C．成员中占内存量最大者所需的容量

D．结构体中最后一个成员所需内存量

【题 4.2】 把一些属于不同类型的数据作为一个整体来处理时，常用________。

A．简单变量　　B．数组类型数据

C．指针类型数据　　D．结构体类型数据

【题 4.3】 在说明一个联合体变量时，系统分配给它的存储空间是________。

A．该联合体中第一个成员所需存储空间

B．该联合体中占用最大存储空间的成员所需存储空间

C．该联合体中最后一个成员所需存储空间

D．该联合体中所有成员所需存储空间的总和

【题 4.4】 以下关于枚举的叙述不正确的是________。

A．枚举变量只能取对应枚举类型的枚举元素表中的元素

B．可以在定义枚举类型时对枚举元素进行初始化

C．枚举元素表中的元素有先后次序，可以进行比较

D．枚举元素的值可以是整数或字符串

【题 4.5】 设有以下说明语句：

```
struct  lie
{     int  a;
      float b;
}st;
```

则下面叙述中错误的是________。

A．struct 是结构类型的关键字　　B．struct　lie 是用户定义的结构类型

C．st 是用户定义的结构类型名　　D．a 和 b 都是结构成员名

【题 4.6】 若有以下说明和语句：

```
struct worker
{     int no;
      char  *name;
}work, *p=&work;
```

则以下引用方式不正确的是________。

A．work.no　　B．(*p).no　　C．p->no　　D．work->no

【题 4.7】 正确的 k 值是________。

```
enum  {a, b=5, c, d=4, e}  k;
k=a;
```

A．0　　B．1　　C．4　　D．6

【题 4.8】在 16 位的 PC 上使用 C 语言，若有如下定义：

```
struct data
{   int i;
    char ch;
    double f;
}da;
```

则结构变量 da 占用内存的字节数为________。

A．1　　B．4　　C．8　　D．11

【题 4.9】C 语言结构类型变量在程序执行期间________。

A．所有成员一直驻留在内存中　　B．只有一个成员驻留在内存中

C．部分成员驻留在内存中　　D．没有成员驻留在内存中

【题 4.10】在 16 位的 PC 上使用 C 语言，若有如下定义：

```
union
{   int i;
    char ch;
    double f;
}da;
```

则联合类型变量 da 占用内存的字节数为________。

A．1　　B．4　　C．8　　D．11

二、判断题。判断下列各叙述的正确性，若正确在（　）内标记√，若错误在（　）内标记×。

【题 4.11】（　）结构体的成员可以作为变量使用。

【题 4.12】（　）在一个函数中，允许定义与结构体类型的成员相同名的变量，它们代表不同的对象。

【题 4.13】（　）在 C 语言中，可以把一个结构体变量作为一个整体赋值给另一个具有相同类型的结构体变量。

【题 4.14】（　）使用联合体 union 的目的是，将一组具有相同数据类型的数据作为一个整体，以便于其中的成员共享同一存储空间。

【题 4.15】（　）使用结构体 struct 的目的是，将一组数据作为一个整体，以便于其中的成员共享同一空间。

【题 4.16】（　）在 C 语言中，如果它们的元素相同，即使不同类型的结构也可以相互赋值。

【题 4.17】（　）在 C 语言中，枚举元素表中的元素有先后次序，可以进行比较。

【题 4.18】（　）用 typedef 可以定义各种类型名，但不能用来定义变量。

【题 4.19】（　）语句 `printf("%d\n",sizeof(struct person));` 将输出结构体类型 person 的长度。

【题 4.20】（　）所谓结构体变量的指针就是这个结构体变量所占内存单元段的起始地址。

三、填空题。请在下面各叙述的空白处填入合适的内容。

【题 4.21】“·”称为________运算符，“->”称为________运算符。

【题 4.22】设有定义语句 `"struct {int a; float b; char c;}s, *p=&s;"`，则对结构体成员 a 的引用方法可以是 s.a 和________。

【题 4.23】把一些属于不同类型的数据作为一个整体来处理时，常用________。

【题 4.24】所谓嵌套结构体是指结构体的成员又是一个________。

【题 4.25】在说明一个联合体变量时，系统分配给它的存储空间是该联合体中________。

【题 4.26】联合体类型变量在程序执行期间，有________成员驻留在内存中。

【题 4.27】用 typedef 可以定义________，但不能用来定义变量。

【题 4.28】若有以下说明和定义语句，则变量 w 在内存中所占的字节数是________。

```
union  aa{float x; float y; char c[6];};
struct  st{union aa v; float w[5]; double ave;}w;
```

【题 4.29】枚举变量只能取对应枚举类型的________。

【题 4.30】联合体变量的地址和它的各成员的地址是________。

四、阅读下面的程序，写出程序运行结果。

【题 4.31】

```
#include "stdio.h"
struct node
{  char data;
   struct node *next;
};
struct node a[ ]={{'A',a+1},{'B',a+2},{'C',a+3},
                  {'D',a+4},{'E',a+5},{' ',a}};
void main()
{  struct node *p=a;
   int i, j;
   for(i=0; i<6; i++)
   {  printf("\n");
      for(j=0; j<6; j++)
      {   printf("%c", p->data);
       p=p->next;
      }
    p=p->next;
   }
}
```

【题 4.32】

```
#include "stdio.h"
void main()
{
   union
   {  int ig[4];
      char a[8];
   }t;
   t.ig[0]=0x4241;
   t.ig[1]=0x4443;
   t.ig[2]=0x4645;
   t.ig[3]=0x0000;
   printf("\n%s\n",t.a);
 }
```

【题 4.33】

```
#include "stdio.h"
void main()
{  enum color {red=3, yellow=6, blue=9};
   enum color a=red;
   printf("\nred=%d", red);
   printf("\nyellow=%d", yellow);
   printf("\nblue=%d", blue);
   printf("\na=%d", a);
   a=yellow;
```

```
    printf("\na=%d\n", a);
  }
```

【题 4.34】

```
#include "stdio.h"
struct  n_c
{  int x;
   char c;
};
void func(struct n_c b)
{  b.x=15;
   b.c='A';
}
void main()
{  struct n_c a={20,'x'};
   func(a);
   printf("%d %c\n",a.x,a.c);
}
```

五、程序填空题。请在下面程序空白处填入合适的语句。

【题 4.35】下面的程序输入学生的姓名和成绩，然后输出，请填空。

```
#include "stdio.h"
struct student
{   char name[20];
    float score;
}stu,*p;
void main()
{   p=&stu;
    printf("Enter name:");
    gets(______);
    printf("Enter score:");
    scanf("%f",_______);
    printf("Output:%s, %f\n",p->name,p->score);
}
```

【题 4.36】下面的程序完成的功能是：从键盘输入一行字符，调用函数建立反序的链表，然后输出整个链表，请填空。

```
#include "stdio.h"
#include "stdlib.h"
struct node
{   char data;
    struct node *link;
}*head;
void ins(struct node *q)
{   if(head= =NULL)
    {  q->link=NULL;
       head=q;
    }
    else
    {  q->link=head;
       head=_______;
    }
}
void main()
{   char ch;
    struct node *p;
```

```
    head=NULL;
    while((ch=getchar())!='\n')
    {  p=(struct node*)malloc(sizeof(_______));
       p->data=ch;
       _______;
    }
    p=head;
    while(p!=NULL)
    {  printf("%c  ",p->data);
       p=p->link;
    }
    printf("\n");
}
```

六、编程题。对下面的问题编写程序并上机验证。

【题 4.37】用结构体类型编写程序，输入一个学生的数学期中和期末成绩，然后计算并输出其平均成绩。

【题 4.38】有 10 个学生，每个学生的数据包括学号（num）、姓名（name[9]）、性别（sex）、年龄（age）、三门课成绩（score[3]），要求在 main()函数中输入这 10 个学生的数据，并对每个学生调用函数 count()计算总分和平均分，然后在 main()函数中输出所有各项数据（包括原有的和新求出的），试编写程序。

【题 4.39】将上一题（题 4.38）改用指针方法处理，即用指针变量逐次指向数组中各元素，输入每个学生的数据，然后用指针变量作为函数参数将地址值传给 count()函数，在 count()中做统计，最后将数据返回 main()函数中并输出，试编写程序。

【题 4.40】建立职工情况链表，每个节点包含的成员为：职工号（id）、姓名（name）、工资（salary）。用 malloc()函数开辟新节点，从键盘输入节点中的所有数据，然后依次把这些节点的数据显示在屏幕上，试编写程序。

【题 4.41】将一个链表反转排列，即将链头当链尾，链尾当链头，试编写程序。

【题 4.42】有 10 人参加百米赛跑，成绩如下：

207 号	14.5"	077 号	15.1"
166 号	14.2"	231 号	14.7"
153 号	15.1"	276 号	13.9"
096 号	15.7"	122 号	13.7"
339 号	14.9"	302 号	14.5"

编写程序求前 3 名运动员的号码及相应的成绩。

【题 4.43】设单链表节点类型 node 定义如下：

```
struct node
{  int data;
   struct node *next;
};
```

编写程序，将单链表 A 分解为两个单链表 A 和 B，其头指针分别为 head 和 head1，使得 A 链表中含原链表 A 中序号为奇数的元素，而 B 链表中含原链表 A 中序号为偶数的元素，且保持原来的相对顺序。

第 5 章 文件操作

文件作为存储数据的载体可以长期保存，计算机可以处理任何保存在磁盘中的文件，如源程序文件、图形文件、音频文件、数据文件、可执行文件等。可以用不同的方式对计算机的文件进行分类，如按数据的组织形式，可将文件分成文本文件和二进制文件。

5.1 文件的概念

文件实际上就是记载在外部存储器上的数据的集合，在 C 语言中，把这些数据的集合看成是字符或字节序列，亦即由一个一个的字符或字节的数据顺序组成，换句话说，C 语言是把每一个文件都看做是一个有序的字节流，如图 5-1 所示。

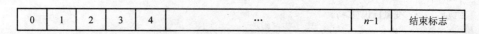

0	1	2	3	4	…	*n*-1	结束标志

图 5-1 内存中的字节流

流是文件和程序之间通信的通道。一个 C 语言程序可以创建文件和对文件内容进行更新、修改，在程序中所需的数据也可以从另一个文件中获得。

对文件的操作一般通过 3 个步骤来完成：打开文件、读或写文件和关闭文件。C 语言提供了文件管理函数来完成对不同类型文件的操作。本章主要介绍对文本文件的操作及其应用。

5.2 文件的操作

可以采用缓冲文件系统和非缓冲文件系统对文件进行操作。其中，缓冲文件系统又称为标准 I/O，用这种系统对文件进行操作时，系统会为每一个被打开的文件在内存中开辟一个缓冲区。而非缓冲文件系统又称为系统 I/O，用这种系统对文件进行操作时，系统不设置缓冲区，由程序设置缓冲区的大小。

标准 I/O 与系统 I/O 分别采用不同的输入/输出函数来对文件进行操作。本节主要介绍标准 I/O 系统，它的输入/输出函数在 stdio.h 中。

5.2.1 文件的打开与关闭

若要对文件进行操作，就必须先将文件打开，操作完毕后，再将文件关闭。打开文件后，常常需要用到一些相应的文件信息，如文件缓冲区的地址、文件当前的读写位置、文件缓冲区的状态等，这些信息被保存在一个结构类型 FILE 中，该结构类型由系统定义在 stdio.h 中，定义的形式为：

```
typedef struct {
        short               level;          /* fill empty level of buffer */
        unsigned            flags;          /* File status flags */
        char                fd              /* File descriptor  */
        unsigned char       hold;           /* ungetc char if no buffer */
        short               bsize;          /* Buffer size */
        unsigned char       *buffer;        /* Data transfer buffer */
        unsigned char       *curp;          /* Current active pointer */
        unsigned            istemp;         /* Temporary file indicator */
        short               token;          /* Used for validity checking */
}FILE;                                      /* This is the FILE object */
```

可以用 FILE 来定义文件变量或文件指针变量，分别用于保存文件信息或指向不同的文件信息区。

注意　操作文件时，并不都要用到文件结构中的所有信息。

在打开文件之前，要先定义文件指针变量，定义形式如下：

```
FILE    *<变量标识符>;
```

例如：

```
FILE    *fp1, *fp2;
```

接下来，就可以通过文件指针变量，利用系统提供的文件打开函数 fopen()来打开一个将要对其进行操作的文件，fopen()函数的原型为：

```
FILE *fopen (char *filename, char *type);
```

其中，参数 filename 代表的是一个文件名，它是用双引号括起来的字符串，这个字符串可以是一个合法的带有路径的文件名；type 代表的是对文件的操作模式，type 的取值与其所代表的含义如表 5-1 所示。

表 5-1　type 的取值与所代表的含义

type	含　义	文件不存在时	文件存在时
r	以只读方式打开一个文本文件	返回错误标志	打开文件
w	以只写方式打开一个文本文件	建立新文件	打开文件，原文件内容清空
a	以追加方式打开一个文本文件	建立新文件	打开文件，只能从文件尾向文件追加数据
r+	以读/写方式打开一个文本文件	返回错误标志	打开文件
w+	以读/写方式建立一个新的文本文件	建立新文件	打开文件，原文件内容清空

（续表）

type	含　义	文件不存在时	文件存在时
a+	以读/写方式打开一个文本文件	建立新文件	打开文件，可从文件中读取或往文件中写入数据
rb	以只读方式打开一个二进制文件	返回错误标志	打开文件
wb	以只写方式打开一个二进制文件	建立新文件	打开文件，原文件内容清空
ab	以追加方式打开一个二进制文件	建立新文件	打开文件，从文件尾向文件追加数据
rb+	以读/写方式打开一个二进制文件	返回错误标志	打开文件
wb+	以读/写方式打开一个新的二进制文件	建立新文件	打开文件，原文件内容清空
ab+	以读/写方式打开一个二进制文件	建立新文件	打开文件，可从文件读取或往文件中写入数据

在正常情况下，fopen()函数返回指向文件流的指针，若有错误发生，则返回值为 NULL。为了防止错误发生，一般都要对 fopen()函数的返回值进行判断。

注意　不论采取什么方式打开文件，当文件被正确打开时，文件指针总是指向文件字节流的开始处。以“a”方式打开文件时，只能在原文件的尾部追加数据；以“a+”方式打开文件时，若第 1 次对文件流的操作是“读取”，第 2 次对文件流的操作是“写入”，则在“写入”操作前必须将文件指针定位到文件尾，才能把数据正确写入到文件中，接下来若要对文件“写入”数据，可直接使用“写”操作函数，若要改变上一次对文件的操作，则需要对文件指针重新定位。若第 1 次对文件流的操作是“写入”，第 2 次对文件流的操作是“读取”，则在“读取”操作前要将文件指针定位到要读取的开始位置。

【例 5-1】 了解文件正确的打开方式。

```
/*example5_1.c  文件打开方式 1 */
#include <stdio.h>
main()
{  FILE *fp;
   fp=fopen("mydata.txt","w");
   if (fp==NULL)
        printf("file open error!\n");
   else
        printf("file open OK!\n");
}
```

对于 exame5_1.c 这个程序，也可以使用下面的形式，将文件打开与判断作为一个条件表达式：

```
/*example5_1a.c  文件打开方式 2 */
#include <stdio.h>
main()
{  FILE *fp;
   if ((fp=fopen("text.txt","w"))==NULL)
         {
           printf("file open error!\n");
           exit(0);
         }
   else
         printf("file open OK!\n");
}
```

上面这两个程序的运行结果是相同的：

```
file open OK!
```

在程序中，文件“text.txt”是以只写方式打开的。对上面的程序，我们可能会有几个疑问：

① 文件“test.txt”在磁盘所处的位置如何？

② 文件“test.txt”的内容是什么？

③ 在程序结束之前没有关闭文件，是否会对文件造成破坏？

根据 fopen()函数对参数的要求，可以看出：文件 test.txt 和该程序文件是放在同一目录中的。文件“test.txt”的内容无法从这个程序中获知。

为了防止文件操作完成后发生意外，应该在完成操作后关闭文件。文件关闭的函数原型为：

```
int fclose(FILE *stream);
```

函数的返回值只有两种情况：0 和非零值。0 代表关闭文件正确，非零值代表文件关闭失败。

于是，正确的操作文件的方式可采用下面程序的形式：

```
/*example5_1b.c  文件打开方式 3 */
#include <stdio.h>
#include <stdlib.h>
main()
{   FILE *fp;
    if ((fp=fopen("mydata.txt","w"))==NULL)
          {
               printf("file open error!\n");
               exit(0);
          }
    else
     {
         printf("File open is OK!\n");
         ......              /* 此处为读取文件的操作代码 */
     }
     fclose(fp);
}
```

注意　程序中“读取文件的操作代码”一般是由一对花括号括起来的由多条语句组成的语句段。

5.2.2 文件操作的错误检测

在对文件进行操作时，除了应对文件的打开状态进行正确性判断以外，对文件进行读写操作时，也常常需要进行操作的正确性判断，C 语言提供了两个文件检测函数。

1. 判断文件流上是否有错

```
int ferror(FILE *stream);
```

若正确，返回值为 0，若发生错误，返回值为非零值。

2．判断是否到达文件尾

```
int feof(FIEL *stream);
```

若 stream 所指向的文件到达文件尾，则返回值为非零值，否则，返回值为 0。

5.2.3　文件的顺序读写

文件的顺序读写是指文件被打开后，按照数据流的先后顺序对文件进行读写操作，每读写一次后，文件指针自动指向下一个读写位置。在 C 语言中，对文件的读写操作是通过函数调用实现的，这些函数的声明都包含在头文件 stdio.h 中。

下面是 3 组常用的文件顺序读写函数的原型。

1．字符读写函数

① 从文件读一个字符：`int fgetc(FILE *stream);`

该函数的调用形式为：

```
ch=fgetc(fp);
```

作用：从 fp 所指的文件中读取一个字符，赋予变量 ch，当读到文件尾或读出错时，返回-1（EOF）。

② 向文件写一个字符：`char fputc(char ch, FILE *stream);`

该函数的调用形式为：

```
fputc(ch, fp);
```

作用：把字符变量 ch 的值写到文件指针 fp 所指的文件中去，若写入成功，返回值为输出的字符，若出错，返回值为 EOF。

【例 5-2】编写一个程序，将当前目录下的文本文件输出到屏幕上。

```
/*example5_2.c  读取文件方法  */
#include <stdio.h>
#include <conio.h>
main()
{
    FILE *fp;
    char ch,name[30],*filename=name;
    printf("please imput filename: ");
    gets(name);
    fp=fopen(filename,"r");
    if (fp==NULL)
          printf("error\n");
    else
          while((ch=fgetc(fp))!=EOF)
                putchar(ch);
          fclose(fp);
}
```

程序运行结果：

```
please imput filename: exam5_2.c↵
```

在屏幕上会显示 exam5_2.c 这个程序文件的源代码。

请读者将这个程序输入到计算机，并运行这个程序，程序运行时可以输入其他的文本文件名。

【例 5-3】 编写一个程序，把从键盘输入的内容保存到文件中去。

```
/*example5_3.c  从键盘输入到文件 */
#include <stdio.h>
main()
{
    FILE *fp;
    char ch,name[30],*filename=name;
    printf("请给出要生成的文件名: ");
    gets(name);
    fp=fopen(filename,"w");
    if (fp==NULL)
        printf("error\n");
    else
        while ((ch=getchar())!=EOF)
        fputc(ch,fp);
    fclose(fp);
}
```

程序运行结果：

```
please imput filename: mydata.txt↵
```

接着可从键盘输入任何内容，以回车作为换行，以输入^z（同时按下 Ctrl+Z 组合键）作为输入结束。

完成后，可查看文本文件 mydata.txt 的内容。

2. 字符串读写函数

① 从文件中读取字符串：`char *fgets(char *string, int n, FILE *stream);`

该函数的调用形式为：

```
fgets(str, n, fp);
```

作用：从 fp 所指的文件中读取 $n-1$ 个字符，放到以 str 为起始地址的存储空间（str 可以是一个字符数组名），若在 $n-1$ 个字符前，遇到回车换行符或文件结束符，则读操作结束，并在读入的字符串后面加一个“\0”字符。若读操作成功，返回值为 str 的地址；若出错，返回值为 NULL。

② 向文件写入字符串：`int fputs(char *str, FILE *stream);`

该函数的调用方式：

```
fputs(str, fp);
```

作用：将 str 所表示的字符串内容（不包含字符串最后的“\0”）输出到 fp 所指的文件中去，若写入成功，返回一个非负数，若出错，返回 EOF。

【例 5-4】编写程序，用字符串读取方式将某个文本的内容输出到屏幕上，并计算该文本有多少行，最后输出其行数。

程序如下：

```
/*example5_4.c  从文件按行读取字符串*/
#include <stdio.h>
```

```
main()
{
    FILE *fp;
    char w[81],name[30],*filename=name;
    int lines=0;
    printf("please imput filename: ");
    gets(name);
    fp=fopen(filename,"r");
    if (fp==NULL)
        printf("File open error\n");
    else
     {
            while (fgets(w,80,fp)!=NULL)
            {
                lines=lines+1;
                printf("%s",w);
            }
            printf("文件的总行数=%d\n",lines);
            fclose(fp);
     }
}
```

程序运行结果：

```
please imput filename: example5_4.c↵
```

在屏幕上会显示文本文件 example5_4.c 的内容和该文件的总行数 lines。

请读者将这个程序输入到计算机，并运行这个程序，程序运行时可以输入其他的文本文件名。

【例 5-5】编写程序，用字符串输入方式将键盘上输入的一行字符保存到指定的文件中去。

程序如下：

```
/*example5_5.c 将键盘输入的字符输出到文件 */
#include <stdio.h>
#include <string.h>
main()
{
    FILE *fp;
    char w[20],name[30],*filename=name;
    printf("请给出要生成的文件: ");
    gets(name);
    fp=fopen(filename,"w");
    if (fp==NULL)
        printf("File open error\n");
    else
     {
        while (strlen(gets(w))>0)
         {
            fputs(w,fp);
            fputs("\n",fp);
         }
         fclose(fp);
     }
}
```

程序运行结果：

```
please imput filename: mydata.txt↵
```

接着可从键盘输入任何内容，以回车作为换行，以不输入任何字符直接按回车键作为程序结束。

完成后，可查看文本文件 mydata.txt 的内容。该程序和 example5_3.c 具有相同的功能，可以把从键盘输入的内容写到文件中去。

3. 格式化读写函数

① 按格式化读取的函数原型为：

```
int fscanf (FILE *stream, char *format , &arg1, &arg2, …, &argn);
```

该函数的调用形式为：

```
fscanf (fp, format, &arg1, &arg2, …, &argn);
```

作用：按照 format 所给出的输入控制符，把从 fp 中读取的内容，分别赋给变元 arg1，arg2，…，argn。

② 按格式化写入的函数原型为：

```
int fprinft(FILE *stream, char *format, arg1, arg2, …, argn);
```

函数的调用形式为：

```
fprintf(fp, format, arg1, arg2, …, argn);
```

作用：按 format 所给出的输出格式，将变元 arg1， arg2，…，argn 的值写入到 fp 所指的文件中去。

【例 5-6】有一顺序文件 vehicle.dat 的内容如下，它记录了同一时间段、不同交叉路口的车流量。写一程序，统计两路口车辆流量的差值。文件 vehicle.dat 的格式及内容如下：

车　　型	路口 1	路口 2
bus	128	73
jeep	64	53
autobike	570	340
truck	253	168

文件中每一行第 1 段的数据表示车型，第 2 段的数据表示路段 1 的车流量，第 3 段的数据表示路段 2 的车流量，每个数据段由空格分开。

程序如下：

```
/*example5_6.c  格式化读取文件 */
#include <stdio.h>
#include <string.h>
#include <stdlib.h>
main()
{   FILE *fp;
    char w[10];
    int road1,road2;
    fp=fopen("vehicle.txt","r");
    if (fp==NULL)
        { printf("File open error\n");
```

```
            exit(0);
        }
        else
        { printf("车型\t\t 路口 1\t 路口 2\t 流量差\n");
          while(!feof(fp))
              {
                  fscanf(fp,"%s %d %d",w,&road1,&road2);
                  printf("%-16s%d\t%d\t%7d\n",w,road1,road2,road1-road2);
              }
        }
    fclose(fp);
}
```

程序运行结果：

```
车型            路口 1   路口 2   流量差
bus             128      73       55
jeep            64       53       11
autobike        570      340      230
truck           253      168      85
```

【例 5-7】为了优化交通秩序，要在某一时间段对两个重要交通路段的车流量进行统计，要求分车型统计，并将统计结果保存到数据文件 vehicle.dat 中去，文件格式为：

```
车型        路段 1 的车流量        路段 2 的车流量
……          ……                     ……
```

当要求输入车型时，以不输入任何内容，直接按回车键作为结束。

分析：可以采用追加记录的方式向文件写入信息，这样可以保存每一次统计的结果。

程序如下：

```
/*example5_7.c  了解用追加的方法格式化写文件的应用 */
#include <stdio.h>
#include <string.h>
#include <stdlib.h>
main()
{
    FILE *fp;
    char w[10];
    int road1,road2;
    fp=fopen("vehicle.txt","a");
    if (fp==NULL)
     {
          printf("error\n");
         exit(0);
     }
     else
     {
          fprintf(fp,"-----------------------------------\n");
          fprintf(fp,"车型\t\t 路段 1 的车流量\t 路段 2 的车流量\n");
          printf("请输入车型: ");
          gets(w);
          while(strlen(w)>0)
          {
                  printf("该车型在路段 1 的车流量:");
              scanf("%d",&road1);
```

```
                printf("该车型在路段 2 的车流量:");
                scanf("%d",&road2);
                fprintf(fp,"%-16s%d\t\t%d\t\t\t\n",w,road1,road2);
                getchar();
                printf("请输入车型: ");
                gets(w);
            }
            fclose(fp);
        }
    }
```

程序运行结果：

```
请输入车型: bus↲
该车型在路段 1 的车流量:347↲
该车型在路段 2 的车流量:126↲
请输入车型: car↲
该车型在路段 1 的车流量:576↲
该车型在路段 2 的车流量:432↲
请输入车型: bicycle↲
该车型在路段 1 的车流量:78↲
该车型在路段 2 的车流量:331↲
请输入车型: autobike↲
该车型在路段 1 的车流量:287↲
该车型在路段 2 的车流量:466↲
请输入车型: ↲
```

程序执行完毕后，查看文本文件 vehicle.txt 的内容为：

```
-----------------------------------------------------------
车型          路段 1 的车流量       路段 2 的车流量
bus           347                   126
car           576                   432
bicycle       78                    331
autobike      278                   466
```

读者可以多次运行这个程序，输入相应的信息，再查看文件 vehicle.txt 的内容，看看发生了什么变化。

思考　请读者修改程序，将写入文件的功能设计成函数，通过主程序调用函数将数据写入文件，实现程序的模块化。

5.2.4　文件的随机读写

文件的随机读写，是指在对文件进行读写操作时，可以对文件中指定位置的信息进行读写操作。这样，就需要对文件进行详细定位，只有定位准确，才有可能对文件进行随机读写。

一般地，文件的随机读写适合于具有固定长度记录的文件。

C 语言提供了一组用于文件随机读写的定位函数，其函数原型在 stdio.h 中。采用随机读写文件的方法可以在不破坏其他数据的情况下把数据插入到文件中去，也可以在不重写整个文件的情况下更新和删除以前存储的数据。

1．文件定位函数

```
int fseek(FILE *stream, long offset, int position);
```

函数的调用形式：

```
fseek(fp, d, pos);
```

作用：把文件指针 fp 移动到距 pos 为 d 个字节的地方。

若定位成功，返回值为 0；若定位失败，返回非零值。其中，位移量为 d，它的取值有以下两种情况：

① d>0，表示 fp 向前（向文件尾）移动；

② d<0，表示 fp 向后（向文件头）移动。

移动时的起始位置为 pos，它的取值有以下 3 种可能的情况：

① pos=0 或 pos=SEEK_SET，表示文件指针在文件的开始处；

② pos=1 或 pos=SEEK_CUR，表示文件指针在当前文件指针位置；

③ pos=2 或 pos=SEEK_END，表示文件指针在文件尾。

位移量与文件指针的关系如图 5-2 所示。

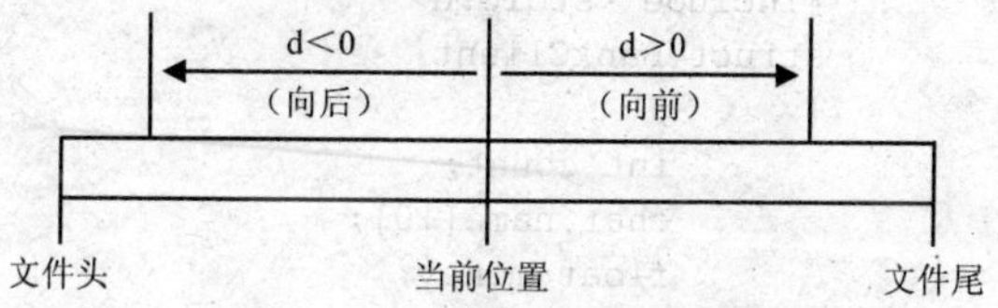

图 5-2　位移量与文件指针的关系

例如：fseek(fp，20，0)；将文件指针从文件头向前移动 20 个字节。

```
fseek(fp, -10, 1);将文件指针从当前位置向后移动 10 个字节。
fseek(fp, -30, 2);将文件指针从文件尾向后移动 30 个字节。
```

2．位置函数

```
long int ftell(FILE *stream);
```

函数的调用形式为：

```
loc =ftell(fp);
```

作用：将 fp 所指位置距文件头的偏移量的值赋予长整型变量 loc。若正确，则 loc≥0；若出错，则 loc=−1L。

3．重定位函数

```
void rewind(FILE *stream);
```

函数的调用形式为：

```
rewind(fp);
```

作用：将文件指针 fp 重新指向文件的开始处。

对文件随机读写操作可以采用下面的文件随机读写函数：

```
int fread (void *buf, int size, int count, FILE *stream);
int fwrite (void *buf, int size, int count, FILE *stream);
```

fread 函数的作用：

从 stream 所指的文件中读取 count 个数据项，每一个数据项的长度为 size 个字节，放到由 buf 所指的块中（buf 通常为字符数组）。读取的字节总数为 size×count。

若函数调用成功，返回值为数据项数（count 的值）；若调用出错或到达文件尾，返回值小于 count。

fwrite 函数的作用：

将 count 个长度为 size 的数据项写到 stream 所指的文件流中去。若函数调用成功，返回值为数据项数（count 的值），若出错，则返回值小于 count。

【例 5-8】编写程序，建立一个可记录 100 个客户的银行账户，记录的信息包含账号、姓名和金额。

分析：为便于数据的提取，采用随机文件读写的方式，生成一个具有 100 条记录的文件 credit.dat。

程序如下：

```
/*example5_8.c  了解随机文件的建立 */
#include <stdio.h>
struct BankClient
{
        int count;
        char name[10];
        float money;
};
main()
{
        int i,record_len;
       struct BankClient client={0,"",0.0};
       FILE *fp;
       record_len=sizeof(struct BankClient);
       if((fp=fopen("credit.dat","w"))==NULL)
            printf("File open error!\n");
       else
       {
            /*建立具有 100 条记录的随机文件*/
           for(i=1;i<=100;i++)
           fwrite(&client,record_len,1,fp);
           fclose(fp);
             printf("文件 credit.dat 建立完毕。\n");
       }
}
```

程序执行完后，会建立一个 credit.dat 的文件，内有 100 条记录，每一条的记录都相同，采用的是初始化 client 的值。

注意：该文件并不是顺序文本文件，不能通过文本编辑器或用 type 命令查看文件的内容。

【例 5-9】利用例 5-8 的程序生成的数据文件，向文件中输入账户信息，输入的顺序为：账号、姓名和金额，输入完毕后，显示文件中所有账号不为 0 的内容。

程序如下：

```
/*example5_9.c  了解随机文件的读写操作 */
#include <stdio.h>
struct BankClient
{
     int count;
     char name[10];
     float money;
};
main()
{
    int record_len;
    struct BankClient client;
    FILE *fp;
    record_len=sizeof(struct BankClient);
    /*随机写文件*/
    if((fp=fopen("credit.dat","r+"))==NULL)
         printf("账户文件 credit.dat 不存在，请先建立该文件!\n");
    else
    {
         printf("请按顺序输入账号、姓名和账户资金\n");
         printf("当输入的账号为 0 时，输入结束\n");
         printf("----------------------------------\n");
          printf("请输入账号: ");
         scanf("%d",&client.count);
         getchar();
         while(client.count!=0) /* 当输入的账号为 0 时，程序结束 */
         {
              printf("请输入户名: ");
              gets(client.name);
              printf("请输入账户资金: ");
              scanf("%f",&client.money);
              getchar();
              fseek(fp,(client.count-1)*record_len,0);
              fwrite(&client,record_len,1,fp); /*将内容写到文件的指定位置*/
              printf("请输入账号: ");
              scanf("%d",&client.count);
              getchar();
         }
         rewind(fp);
         printf("账户信息如下: \n");
          printf("----------------------------------\n");
         printf("%5s%8s%10s\n","账号","姓名","金额");
         /* 显示文件中所有的记录 */
          while(!feof(fp))
         {
              fread(&client,record_len,1,fp);
              if(client.count!=0)
                printf("%5d%10s%8.2f\n",client.count,client.name,client. money);
         }
         fclose(fp);
    }
}
```

第一次程序运行结果：

请按顺序输入账号、姓名和账户资金

```
当输入的账号为 0 时，输入结束
--------------------------------
请输入账号: 28001↵
请输入户名: DaShan↵
请输入账户资金: 300.2↵
请输入账号: 28117↵
请输入户名: BaiLu↵
请输入账户资金: 400↵
请输入账号: 28052↵
请输入户名: HuKe↵
请输入账户资金: 500↵
请输入账号: 0↵
账户信息如下:
----------------------------------------
 账号    姓名     金额
28001   DaShan  300.20
28052     HuKe  500.00
28117    BaiLu  400.00
```

第二次程序运行结果：

```
请输入账号: 28034↵
请输入户名: KaiYuan↵
请输入账户资金: 830.5↵
请输入账号: 28002↵
请输入户名: SaiTian↵
请输入账户资金: 600↵
请输入账号: 0↵
账户信息如下:
----------------------------------------
 账号    姓名     金额
28001   DaShan  300.20
28002  SaiTian  600.00
28034 KaiYuan  830.50
28052     HuKe  500.00
28117    BaiLu  400.00
```

从程序运行的结果中，我们得知可以随时向文件中输入新的记录，当然，也可以修改文件中某个记录的内容。

请读者分析程序的功能，并修改程序，使其具有模块化的功能并更加完善。

5.3 程序范例

【例 5-10】现有 2 个文件 file1.txt 和 file2.txt，文件 file1.txt 中记录的数据为人的姓名、住址，文件 file2.txt 中记录的数据为人的姓名、联系电话。现要求将这两个文件中同一姓名的数据合并放到另一个文件 file3.txt 中。

file1.txt 的内容：

```
LuoKai     Zhongshan_road_13
HuaYong    Daqing_road_189
WuMing     Beizheng_road_203
```

```
YueShan    Kaifu_road_54
ZhaoLai    Dongfent_road_78
```

file2.txt 的内容：

```
YueShan       7374146
LuoKai        2325123
HuaYong       3344567
ZhaoLai       6589080
DingLi        5566739
```

程序如下：

```
/*example5_10.c  文件操作应用，将两文件的信息合并 */
#include<stdio.h>
#include<string.h>
#include<stdlib.h>
main()
{
      FILE *fp1,*fp2,*fp3;
      char temp1_1[10],temp1_2[20],temp2_1[10],temp2_2[10];
      if((fp1=fopen("file1.txt","r"))==NULL)  /* 打开第 1 个文件 */
      {
            printf("文件 file1.txt 不存在!\n");
            exit(0);
      }
      if((fp2=fopen("file2.txt","r"))==NULL)  /* 打开第 2 个文件 */
      {
            printf("文件 file2.txt 不存在!\n");
            exit(0);
      }
      if((fp3=fopen("file3.txt","w"))==NULL)  /* 打开第 3 个文件 */
      {
            printf("无法建立文件 file3.txt!\n");
            exit(0);
      }
      while(!feof(fp1))
      {
            fscanf(fp1,"%s %s",temp1_1,temp1_2);  /* 从第 1 个文件中读取数据 */
            do
            {
                  fscanf(fp2,"%s %s",temp2_1,temp2_2);  /* 从第 2 个文件中读取数据 */
                  if(strcmp(temp1_1,temp2_1)==0)
                        fprintf(fp3,"%s, %s, %s\n",temp1_1,temp1_2,temp2_2);
                                              /* 将数据写入到第 3 个文件中 */
            }while(!feof(fp2));
            rewind(fp2);
      }
      fclose(fp1);
      fclose(fp2);
      fclose(fp3);
}
```

程序运行结果：（在当前路径下生成了一个文本文件 file3.txt，可以查看到其内容如下）

```
LuoKai, ZhongShan_road_13, 2325123
HuaYong, Daqing_road_189, 3344567
```

```
YueShan, Kaifu_road_54, 7374146
ZhaoLai, Dongfeng_road_78, 6589080
```

请注意程序中 3 个文件（file1.txt、file2.txt、file3.txt）所在的路径均为当前路径，如果这些文件不在当前路径下，则要给出其路径，如 fopen("d:\\data\\file1.txt","r")，表示文件 file1.txt 在 d 盘的 data 目录下。

请读者按模块化设计要求修改程序，完善其功能。

【例 5-11】编写程序，将从键盘输入的字符加密后保存到文件 encrypt.txt 中，加密采用字符加 4 的方法，以 26 个英文字符为一个循环，大小写保持不变。例如：若输入的字符为 a，则保存到文件的字符为 e，依此类推，若输入的字符为 w，则保存到文件的字符为 a。输入的其他非字母字符保持不变。

分析：将输入的字符加密后保存到当前目录下的文本文件 encrypt.txt 中，为了能将空格作为字符处理，可采用系统函数 int getc(stdin)。算法流程图如图 5-3 所示。

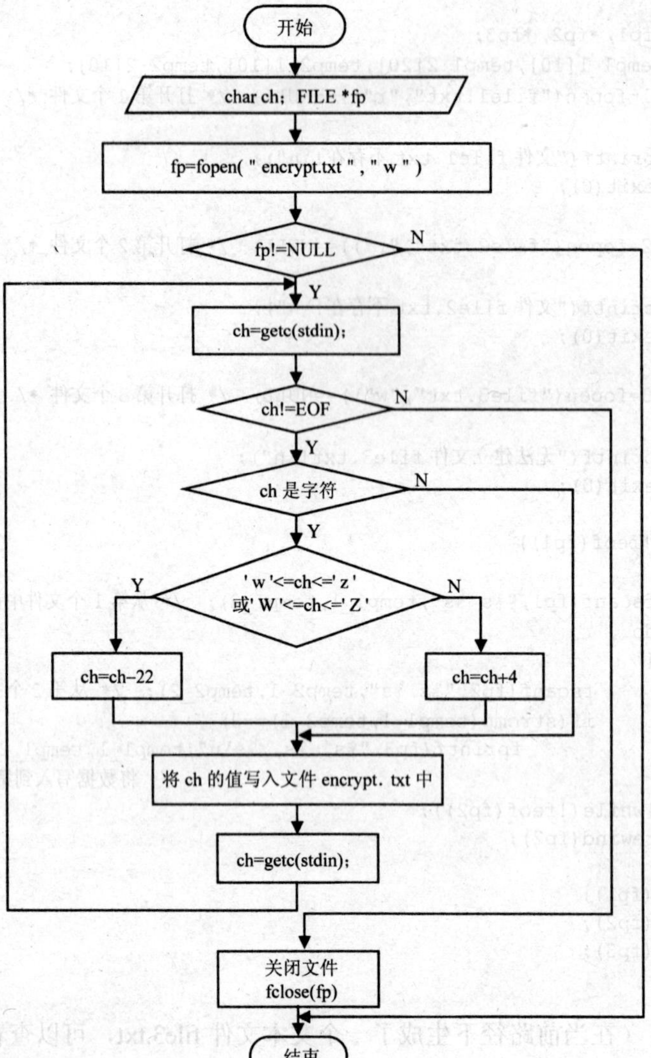

图 5-3　算法流程图

根据图 5-3 所示的算法流程图，写出程序如下：

```
/*example5_11.c 将输入的字符加密后写入文件*/
#include <stdio.h>
#include <ctype.h>
main()
{
    char ch;
    FILE *fp;
    fp=fopen("encrypt.txt","w");
    if(fp==NULL)
          printf("无法建立文件 encrypt.txt\n");
    else
          printf("请输入字符：\n");
    ch=getc(stdin);
    while(ch!=EOF)
    {
          if(isalpha(ch))
          {
                if((ch>='w' && ch<='z') || (ch>='W' && ch<='Z'))
                      ch=ch-22;
                else
                      ch=ch+4;
          }
          fputc(ch,fp);
          ch=getc(stdin);
    }
    fclose(fp);
}
```

程序运行结果：

```
请输入字符：
This is a test of encrypt. ↵
We are learn the file operation. ↵
^Z↵
```

打开当前目录 encrypt.txt 文件，加密后的文字如下所示：

```
Xlmw mw e xiwx sj irgvctx.
Ai evi pievr xli jmpi stivexmsr.
```

从结果不难看出，保存到文件 encrypt.txt 中的字符是经过加密后的字符。当然，这种加密的方法是比较简单的。

请读者思考更加有效的算法对输入的字符进行加密，并思考解密的算法。请读者设计解密算法，对上面程序生成的文件进行解密，并验证算法的正确性。

5.4 本章小结

文件操作是程序设计中的一个重要内容，C 语言把文件看作为“字节流”，通过文件指针指向这个“字节流”，采用系统提供的函数对文件进行读、写、定位等操作。

对文件操作有3个步骤：打开文件、读写文件和关闭文件。文件一旦被打开，就自动在内存中建立一个该文件的FILE结构，且可同时打开多个文件。对文件读写的操作都是通过库函数实现的，这些库函数最好配对使用，避免引起一些读、写混乱。这些配对使用的库函数如下所示：

```
fgetc()和fputc();
fgets()和fputs();
fscanf()和fprintf();
fread()和fwrite();
```

通过文件指针定位函数fseek()，可以随机读写文件。

对文件读写操作完毕，要调用fclose()函数关闭文件。

习　　题

一、单选题。在以下每一题的四个选项中，请选择一个正确的答案。

【题5.1】C语言可以处理的文件类型是________。

A．文本文件和数据文件　　B．文本文件和二进制文件

C．数据文件和二进制文件　　D．数据文件和非数据文件

【题5.2】下列语句中，将c定义为文件类型指针的是________。

A．FILE　c;　　B．FILE　*c;　　C．file c;　　D．file　*c;

【题5.3】在C程序中，可把整型数以二进制形式存放到文件中的函数是________。

A．fprintf函数　　B．fread函数　　C．fwrite函数　　D．fputc函数

【题5.4】若fp是指向某文件的指针，且已读到此文件末尾，则函数feof(fp)的返回值是________。

A．EOF　　B．0　　C．非零值　　D．NULL

【题5.5】若要打开A盘上的user子目录下名为abc.txt的文本文件进行读、写操作，下面符合此要求的函数调用是________。

A．fopen("A:\user\abc.txt"，"r")　　B．fopen("A:\user\abc.txt"，"r+")

C．fopen("A:\user\abc.txt"，"rb")　　D．fopen("A:\user\abc.txt"，"w")

【题5.6】使用fseek函数可以实现的操作是________。

A．改变文件的位置指针的当前位置　B．实现文件的顺序读写

C．实现文件的随机读写　　D．以上都不对

【题5.7】在C语言中，从计算机内存中将数据写入文件，称为________。

A．输入　　B．输出　　C．修改　　D．删除

【题5.8】已知函数的调用形式：fread(buffer，size，count，fp);，其中buffer代表的是________。

A．一个整型变量，代表要读入的数据项总数

B．一个文件指针，指向要读入的文件

C．一个指针，指向要存放读入数据的地址

D．一个存储区，存放要读入的数据项

【题5.9】若用 fopen()函数打开一个已存在的文本文件，保留该文件原有数据且可以读也可以写，则文件打开模式是________。

A．“r+”　　B．“w+”　　C．“a+”　　D．“a”

【题5.10】C 语言中标准输入文件 stdin 是指________。

A．键盘　　B．显示器　　C．鼠标　　D．硬盘

二、判断题。判断下列各叙述的正确性，正确的在（　）内标记√，若错误在（　）内标记×。

【题5.11】（　）对于终端设备，从来就不存在“打开文件”的操作。

【题5.12】（　）调用 fopen 函数后，如果操作失败，函数返回值 EOF。

【题5.13】（　）如果不关闭文件而直接使程序停止运行，将把当前缓冲区的内容写入文件。

【题5.14】（　）关闭文件将释放文件信息区。

【题5.15】（　）按记录方式输入/输出文件，采用的是二进制文件。

【题5.16】（　）缓冲文件系统通常会自动为文件设置所需的缓冲区，缓冲区的大小随机器而异。

【题5.17】（　）非缓冲文件系统的特点不是由系统自动设置缓冲区，而是用户自己根据需要设置。

【题5.18】（　）所有的实数，在内存中都以二进制文件形式存在。

【题5.19】（　）顺序读写就是从文件的开头逐个数据读或写。

【题5.20】（　）打开文件时，系统会自动使相应文件的 ferror 函数的初值为零。

三、填空题。请在下面各叙述的空白处填入合适的内容。

【题5.21】系统的标准输入文件是指________。

【题5.22】当顺利执行了文件关闭操作时，fclose()的返回值是________。

【题5.23】rewind()函数的作用是________。

【题5.24】C 语言中标准函数 fgets(str,n,p)的功能是________。

【题5.25】fgetc(stdin)函数的功能是________。

【题5.26】一般把缓冲文件系统的输入/输出称为________，而非缓冲文件系统的输入/输出称为系统输入/输出。

【题5.27】如果 ferror (fp)的返回值为一个非零值，表示________。

【题5.28】fseek (fp，100L，1)函数的功能是________。

【题5.29】对磁盘文件的操作顺序是“先________，后读写，最后关闭”。

【题5.30】ftell (fp)函数的作用是________。

四、程序填空题。请在下面程序空白处填入合适的语句。

【题5.31】以下程序用来统计文件中字符个数。请填空。

注解：程序中 if 语句是检测文件是否能正确打开，while 循环是用来统计字符个数，读取文件，记录读到的字符个数，一直到文件结束，所以循环能够执行的条件是文件没有结束。

```
#include"stdio.h"
main()
{FILE *fp;  long num=0L;
 if((fp=fopen("fname.dat","r")==NULL)
```

```
{printf("Open error\n"); exit(0); }
while(________________)
{fgetc(fp);    num++; }
 printf("num=%ld\n", num-1);
 fclose(fp);
}
```

【题 5.32】下面程序把从终端读入的文本（用@作为文本结束标志）输出到一个名为 bi.dat 的新文件中。请填空。

```
#include "stdio.h"
FILE *fp;
{ char ch;
if( (fp=fopen ( ________________ ) )= = NULL)exit(0);
while( (ch=getchar()) !='@') fputc (ch, fp);
fclose(fp);
}
```

【题 5.33】以下程序将从终端读入的 5 个整数以二进制方式写入文件“zheng.dat”中。请填空。

```
#include "stdio.h"
#include "stdlib.h"
void main()
{   FILE *fp;
    int i,j;
    if((fp=fopen("zheng.dat",________))==NULL)
        exit(0 );
    for(i=0;i<5;i++)
    {   scanf("%d",&j);
        fwrite(______,sizeof(int),1,___);
    }
        fclose(fp);
}
```

五、编程题。对下面的问题编写程序并上机验证。

【题 5.34】在文本文件 file1.txt 中有若干个句子，现在要求把它们按每行一个句子的格式输出到文本文件 file2.txt 中。

【题 5.35】统计文本文件 file.txt 中所包含的字母、数字和空白字符的个数。

【题 5.36】将磁盘文件 f1.txt 和 f2.txt 中的字符按从小到大的顺序输出到磁盘文件 f3.txt 中。

【题 5.37】统计磁盘文件 file.txt 中的单词个数。

【题 5.38】有两个磁盘文件 A 和 B，各存放一行字母，要求把这两个文件中的信息合并（按字母顺序排列），输出到一个新文件 C 中。

【题 5.39】编写程序，将一个文本文件的内容连接到另一个文本文件的末尾。

【题 5.40】设计 disp 程序，此程序的用法如下：

```
disp   文件1，文件2，…，文件n
```

它将依次显示上述所有文件的内容，相邻文件之间空两行。

【题 5.41】编写程序，将磁盘中当前目录下名为“file1.txt”的文本文件复制在同一目录下，文件名改为“file2.txt”。

【题 5.42】将 10 名职工的数据从键盘输入，然后送到磁盘文件 worker.rec 中保存。设职工数据包括职工号、姓名、工资。再从磁盘读入这些数据，并依次显示在屏幕上（要求用 fread()函数和 fwrite()函数），试编写程序。

【题 5.43】设职工数据文件（worker.dat）中有 10 条记录，编写程序要求在屏幕上输出职工号为偶数的职工的记录。

【题 5.44】编写程序，打开一个文本文件，按逆序显示文件内容。

【题 5.45】设文件 student.dat 中存放着学生的基本情况，这些情况由以下结构体描述：

```
struct student
{  long int num;              //学号
   char name[10];             //姓名
   int age;                   //性别
   char speciality[20];       //专业
};
```

请编写程序，输出学号在 97010～97020 之间的学生学号、姓名、年龄和性别。

第 6 章 位运算

所有的数据在计算机内部都是用二进制的位序列来表示的，连续的 8 个二进制位构成一个字节，一个字节只可用于存储 ASCII 的一个字符，不同数据类型的变量占用不同字节数的存储单元。

位运算符只适合于整型操作数，不能用来操作实型数据，这些操作数的数据类型包括有符号的 char、short、int、long 类型和无符号的 unsigned char、unsigned short、unsigned int、unsigned long 类型。通常将位运算的操作作用于 unsigned 类型的整数。

需要指出的是，位运算是与机器有关的。

C 语言的位运算符分为只有一个操作数的单目运算符和有左、右两个操作数的双目运算符两种类型，如表 6-1 所示。

表 6-1　　C 语言的位运算符

运 算 符	含 义	运 算 符	含 义
～	按位取反	&	按位与
<<	按位左移	|	按位或
>>	按位右移	^	按位异或

表中只有按位取反运算符“～”属于单目运算符。

注意　为简便起见，在下面的描述中，将整型变量（int 型和 unsigned intx 型）设定为 2 个字节，对于 4 个字节的整型变量，其计算方法是相同的。

6.1 按位取反运算

按位取反的意思就是对二进制的每个位取反，即将 1 变成 0，将 0 变成 1。例如，对于下面的语句：

```
int i=85;
printf("~i=%d\ n", ~i);
执行的结果为:
~i=-86
```

在这里 i 的值为：$(85)_{10}=(0000000001010101)_2$

按位取反后成为：

$(1111\ 1111\ 1010\ 1010)_2$

这时，最高位为 1，表示按位取反后的为负数。在计算机中，负数是以补码的形式存放的，因此，$(1111\ 1111\ 1010\ 1010)_2$ 的补码为它的真值。

$$
\begin{aligned}
(1111\ 1111\ 1010\ 1010)|_{补码} &= (1111\ 1111\ 1010\ 1010)|_{反码}+1 \\
&= (1000\ 0000\ 0101\ 0101)_2+1 \\
&= (1000\ 0000\ 0101\ 0110)_2 \\
&= (-86)_{10}
\end{aligned}
$$

所以，当 int i=85 时，$\sim i=(1000\ 0000\ 0101\ 0110)_2=(-86)_{10}$

又例如，有如下语句：

```
unsigned int i=85;
printf("~i=%u \ n", ~i);
```

语句执行结果为：~i=65450

在这里 i 的值为：$(85)_{10}=(0000\ 0000\ 0101\ 0101)_2$

按位取反后，成为：

$(1111\ 1111\ 10101010)_2$

因为 i 无符号型，所以~i 值就是 i 按位取反后的值：

$(\sim i)=(1111\ 1111\ 010101)_2=(65450)_{10}$

从上面的例子可以看出，虽然 C 语言允许对有符号数进行位运算，但在一般情况下，不便于掌握和控制程序本身的计算结果，因此，建议读者在程序设计时，对需要进行位运算操作的变量，应定义成 unsigned 型。

【例 6-1】阅读下面的程序，了解不同类型的变量进行按位取反运算的规则。

```
/*example6_1.c  了解按位取反运算的规则*/
#include <stdio.h>
#include <stdlib.h>
#include <conio.h>
main()
{
    int i1=32767,i2=-32767,i3=10,i4=-10,i;
    unsigned int u1=65535,u2=0,u3=10,u;
    printf("i1=%d,~i1=%d\n",i1,~i1);
    printf("i2=%d,~i2=%d\n",i2,~i2);
    printf("i3=%d,~i3=%d\n",i3,~i3);
    printf("i4=%d,~i4=%d\n",i4,~i4);
    printf("u1=%u,~u1=%u\n",u1,~u1);
    printf("u2=%u,~u2=%u\n",u2,~u2);
    printf("u3=%u,~u3=%u\n",u3,~u3);
}
```

程序运行结果：

```
i1=32767,~i1=-32768
i2=-32767,~i2=32766
```

```
i3=10,~i3=-11
i4=-10,~i4=9
u1=65535,~u1=4294901760
u2=0,~u2=4294967295
u3=10,~u3=4294967285
```

在程序中，各变量的值采用的都是十进制，其实这些变量的值也可以采用八进制或十六进制来表示，计算机运算时，实际采用的是二进制数。

请根据程序的运行结果，分析数据的二进制运算规则，验证计算结果，注意边界值及负数值取反运算。

6.2　按位左移运算

按位左移表达式的形式为：

```
m< <n;
```

其中，m 和 n 均为整型，且 n 的值必须为正整数。

表达式 m<<n；是将 m 的二进制位全部左移 n 位，右边空出的位补零。例如，对于下面的语句：

```
unsigned int m=65;
printf("m < <2=%u\n",m< < 2);
```

语句执行的结果为：

```
m< < 2=260
```

在这里 m 的值为：$m=(65)_{10}=(0000\ 0000\ 0100\ 0001)_2$

```
m< < 2= 0 0 ⋮ 0 0 0 0 0 0 0 1 0 0 0 0 0 1 0 0
        └→丢弃                         └→补入
```

于是，$m<<2=(0000\ 0001\ 0000\ 0100)_2=260$

请注意，对于有符号的整型数，符号位是保留的，例如，对下面的语句：

```
int n=-65
printf("n < <1=%u\n",n< < 1);
```

语句执行的结果为：

```
n< < 1=-130
```

在这里 n 的值为：$n=(-65)_{10}=(1000\ 0000\ 0100\ 0001)_2$，在计算机中，是对其补码进行运算的：

```
   1 1 1 1 1 1 1 1 1 0 1 1 1 1 1 0   →-65 的反码
 + 0 0 0 0 0 0 0 0 0 0 0 0 0 0 0 1
  ─────────────────────────────────
   1 1 1 1 1 1 1 1 1 0 1 1 1 1 1 1   →-65 的补码
 (n)补< <1=(1丢弃 1 1 1 1 1 1 1 1 0 1 1 1 1 1 1 0)补码
           └→保留                          └→补入
```

因为负号仍然保留，所以，最后结果应为 1111 1111 0111 1110 的补码，即为 n< < 1 的结果：

```
n< < 1=(1111 1111 0111 1110)=(1000 0000 1000 0010)₂=-130
```

从上面的例子可以看出，左移 1 位相当于原操作数乘以 2，因此，左移 n 位，相当于原操作数乘以 2^n。

请注意到下面这种情况：

若 n 为有符号整型变量，则语句 `n< < 14;` 表示 n 的每一个二进制位向左移 14 位，这样 n 的最低位就移到了除符号位外的最高位，如果 n< <15，则 n 的最低位左移后的溢出，将舍弃不起作用，因此，对于 n< <15 而言，只有 2 种结果：

① 当 n 为偶数时，n< <15=0；

② 当 n 为奇数时，n< <15=−32768（与具体的编译器有关）。

同理，不难推出，当 n 为无符号整型值，对于 n< <15 而言，也只有两种结果：

① 当 n 为偶数时，n< <15=0；

② 当 n 为奇数时，n< <15=32768。

【例 6-2】 阅读下面的程序，了解按位左移运算的规则。

```
/*example6_2.c  了解按位左移运算的规则*/
#include <stdio.h>
main()
{
      int i;
      unsigned int u;
      printf("变量为有符号的整型数：\n");
      i=11<<3;
      printf("11<<3=%d\n",i);
      i=-11<<3;
      printf("-11<<3=%d\n",i);
      i=17<<15;
      printf("17<<15=%d\n",i);
      i=-17<<15;
      printf("-17<<15=%d\n",i);
      i=18<<15;
      printf("18<<15=%d\n",i);
      i=-18<<15;
      printf("-18<<15=%d\n",i);
      printf("变量为无符号的整型数：\n");
      u=23<<3;
      printf("23<<3=%u\n",u);
      u=17<<15;
      printf("17<<15=%u\n",u);
      u=18<<15;
      printf("18<<15=%u\n",u);
}
```

程序运行结果：

```
变量为有符号的整型数：
11<<3=88
-11<<3=-88
17<<15=557056
```

```
-17<<15=-557056
18<<15=589824
-18<<15=-589824
变量为无符号的整型数：
23<<3=184
17<<15=557056
18<<15=589824
```

请根据程序的结果，分析二进制数的位运算规则，验证程序结果。

6.3 按位右移运算

按位右移表达式的形式为：

```
m>>n;
```

其中，m 和 n 均为整型，且 n 的值必须为正整数。

表达式 m>>n; 是将 m 的二进制位全部右移 n 位，对左边空出的位，分两种情况处理：

① m 为正数，则 m 右移 n 位后，左边补 n 个零；

② n 为负数，则 m 右移 n 位后，左边补 n 个符号位。

例如，对于下面的主语句：

```
int m=65,n=-65;
prinft("m >>2=%d\n n>> 2=%d\n",m> >2, n> >2);
```

语句执行的结果为：

```
m> >2=16
n> >2=-17
```

在这里，m=$(65)_{10}$=$(0000\ 0000\ 0100\ 0001)_2$

```
m > >2=0 0 0 0 0 0 0 0 0 0 0 1 0 0 0 0 ¦ 0 1
       └─补入                             └─丢弃
```

于是，m> >2=$(0000\ 0000\ 0001\ 0000)_2$=16

对于变量 n 而言，

```
n=(-65)₁₀=(1000 0000 0100 0001)₂
```

在计算机中，−65 的补码为：1111 1111 1011 1111

```
(n)补> >2=1 1 1 1 1 1 1 1 1 1 1 0 1 1 1 1 1 1
          └─补入                          └─丢弃
```

因为负号仍然保留，所以，最后结果应对其再求补码而得，即

```
n> >2=(1111 1111 1110 1111)补
     =(1000 0000 0001 0001)₂
     =-17
```

在 C 语言中，按位右移后左边补零的情况称为“逻辑右移”，左边补 1 的情况称为“算

术右移”，也就是说，对于整型变量 m：

若 m>0，则 m> >n 为逻辑右移；

若 m<0，则 m> >n 为算术右移。

对于逻辑右移的情况，m> >n 的值相当于 $m/2^n$，也就是说，每右移一位，相当于原操作数除以 2。实际操作时，要注意不要移出数据的有效范围，以避免数据出现恒为零值的情况。

对于算术右移的情况，m> >n 的值相当于 $m/2^n+1$，这时每右移一位，相当于原操作数除以 2 再加 1。实际操作时，要注重移出的位数不要超出数据的有效范围，以避免数据出现恒为-1 的情况。

【例 6-3】阅读下面的程序，了解按位右移的运算规则。

```
/*example6_3.c  了解按位右移运算的规则*/
#include <stdio.h>
main()
{
    int i;
    unsigned int u;
    printf("有符号的整型变量：\n");
    i=11>>3;                              /*逻辑右移*/
    printf("1--(11>>3)=%d\n",i);
    i=-11>>3;                             /*算术右移*/
    printf("2--(-11>>3)=%d\n",i);
    i=65>>37;                             /*错误，奇数逻辑右移，最高位移出最低位 */
    printf("3--(65>>17)=%d\n",i);
    i=-65>>-5;                            /*错误：右移位数为负数 */
    printf("4--(-65>>-5)=%d\n",i);
    i=18>>15;                             /*偶数逻辑右移，最高位移到最低位 */
    printf("5--(18>>15)=%d\n",i);
    i=-18>>15;                            /*偶数算术右移，最高位移到最低位 */
    printf("6--(-18>>15)=%d\n",i);
    printf("无符号的整型变量：\n");
    u=23>>3;
    printf("7--(23>>3)=%u\n",u);
    u=65>>15;                             /*奇数逻辑右移，最高位移到最低位 */
    printf("8--(65>>15)=%u\n",u);
    u=224>>15;                            /*偶数逻辑右移，最高位移到最低位 */
    printf("9--(224>>15)=%u\n",u);
}
```

程序运行结果：

```
有符号的整型变量：
1--(11>>3)=1
2--(-11>>3)=-2
3--(65>>17)=0
4--(-65>>-5)=-1
5--(18>>15)=0
6--(-18>>15)=-1
无符号的整型变量：
7--(23>>3)=2
8--(65>>15)=0
9--(224>>15)=0
```

请注意程序中的一些错误的表达式，编译器并不对这些错误进行检查，相反还会给出计算结果，显然这种结果是不可信的。在程序设计中尤其要避免这样的情况发生。

在上面这个程序中，还要注意逻辑右移和算术右移的区别，并注意当最高位移出最低位的情况（符号位除外）和右操作数为负数的情况。

请根据程序的结果，分析二进制数的位运算规则，验证程序结果。

6.4 按位与运算

按位与是对两个参与运算的数据进行“与”运算，其运算结果如表 6-2 所示。

表 6-2　　按位与的运算结果

位 1	位 2	表 达 式	运 算 结 果
1	1	1&1	1
1	0	1&0	0
0	1	0&1	0
0	0	0&0	0

例如，对于下面的语句：

```
unsigned int a=73,b=21;
printf("a&b=%u\n",a&b);
```

语句执行结果为：

```
a&b=1
```

在这里，$a=(73)_{10}=(0000\ 0000\ 0100\ 1001)_2$，$b=(21)_{10}=(0000\ 0000\ 0001\ 0101)_2$。

```
          0000 0000 0100 1001
     &    0000 0000 0001 0101
-----------------------------
a&b=      0000 0000 0000 0001  →二进制值
```

所以，a&b 的十进制值为 1。

如果将变量 b 的值取为负值，如 int a=73，b=−21，则 a&b 的结果为 73。这是因为：

```
b|原码=(-21)10=(1000 0000 0001 0101)
b|补码=1111 1111 1110 1011
```

a&b 就成为：

```
        0000 0000 0100 1001
     &  1111 1111 1110 1011
---------------------------
a&b=    0000 0000 0100 1001  →二进制值
```

所以，a&b=73。

对于按位与运算，由于其结果不容易直观地判断出来，因此，在程序中常常是利用按位与运算的特点，进行一些特殊的操作，如清零、屏蔽等，而不是随意地对两个变量的值进行与运算。

根据按位与运算规则，可以看出以下几个特性。

1. 清零

对于任何整型变量，a&0 的结果总是为零。事实上，两个不为零的整数进行按位与运算，结果也有可能为零。

如：unsigned a=84,b=35;

则：a&b=0

因为 a=$(84)_{10}$=$(0000\ 0000\ 0101\ 0100)_2$

b=$(35)_{10}$=$(0000\ 0000\ 0010\ 0011)_2$

2. 屏蔽

可以通过与某个特定值进行与运算，将一个 unsigned 整型数据低位字节的值取出来，用这个特定的值与 255 进行按位与运算即可。

如：unsigned a=25914,b=255;

则：a&b=58

因为 a=$(25914)_{10}$=0110 0101（高位字节） 0 011 1010（低位字节）

b=$(255)_{10}$=0000 0000 1111 1111

于是

```
      0110 0101  0011  1010
&     0000 0000  1111  1111
a&b=  0000 0000  0011  1010
```

即 a&b=$(00000000\ 0011\ 1010)_2$=$(58)_{10}$，恰好是 a 的低位字节的值。

利用按位运算的特性，可以对任何无符号整数输出其对应的二进制值。

【例 6-4】编写程序，从键盘输入一个无符号数，输出该数的二进制值，以 Ctrl+Z 或数字 0 作为输入的结束。

程序如下：

```
/*example6_4.c 用位与运算的方法输出整型数的二进制*/
#include <stdio.h>
#include <conio.h>
main()
{
     unsigned int x,c,temp=1;
     temp=temp<<15;
     printf("请输入 1 个正整数: ");
     scanf("%u",&x);
     do
     {
           printf("%u 的二进制为: \n",x);
     for(c=1;c<=16;c++)
     {
           putchar(x&temp?'1':'0');
           x=x<<1;
     }
     printf("\n--------------------\n");
     printf("请输入 1 个正整数: ");
     scanf("%u",&x);
     }while(x);
     printf("程序结束! \n");
}
```

程序运行结果：

```
请输入 1 个正整数：32↲
32 的二进制为：
0000000000100000
--------------------
请输入 1 个正整数：164↲
164 的二进制为：
0000000010100100
--------------------
请输入 1 个正整数：189↲
189 的二进制为：
0000000010111101
--------------------
请输入 1 个正整数：289↲
289 的二进制为：
0000000100100001
--------------------
请输入 1 个正整数：0
程序结束！
```

这个程序是通过一个屏蔽变量 temp（temp=1000 0000 0000 0000）将一个无符号数值 x 的二进制值从高位到低位依次输出。利用按位与运算 x&temp 来判断 x 的最高位是 1 还是 0，然后 x 向左移 1 位，通过 16 次循环，依次输出了 x 变量的二进制值。

请读者思考该程序的算法，并分析程序中有可能出现的问题。

6.5 按位或运算

按位或是对两个参与运算的数据进行“或”运算，其运算结果如表 6-3 所示。

表 6-3 按位或的运算结果

位 1	位 2	表 达 式	运 算 结 果
1	1	1|1	1
1	0	1|0	1
0	1	0|1	1
0	0	0|0	0

例如，对于下面的语句：

```
unsigned int a=73,b=21;
printf("a|b=%u\n",a|b);
```

语句执行结果为：

```
a|b=93
```

在这里，$a=(73)_{10}=(000000000100\ 1001)_2$，$b=(21)_{10}=(000000000001\ 0101)_2$。

```
      0000 0000 0100 1001
|     0000 0000 0001 0101
-------------------------
a|b= 0000 0000 0101 1101   →二进制值
```

所以，a|b 的十进制值为 93。

若将变量 b 取负值，如 int a=73，b=-21，则 a|b 的结果为-21，这个结果请读者参照 6.4 节中的按位与 a&b 中 a 和 b 的二进制值自行推导。请读者注意，千万不要认为一个正值与一个负值进行按位与运算，其结果就是这个负值，这仅仅是数值上的巧合，没有任何规律。

在按位或的运算中，任何二进制位（0 或 1）与 0 相“或”时，其值保持不变，与 1 相“或”时其值为 1。根据按位或运算的特性，可以把某个数据指定的二进制位全部改成 1，例如，要将变量 a 值低字节的 8 个位值全换成 1，只需要将变量 a 与 255（即 0000 0000 1111 1111）进行按位或运算即可：

```
a 的值为：x x x x  x x x x  x x x x  x x x x  （x 表示即可为 0 也可为 1）
b 的值为：0 0 0 0  0 0 0 0  1 1 1 1  1 1 1 1
a|b:      x x x x  x x x x  1 1 1 1  1 1 1 1
```

从上面的结果可以看出，任何二进制数（0 或 1）与 0 进行“或”运算的结果将保持自身的值不变；与 1 进行“或”运算的结果将变成 1，不论它的原值是 0 还是 1。同按位与运算一样，由于按位或运算的结果不容易直观地判断出来，且容易出现不同的值按位或运算得到相同结果的情况，因此，设计程序时，往往是利用按位或运算的特点来达到某种目的。

【例 6-5】编写程序，从键盘输入一个无符号的整型数 x，将 x 从低位数起的奇数位全部换成 1（如果原来该位值为 1，则仍为 1 不变），偶数位保持不变。

假如有：x=00001111000111100011011100011011

则改变后：x=01011111010111110111011101011111

分析：问题的关键就是要找到一个合适的过滤值 y，通过或运算，使 x 的奇数位变成 1、而使 x 的偶数位保持不变。根据位运算的规则，这个过滤值 y 可以取为：

```
y=01010101010101010101010101010101
```

通过位运算 x=x|y 可以求得变化后的 x 值。

程序如下：

```
/*example6_5.c    将变量的奇数位变成 1，偶数位不变*/
#include <stdio.h>
#include <math.h>
#include <conio.h>
void showbitvalue(unsigned int x);
main()
{
     unsigned int x,y=1,i;
     printf("请输入变量 x 的值：");
     scanf("%u",&x);
     printf("整型变量 x 的二进制为：");
     showbitvalue(x);          /* 输出 i 的二进制值 */
     for(i=0;i<32;i++)
     {
          y=y<<2;
          y++;
     }
     printf("过滤器 y 的二进制值为：");
     showbitvalue(y);          /* 输出 i 的二进制值 */
```

```
        printf("执行位运算(x|y)后, x 的二进制值为: ");
        x=x|y;
        showbitvalue(x);   /* 输出(i|j)的二进制值 */
        printf("执行位运算(x|y)后, x 的十进制值为: %u\n",x);
    }
    /* 输出无符号整型变量 x 的二进制值 */
    void showbitvalue(unsigned int x)
    {
        unsigned int c,temp=1;
        temp=temp<<31;
        for(c=1;c<=32;c++)
        {
            putchar(x&temp?'1':'0');
            x=x<<1;
        }
        printf("\n");
    }
```

程序运行结果：

```
请输入变量 x 的值: 189
整型变量 x 的二进制为: 00000000000000000000000010111101
过滤器 y 的二进制值为: 01010101010101010101010101010101
执行位运算(x|y)后, x 的二进制值为: 01010101010101010101010111111101
执行位运算(x|y)后, x 的十进制值为: 1431655933
```

请读者分析程序的算法，特别是过滤值 y 的生成方法，并思考其他的算法来实现，编写程序进行验证。

6.6 按位异或运算

按位异或是对两个参与运算的数据进行“异或”运算，其运算结果如表 6-4 所示。

表 6-4　　　按位异或的运算结果

位 1	位 2	表 达 式	运 算 结 果
1	1	1^1	0
1	0	1^0	1
0	1	0^1	1
0	0	0^0	0

例如，对下面的语句：

```
unsigned int a=73,b=21;
printf("a^b =%u\n", a^b);
```

语句执行结果为：

```
a^b=92
```

在这里，a 为$(73)_{10}$=$(0000\ 0000\ 0100\ 1001)_2$，b 为$(21)_{10}$=$(0000\ 0000\ 0001\ 0101)_2$。

```
      0000  0000  0100  1001
^     0000  0000  0001  0101
a^b= 0000  0000  0101  1100  →二进制值
```

所以，a^b 的十进制值为 92。

若将变量 b 取负值，如 int a=73，b=-21，则 a^b 的结果为-94。这个结果可参照 6.4 节中 73 的二进制值的表示和-21 的二进制值的表示自行推导。

在按位异或的运算中，任何二进制值（0 或 1）与 0 相“异或”时，其值保持不变，与 1 相“异或”时，其值取反。根据这个特性，可以利用其来完成以下一些特定的功能。

① 将变量指定位的值取反，设有 unsigned int a=841，对其低 8 位的二进制值取反，则只需将其与 255（即 0000 0000 1111 1111）进行按位异或运算。因为 255 的二进制数为

```
0000 0000 1111 1111
```

所以，只用 a^255 即可。

```
      0000 0011 0100 1001          →十进制数 841
&     0000 0000 1111 1111          →十进制数 255
a&b= 0000 0000 0100 1001           →十进制数 73
```

② 交换两个变量值。对这个问题，常规方法是使用一个临时变量，然后进行变量赋值进行转换。利用按拉异或运算，可以不需要这个临时变量而将两变量的值进行交换，如要交换 a 和 b 的值，只需通过下面的语句即可。

```
a=a^b;→a 的值变成了其他的值
b=b^a;→b 的值变成了原 a 的值
a=a^b;→a 的值变成了原 b 的值
```

请读者分析上面 3 条语句所完成的交换。

【例 6-6】编写程序，将两个无符号的整数 x 和 y 从低位数开始的奇数位上的值取反，偶数位上的值保持不变，改变后再交换两变量的值。

假如有：x=00001111000111100011011100011011；将 x 从低位数开始的奇数位上的值取反，改变后：x=01011010010010110110001001001110。

分析：问题的关键就是要找到一个合适的过滤值 k，通过异或运算，可使 x 奇数位的值取反，而使偶数位保持不变。根据位运算的规则，这个过滤值 k 可以取为：

```
k=01010101010101010101010101010101
```

通过位运算 x=x^k 可以求得变化后的 x 值。

程序如下：

```
/*example6_6.c   将两个变量值的奇数位取反后进行交换*/
#include <stdio.h>
#include <conio.h>
void showbitvalue(unsigned int x);
main()
{
     unsigned int a,b,i,k=1;
     printf("请输入 a 和 b 的值：\n");
     scanf("%u%u",&a,&b);
     printf("输入的值分别为：\n");
     printf("a=%u, a 二进制值为：a=",a);
     showbitvalue(a);
```

```
        printf("b=%u, b 二进制值为: a=",b);
        showbitvalue(b);
        for(i=0;i<32;i++)
        {
            k=k<<2;
            k++;
        }
        printf("-----------------------------------\n");
        printf("过滤值 k 的二进制值为: k=",k);
        showbitvalue(k);
        printf("-----------------------------------\n");
        printf("用表达式(a^k)将 a 的奇数位取反: a=");
        a=a^k;
        showbitvalue(a);
        printf("-----------------------------------\n");
        printf("用表达式(b^k)将 b 的奇数位取反: b=");
        b=b^k;
        showbitvalue(b);
        printf("-----------------------------------\n");
        printf("奇数位取反后, a, b 的值分别为: \n");
        printf("a=%u\tb=%u\n",a,b);
        /* 交换 a,b 的值 */
        a=a^b;
        b=b^a;
        a=a^b;
        printf("-----------------------------------\n");
        printf("交换后, a, b 的值分别为: \n");
        printf("a=%u,二进制为 a=",a);
        showbitvalue(a);
        printf("b=%u,二进制为 b=",b);
        showbitvalue(b);
    }
    /* 输出 x 的二进制值 */
    void showbitvalue(unsigned int x)
    {
        unsigned int c,temp=1;
        temp=temp<<15;
        for(c=1;c<=16;c++)
        {
            putchar(x&temp?'1':'0');
            x=x<<1;
        }
        printf("\n");
    }
```

程序运行结果：

```
请输入 a 和 b 的值:
87691↵
72463↵
输入的值分别为:
a=87691, a 二进制值为: a=0101011010001011
b=72463, b 二进制值为: a=0001101100001111
-------------------------------
过滤值 k 的二进制值为: k=0101010101010101
-------------------------------
```

```
用表达式(a^k)将 a 的奇数位取反：a=0000001111011110
----------------------------------
用表达式(b^k)将 b 的奇数位取反：b=0100111001011010
----------------------------------
奇数位取反后，a，b 的值分别为：
a=1431569374    b=1431588442
----------------------------------
交换后，a，b 的值分别为：
a=1431588442,二进制为 a=0100111001011010
b=1431569374,二进制为 b=0000001111011110
```

请读者分析程序的算法，并思考是否还有其他的算法。注意程序中交换 a 和 b 两个变量的值所用的算法：

```
a=a^b;
b=b^a;
a=a^b;
```

修改程序，使程序具有更好的模块化功能。

6.7　复合位运算符

与算术运算符一样，位运算符和赋值运算符一起可以组成复合位运算赋值运算符，如表 6-5 所示。

表 6-5　复合位运算赋值运算符

运　算　符	表　达　式	等价的表达式
&=	a&=b;	a=a&b;
|=	a|=b;	a=a|b;
<<=	a<<=b;	a=a<<b;
>>=	a>>=b;	a=a>>b;
^=	a^=b;	a=a^b;

在编写程序时，可以根据自己的喜好和风格，选择其中一种表达形式即可。

6.8　程 序 范 例

【例 6-7】在互联网络中，计算机都是通过 IP 地址进行通信的，计算机中的每一个 IP 地址都用一个 32 位的 unsigned long 型变量保存，它分别记录了这台计算机的网络 ID 和主机 ID。请编写程序，从一个正确的 IP 地址中分离出它的网络 ID 和主机 ID。

要解决这个问题，实际上还需要用到该计算机的子网掩码，子网掩码也是用一个 32 位的 unsigned long 型变量，它是用来控制该网络段中所能容纳的主机数量。

分析：一个 32 位的 IP 地址可以分解成 4 个字节，每一个字节代表了 IP 地址的段，如 202.103.96.68 就代表了一个合法的 IP 地址。

如果用 ip 表示某计算机的 IP，用 mask 表示其子网掩码，则可以通过 ip&mask 获得该计算机的网络 ID；其主机 ID 为：ip-(ip&mask)。

用 sect1～sect4 代表 IP 地址从高到低 4 个字节的值；ip 代表计算机的 IP 地址；netmask 代表计算的子网掩码；netid 和 hostid 分别代表计算机的网络 IP 和主机 IP。

IP 地址和子网掩码的值都通过键盘输入来模拟获取，设计函数：unsigned long getIP()来获取 IP 和子网掩码的值。

程序如下：

```
/*example6_7.c    位运算实例：模拟分离 IP 地址*/
#include <stdio.h>
#include <conio.h>
unsigned long getIP();
main()
{
    unsigned int sect1,sect2,sect3,sect4;
    unsigned long IP,netmask,netid,hostid;
    printf("请输入一个合理的 IP 地址：\n");
    IP=getIP(); /*完成模拟生成 IP 的值*/
    printf("请输入一个合理的子网掩码：\n");
    netmask=getIP();  /*完成模拟生成子网掩码变量 netmask 的值*/
    printf("---------------------------\n");
    netid=IP&netmask;      /*获取网络 ID*/
    hostid=IP-netid;       /*获取主机 ID*/
    printf("32 位 IP 的值为：%lu\n",IP);
    printf("子网掩码的值：%lu\n",netmask);
    /* 分离网络 IP */
    sect1=netid>>24;
    sect2=(netid>>16)-((long)sect1<<8);
    sect3=(netid>>8)-((long)sect1<<16)-((long)sect2<<8);
    sect4=0;                      /*完成分离 IP 地址变量各 IP 段的值*/
    printf("网络 IP：%d.%d.%d.%d\n",sect1,sect2,sect3,sect4);
    printf("主机 IP：%lu\n",hostid);
}
unsigned long getIP()
{
    unsigned int ip;
    unsigned int sect1,sect2,sect3,sect4;
    scanf("%d.%d.%d.%d",&sect1,&sect2,&sect3,&sect4);
    ip=sect1;
    ip=ip<<8;
    ip+=sect2;
    ip=ip<<8;
    ip+=sect3;
    ip=ip<<8;
    ip+=sect4;
    return ip;
}
```

程序运行结果：

```
请输入一个合理的 IP 地址：
202.197.96.1↵
请输入一个合理的子网掩码：
255.255.255.0↵
---------------------------
```

```
32 位 IP 的值为：3401932801
子网掩码的值：4294967040
网络 IP：202.197.96.0
主机 IP：1
```

程序中的变量 iP 和 netmask 分别代表 IP 地址变量和子网掩码变量，在本程序中是通过对键盘输入的值进行位运算而模拟获取的，实际应用时，是采用其他方法直接获取到它们的值，然后再对它们进行分离。

由于实际应用时，IP 地址的值和子网掩码的值都不是通过键盘输入的，所以，为了减少无关的程序代码，在程序中没有对其输入值的合法性进行判断，因此，如果输入了不正确的 IP 值和不正确的子网掩码的值，程序的结果将不具有真实性。

请读者分析程序的算法，通过程序，理解位运算的作用，灵活应用到实际中。

【例 6-8】编写程序，设计函数 unsigned power2（unsigned number,unsigned pow），通过调用函数，计算 number×2^{pow}。将计算结果返回并分别用整数形式和二进制形式输出。

分析：因为 number×2^{pow} 相当于将 number 乘以 pow 个 2，如 5×2^3，相当于 5×2×2×2。而对于无符号整型变量，左移 1 位相当于将其乘以 2，因此，计算 number×2^{pow} 的值可采用这样的左移表达式进行运算：

```
number=number<<pow。
```

程序如下：

```c
/*example6_8.c 用位运算计算指数的相乘 */
#include <stdio.h>
unsigned power2(unsigned int number,unsigned int pow);
void showbit(unsigned int bit);
main()
{
    unsigned int number,pow,result;
    printf ("请输入 number 和 pow 的值：\n");
    scanf("%u%u",&number,&pow);
    printf("number=%u,pow=%u\n",number,pow);
    printf("------------------------------------\n");
    printf("计算%u 乘以 2 的%u 次方：\n",number,pow);
    result=power2(number,pow);  /* 调用函数，计算 number 乘以 2 的 pow 次方*/
    printf("计算结果为：result=%u：\n",result);
    printf("二进制值为：result=");
    showbit(result);
    putchar('\n');
}
/* 计算 number 乘以 2 的 pow 次方 */
unsigned power2(unsigned int number,unsigned int pow)
{
   number=number<<pow;
   return number;
}
/* 输出 bit 的二进制值 */
void showbit(unsigned int bit)
{
    int i;
    unsigned mask=1<<31;
    for (i=1;i<=32;i++)
```

```
    {
        putchar((bit & mask)? '1':'0');
        bit<<=1;
        if(i%8==0)
            putchar(' ');
    }
}
```

程序运行结果：

```
请输入 number 和 pow 的值：
5↲
3↲
number=5,pow=3
------------------------------------
计算 5 乘以 2 的 3 次方：
计算结果为：result=40：
二进制值为：result=00000000 00000000 00000000 00101000
```

请读者分析程序的算法，进一步了解和掌握二进制运算的应用，分析程序中有可能存在的问题。需要注意的是：如果输入了一个不正确的数，程序并没有进行检测。请修改程序，对输入的数据进行合法性检测，并思考其他计算 number×2^{pow} 的算法。

思考：如果要求计算 number/2^{pow}，请修改程序，并验证计算结果。

6.9 本章小结

本章介绍的位运算，在实际应用时，常用于对文件进行加密、解密和与硬件之间的操作。虽然计算机可以对有符号整型值进行各种运算，但对负数进行位运算的意义不大，因此，建议在程序中对要进行位运算的变量定义成 unsigned 型的整数。同时要注意按位左移（< <）和按位右移（> >）运算时，运算符右边的操作数的值不要大于数值的有效位数，也不要是负数，以避免造成运算结果的不正确而导致程序发生错误。

位运算及它们的使用规则本身并不复杂，但将它们灵活地综合应用在一起，能够解决许多实际问题。有关这方面的应用，读者可以在今后的学习中进一步深入研究。

习　题

一、单选题。在以下每一题的四个选项中，请选择一个正确的答案。

【题 6.1】 设 int b=2；表达式（b>>2）/（b>>1）的值是________。

A．0　　B．2　　C．4　　D．8

【题 6.2】 以下程序的输出结果是________。

```
main( )
{char x=040;
 printf("%o\n", x<<1);
}
```

A．100　　B．80　　C．64　　D．32

【题 6.3】以下叙述不正确的是________。

A．表达式 a&=b 等价于 a=a&b　　B．表达式 a|=b 等价于 a=a|b

C．表达式 a!=b 等价于 a=a!b　　D．表达式 a^=b 等价于 a=a^b

【题 6.4】对于以下程序：

```
main()
{ unsigned char a,b;
  a=26;
  b=~a;
  printf("%x\n",b);
}
```

其输出结果是________。

A．1a　　B．1b　　C．229　　D．e5

【题 6.5】如果二进制数 a 为 10011010，二进制数 b 为 01010110，则将 a 和 b 做按位异或运算后，得到的结果是________。

A．10110100　　B．11000110　　C．11001100　　D．00110011

【题 6.6】在位运算中，操作数每右移两位，其结果相当于________。

A．操作数乘以 2　　B．操作数除以 2

C．操作数乘以 4　　D．操作数除以 4

【题 6.7】在 C 语言中，要求运算数必须是整型的运算符是________。

A．^　　B．%　　C．!　　D．>

【题 6.8】对于下列程序段：

```
int x=10;
printf("%d\n", ~x);
```

其输出结果是________。

A．02　　B．−20　　C．−21　　D．−11

【题 6.9】设有以下语句：

```
char x=3, y=6, z;
z=x^y<<2;
```

则 z 的十六进制值是________。

A．14　　B．1b　　C．1c　　D．18

【题 6.10】若有以下程序段：

```
int x=1,y=2;
x^=y; y^=x; x^=y;
```

则执行以上语句后 x 和 y 的值分别是________。

A．x=1 y=2　　B．x=2 y=2

C．x=2 y=1　　D．x=1 y=1

二、判断题。判断下列各叙述的正确性，若正确在（　）内标记√，若错误在（　）内标记×。

【题 6.11】（　）在 C 语言中，&运算符作为单目运算符时表示的是按位与运算。

【题 6.12】(　　) 在 C 语言中，&运算符作为双目运算符时表示的是取地址运算。

【题 6.13】(　　) 按位或运算，如果参与运算的对应位全为 0，则结果值为 0；否则结果值为 1。

【题 6.14】(　　) 若二进制数 a 的值为 10010011，则取反运算"～a"是对 a 的最后一个二进制位取反，得到 10010010。

【题 6.15】(　　) 参与运算的两个运算量，如果对应位相同，则结果值为 0；不相同时，结果值为 1，这种逻辑运算是按位异或运算。

【题 6.16】(　　) 进行右移位运算时，对于有符号数，若原符号位为 0，则补 0；若原符号位为 1，则全补 1。

【题 6.17】(　　) 进行左移运算时，是将一个数的各个二进制位全部向左平移若干位，左边移出的部分予以忽略，右边空出的位置补 1。

【题 6.18】(　　) || 运算符的优先级别比 | 运算符的优先级别低。

【题 6.19】(　　) 在位运算中，操作数每左移 3 位，其结果相当于操作数乘以 3。

【题 6.20】(　　) 设 x 是一个 16 位的二进制数，若要通过 x&y 使 x 低 8 位清 0、高 8 位不变，则 y 的八进制数是 177400。

三、填空题。请在下面各叙述的空白处填入合适的内容。

【题 6.21】若 x=2，y=3，则 x|y<<2 的结果是________。

【题 6.22】若 x=2，y=3，则（x&y）<<2 的结果是________。

【题 6.23】设有 char a,b，若要通过 a&b 运算屏蔽掉 a 中的其他位，只保留 a 中的第 4 和第 6 位（右起为第 1 位），则 b 的二进制数是________。

【题 6.24】设有 char a,b，若要通过 a|b 运算 a 中的第 4 和第 6 位不变，其他位置 1（右起为第 1 位），则 b 的二进制数是________。

【题 6.25】测试 char 型变量 a 的第 6 位是否为 1 的表达式是________（设最右端是第一位）。

【题 6.26】测试 char 型变量 a 的第 6 位是否为 0 的表达式是________（设最右端是第一位）。

【题 6.27】设二进制数 x 的值是 11001101，若想通过 x&y 运算使 x 中的低 4 位不变，高 4 位清零，则 y 的二进制数是________。

【题 6.28】设 x 是一个 16 位的二进制数，若要通过 x|y 使 x 低 8 位置 1，高 8 位不变，则 y 的八进制数是________。

【题 6.29】设 x=10100011，若要通过 x^y 使 x 的高 4 位取反，低 4 位不变，则 y 的二进制数是________。

【题 6.30】执行如下语句后：

```
char x=8, y=6, z;
z=x>>1*2;
```

变量 z 的十进制数值是________。

四、编程题。对下面的问题编写程序并上机验证。

【题 6.31】编写函数，用来将一个二进制整数的奇数位翻转（0 变 1，1 变 0）。

【题 6.32】编写程序，取一个整数 a 从右端开始的 4～7 位。

【题 6.33】编程实现对从键盘输入的任意一个字符，输出其对应的十进制 ASCII 码值。

【题 6.34】编写函数，对一个 32 位的二进制数，求它的偶数位（即从右至左取 0，2，4，…，28，30 位）的值。

【题 6.35】编写函数，用来实现左右循环移位，函数原型为：int shift（unsigned value, int n）；其中，value 为要循环移位的整数，n 为移动的位数，n<0 表示左移，n>0 表示右移。

【题 6.36】编程实现对无符号整数 x 中从右至左的第 p 位开始的 n 位求反，其他位保持不变。

【题 6.37】编程实现对从键盘随机输入的正整数进行累加，直至输入 0 时为止，输出这些正整数的个数及累加和。

【题 6.38】编写程序，完成对任一整型数据实现高、低位的交换（要求用位实现）。

【题 6.39】编程实现对从键盘随机输入的偶数进行累加，直至输入−1 时为止，输出这些偶数的累加和。

第三部分
C++程序设计基础

第 7 章 C++中新增语法功能

7.1　引言

C++作为一种程序设计语言是 20 世纪 80 年代在 C 语言的基础上发展起来的，由于 C 语言是一种结构化的语言，因此，C++仍然保留了结构化的特征。与 C 语言最大的区别就是 C++是一种面向对象的程序设计语言，C++采用的是面向对象的设计机制，因此 C++使程序设计的方法具有更大的优越性。

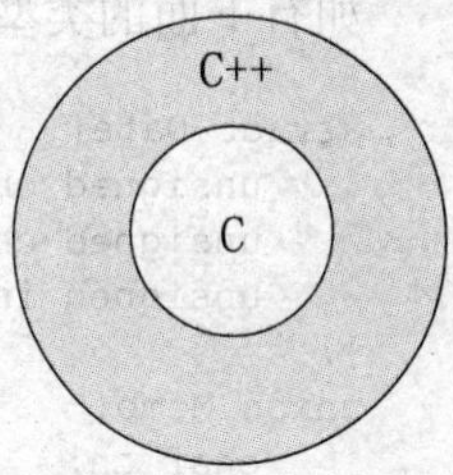

图 7-1 C 和 C++的关系

我们可以用图 7-1 所示的两个同心圆的关系象征性地比喻 C 语言与 C++的关系，从图 7-1 不难看出，C++在 C 语言的基础上有较大地扩充。另外，在 C++与 C 语言重合的部分，C++编译器会更加严格一些。

适合 C++的编译器可以编译 C 语言程序，但反过来却不行。常用的 C++开发环境有：Visual C++6.0、Visual C++2008、G++、Dev-C++等。

7.2　新增基本语法

由于 C++是在 C 语言的基础上发展起来的，因此，C 语言的基本语法功能 C++都具有，只在极个别的地方，C++与 C 语言有所不同，但这并不会带来较大的影响，初学者完全可以忽略这一点。除此之外，C++还增加了一些新的基本语法功能。

1. 单行注释符

书写程序代码时，往往需要添加一些注释，编译时会忽略这些注释。C 语言中的单行注释为/*和*/作为分界，C++除了保留这个注释符外，增加了用//来表示行注释，在//行之后的文本均被认为是注释。

例如：

（1）C/C++适用的单行注释：`/* This is single-line comment. */`

（2）C++适用的单行注释：`// This is single-line comment.`

（3）C语言适用的多行注释：

```
/* This is first-line comment. */
/* This is second-line comment. */
/* This is third-line commen.t */
```

（4）C++适用的多行注释：

```
// This is first-line comment.
// This is second-line comment.
// This is third-line comment.
```

或者：

```
/* This is first-line comment.
 This is second-line comment.
 This is third-line comment. */
```

2. C++中自定义的数据类型

C++中提供了4种自定义的数据类型，如结构（struct）、联合（union）、枚举（enum）、类（class）。其中，结构（struct）、联合（union）、枚举（enum）的类型声明与C语言相同，但定义其变量的时候可以直接采用类型名。

如有下面的类型定义：

```
struct Date{
    unsigned char day;
    unsigned char month;
    unsigned int year;
};
union Memb{
    char ch;
int num;
double price
};
enum Color{red, yellow, blue}
```

上面分别声明了3种自定义的数据类型，定义变量的时，可以直接采用其类型名，如：

```
Date myholiday,myworkday;        //结构变量定义
Memb tag;                        //联合变量定义
Color signal;                    //枚举变量定义
```

对于枚举变量的其他规定与C语言相同。

3. 输入/输出流

对于一般的键盘输入和屏幕输出，C++采用了更简洁的方式来进行：

用流插入运算符<<将键盘的输入送到输入流 cin 中，用 cin<<取代了 scanf();

用流提取运算符>>将输入流中的内容输出到屏幕，用 cout<<取代了 printf()。

例如，若有变量声明：

```
int number;
char name[20];
float price;
```

则可通过下面的语句从键盘输入变量的值：

```
cin>>number>>name>>price;
```

若要将变量的值输出到屏幕，可通过这样的语句：

```
cout<<number<<name<<price;
```

或者：`cout<<"number="<<number<<"name="<<name<<"price;="<<price;`

或者：`cout<<"number="<<number<<"\nname="<<name<<"\nprice;="<<price<<endl;`

从上面的几种不同输出形式不难看出，输出格式可以根据自己的需要进行调整，使用时可以灵活变化。

C++程序必须要包含 iostream.h 才能使用到输入/输出流。

【例 7-1】阅读下面的程序，了解输入/输出流的使用。

```
//example7_1.cpp  了解 c++中输入/输出流的使用
#include <iostream.h>
void main()
{
      int number;
      char name[10];
      float price;
      cin>>number>>name>>price;
      cout<<"number="<<number<<"\nname="<<name<<"\nprice="<<price<<endl;
}
```

程序运行的结果为：

```
10 Skey 45.67↵
number=10
name=Skey
price=45.67
```

从程序中不难看出，输入变量的值时，只要是按照程序要求的类型顺序依次输入即可，不需要使用格式控制符。如果输入的类型顺序与要求不一致，则结果会不正确，这一点请读者自己去验证。

4. 变量声明

C 语言程序中的变量一般是要求先声明，后使用，不允许在程序中间声明变量。而与之不同的是 C++允许在程序的任何地方进行变量声明，变量的作用域为其声明以后的程序段。

【例 7-2】阅读下面的程序，了解 C++中的变量声明。

```
/*example7_2.cpp  变量定义的位置*/
#include <iostream.h>
void main()
{
      int number=1;      //变量定义
      number=number+10;
      cout<<"number="<<number<<endl;
      double price;      //变量定义
      price=11.2;
      price=price+23.4;
      cout<<"price="<<price<<endl;
}
```

程序运行结果为：

```
number=11
price=34.6
```

很显然，上面的例子说明了变量定义可以放在程序中首次使用的位置，也就是说可以在需要该变量之前再定义，而不是全部集中到程序的开始处，这样可提高程序的可读性。

5. const 限定符

C++中允许使用 const 限定符来控制变量在程序中免遭值的改变，以此可用来保护某些不需要改变其值的变量。如：

`const int PI=3.14159;` 或 `int const PI=3.14159;` 表示变量 PI 的值不允许被修改；

`int *const ptr=&integer;` 表示 ptr 为指向整数的常量指针，即 ptr 所引用的值可以改变，但 ptr 不允许指向其他单元；

`const int *ptr=&integer;` 表示 ptr 为指向整数常量的指针，即 ptr 所引用的值不允许被修改，但 ptr 可以指向其他内存单元；

【例 7-3】阅读下面的程序，了解 C++中 const 限定符的作用。

```
//example7_3.cpp  了解 const 限定符的作用
#include <iostream.h>
void main()
{
      int integer1=10,integer2=20,integer3=30;
      const int integer4=40;

      cout<<"输出个变量的值及他们所在的内存单元：\n";
      cout<<"integer1="<<integer1<<", addr.="<<&integer1<<endl;
      cout<<"integer2="<<integer2<<", addr.="<<&integer2<<endl;
      cout<<"integer3="<<integer3<<", addr.="<<&integer3<<endl;
      cout<<"integer4="<<integer4<<", addr.="<<&integer4<<endl;

      //myint=myint+5;     错误的语句，myint 的值不允许改变

      cout<<"*************************************\n";
      int *const ptr=&integer1;
      cout<<"ptr 指向了 integer1 所在的内存单元：\n";
      *ptr=*ptr+5;        //ptr 所引用的值可以改变
      //ptr=&integer2;    错误的语句，ptr 不允许指向其他单元
      cout<<"*ptr="<<*ptr<<", addr.="<<ptr<<endl;

      cout<<"\n*************************************\n";
      const int *str=&integer2;
      cout<<"str 指向了 integer2 所在的内存单元：\n";
      cout<<"*str="<<*str<<", addr.="<<str<<endl;   //输出 str 所指单元的地址
      //*str=*str+5;                 错误的语句，str 所引用的值不允许改变
      //integer2=integer2+5;         错误的语句，str 所指变量的值不允许改变

      cout<<"\n*************************************\n";
      str=&integer3;                 //允许 str 重新指向其他单元

      cout<<"str 重新定向，指向了 integer3 所在的内存单元：\n";
      cout<<"*str="<<*str<<", addr.="<<str<<endl;  //输出 str 所指单元的地址
}
```

程序运行结果：

输出各变量的值及他们所在的内存单元：

```
integer1=10, addr.=0x0012FF7C
integer2=20, addr.=0x0012FF78
```

```
integer3=30, addr.=0x0012FF74
integer4=40, addr.=0x0012FF70
************************************
ptr 指向了 integer1 所在的内存单元:
*ptr=15, addr.=0x0012FF7C

************************************
str 指向了 integer2 所在的内存单元:
*str=20, addr.=0x0012FF78

************************************
str 重新定向，指向了 integer3 所在的内存单元:
*str=30, addr.=0x0012FF74
```

请读者阅读上面的程序，进一步理解 const 限定符的作用。通常，使用 const 限定符可以更好地保护那些不希望被更改的内容。

6. 单目运算符

在 C 语言中，允许局部变量与全局变量同名，但在局部变量作用的范围内，无法访问到同名的全局变量。在 C++中，打破了这个限制，若要在局部变量作用的范围访问到全局变量，可采用单目运算符::。

【例 7-4】阅读下面的程序，了解 C++中单目运算符的作用。

```
//example7_4.cpp  了解单目运算符
#include <iostream.h>
int tag=10;
void main()
{
	int tag=0;
	cout<<"tag="<<tag<<endl;
	cout<<"::tag="<<::tag<<endl;
	cout<<"************************\n";
	tag=tag+5;
	::tag=::tag+5;
	cout<<"tag="<<tag<<endl;
	cout<<"::tag="<<::tag<<endl;
}
```

程序运行结果:

```
tag=0
::tag=10
************************
tag=5
::tag=15
```

从上面的程序不难看出，在 C++中当局部变量与全局变量同名的时候，通过单目运算符，可以方便地访问到全局变量。

7.3 新增函数功能

C 语言程序设计的核心就是模块化的程序设计，将程序功能分解成独立的函数，通过函数之间的调用关系完成整个工作任务。但 C 语言对自定义的函数在函数名、函数参数等方面有较多限制。C++对自定义函数进行了扩充，允许函数名同名、函数有默认参数，并增加了内联函数、传引用调用、函数模板等新功能，给程序设计的概念注入了新的活力。

1. 内联函数

程序中如果有些函数需要频繁的调用，系统会不断地开销内存空间，如果频繁大量地使用，有可能会因为空间不足而造成程序出错。

为了解决这种问题，C++提供了一种内联函数，只需在函数声明时引入 inline 修饰符即可。内联函数的定义和调用与 C 语言相同，

如：`inline int max(int a,int b);  //内联函数的声明`

【例 7-5】阅读下面的程序，了解内联函数的使用。

```
//example7_5.cpp   内联函数的使用
#include <iostream.h>
inline int square(int a);   //函数原形声明为 inline 函数
void main()
{
    int i;
    for (i=1;i<=10;i++)
    {
        cout<<i<<"*"<<i<<"="<<square(i)<< endl;
    }
}
int square(int a)
{
    return a*a;
}
```

程序运行结果：

```
1*1=1
2*2=4
3*3=9
4*4=16
5*5=25
6*6=36
7*7=49
8*8=64
9*9=81
10*10=100
```

从上面的程序可以清楚地了解到内联函数只需在函数声明处加上 inline 即可，函数定义时可加可不加。但执行时与普通函数不同，因为编译器在编译程序时，是将 inline 函数的代码插入到调用该函数的合适位置，执行程序时，不需要调用函数，而是直接执行函数的代码，这样可缩短程序的执行时间，避免由于频繁调用函数、反复开辟内存空间所带来的消耗。

预处理命令（#define）也可以完成 inline 函数的工作，但两者之间是有差别的，编译器会对 inline 函数进行语法检查，以避免一些错误，而由#define 定义的命令容易产生一些意外。

虽然 inline 函数能提高函数的执行效率，但并不意味着可以将任何其他函数都设计成 inline 函数，因为 inline 函数会使程序代码膨胀，使程序的总代码量增大，消耗更多的内存空间。如果函数体内的代码比较长，使用 inline 函数会导致内存消耗代价较高，甚至在一些情况下，还有可能降低程序的性能。

此外，并不是每一个 inline 函数都会被编译器进行“内联”，编译会根据函数体的大小、函数的复杂程度等因素来决定是否对 inline 函数进行“内联”。如果一个 inline 函数没有被“内联”上，则该函数会被当成普通函数对待。

因此，使用 inline 函数时还需要注意以下几点。

（1）inline 函数只适合于函数体内代码简单的函数；

（2）不允许 inline 函数体内包含有复杂的控制结构，如：while 结构、switch 结构等；

（3）内联函数不能直接递归；

（4）由于 inline 函数会增加程序的长度，因此 inline 限定符只适合于频繁使用的小函数。

2. 引用变量和引用参数

（1）引用变量

在 C++中，允许对变量赋予一个别名，该别名就代表了某个变量，程序中对别名的操作会影响到其对应的变量。

例如：
```
int StarCount=10;
int &C=StarCount;
```

其中，C 就是引用变量，亦即 C 为 StarCount 的别名，程序中对别名 C 的改变会影响到变量 StarCount 的值。

注意

① &在这里并不是取地址的意思，只是起标识作用，表示其后的变量为引用变量；

② 声明引用时，必须同时对其进行初始化，指明该引用变量是哪个变量的别名；

③ 一个引用变量只可以成为一个变量的别名，不允许作为其他变量的别名；

④ 引用变量本身不占存储单元，系统也不给引用变量分配存储单元；

⑤ 不允许为数组建立引用。因为数组是一个由若干个元素组成的集合，所以无法建立一个数组的别名。

【例 7-6】阅读下面的程序，了解引用变量的作用。

```
//example7_6.cpp  了解引用变量的作用
#include <iostream.h>
void main()
{
    int StarCount=10;
    int &C=StarCount;
    cout<<"变量和引用变量的初始值为：\n";
    cout<<"StarCount="<<StarCount<<", C="<<C<<endl;
    cout<<"修改变量 StarCount 的值后：\n";
    StarCount=StarCount+10;
    cout<<"C="<<C<<endl;
    cout<<"修改引用变量 C 的值后：\n";
    C=C+10;
    cout<<"StarCount="<<StarCount<<endl;
}
```

程序运行结果为：

```
变量和引用变量的初始值为：
StarCount=10, C=10
修改变量 StarCount 的值后：
C=20
修改引用变量 C 的值后：
StarCount=30
```

从程序的运行结果不难看出，变量与引用变量是相互关联的，如果变量的值发生改变，其引用变量的值也会做相同的改变，反之亦然。

注意　在程序中，如果单纯地给某个变量取个别名是没有任何意义的，引用变量的主要作用是用作函数的参数，成为函数的引用参数，以提高大块数据的传递效率、减少内存空间的开销。

（2）引用参数

在 C 语言中，函数调用的形式分为两种：①传值调用；②传指针调用（传地址调用）。C++中，函数的参数可以是引用参数，函数的引用参数实际上就是实参的别名，因此，引用参数在函数中的变化会影响到实参。

函数的引用参数只需在函数声明和函数定义时将函数的参数定义成引用变量的形式。如：

```
int square(int &a,int &b);
```

在函数中使用引用参数时，需要注意其与简单变量和指针变量的区别。

【例 7-7】阅读下面的程序，比较函数的传值调用、传指针调用和传引用调用，理解引用参数在函数中的作用。

```
//example7_7.cpp
//比较函数的传值调用、传指针调用和传引用调用
#include <iostream.h>
int TransByValue(int a);          //传值函数声明
int TransByPoint(int *p);         //传指针函数声明
int TransByReference(int &s);     //传引用函数声明
void main()
{
    int x1=10,y1=20,z1=30;
    int x2=0,y2=0,z2=0;
    cout<<"*********函数调用之前*********\n";
    cout<<"x1="<<x1<<", y1="<<y1<<", z1="<<z1<<endl;
    cout<<"*********函数调用之后*********\n";
    x2=TransByValue(x1);                  //传值调用
    cout<<"TransByValue: "<<"x1="<<x1<<", x2="<<x2<<endl;
    y2=TransByPoint(&y1);                 //传指针调用
    cout<<"TransByPoint: "<<"y1="<<y1<<", y2="<<y2<<endl;
    z2=TransByReference(z1);              //传引用调用
    cout<<"TransByValue: "<<"z1="<<z1<<", z2="<<z2<<endl;
}
int TransByValue(int a)
{
    a=a*a;
    return a;
}
int TransByPoint(int *p)
{
    *p=(*p)*(*p);
    return *p;
}
int TransByReference(int &s)
{
    s=s*s;
    return s;
}
```

程序运行结果：

```
**********函数调用之前**********
x1=10, y1=20, z1=30
**********函数调用之后**********
TransByValue: x1=10, x2=100
TransByPoint: y1=400, y2=400
TransByValue: z1=900, z2=900
```

通过上面的程序，我们可以看到，函数 TransByRefernce(int &s)的形参 s 就是实参的别名，因此，该函数中形参的改变会影响到实参的改变，在这一点上，函数的传指针调用和传引用调用可以达到同样的效果。

可通过表 7-1 来了解传指针调用和传引用调用两者之间的差异。

表 7-1　　传指针调用和传引用调用两者的差异

调用形式	函数的形参	函数的实参	形参的改变是否会影响到实参的改变
传值调用	简单变量	简单变量	否
传指针调用	指针	变量的地址、数组名、指针	是
传引用调用	引用变量	变量名	是

因为引用参数就是实参的别名，因此在定义函数和调用函数时，形式更加清晰和简洁，程序的可读性比传指针的要好，因此，引用参数更容易被程序员们接受，特别是在传递大块数据时，引用参数传递的效率和空间开销都比较好。

在引用参数函数中，如果我们不希望传递给函数的实参数据在函数中被改变，可以对函数的形参用 const 限定符来限制其在函数中被改变。

【例 7-8】请阅读下面的程序，比较传值和传引用函数的作用。

```
//example7_8.cpp  比较传值和传引用函数的作用。
#include<iostream.h>
void swap1(int p1, int p2) ;          //传值函数声明
void swap2(int &p1, int &p2) ;        //传引用函数声明
void main()
{
    int a1=10,b1=20;
    int a2=15,b2=25;
    cout<<"调用传值函数 swap1 之前:  a1="<<a1<<", b1="<<b1<<endl;
    swap1(a1,b1);                                    //函数调用
    cout<<"调用传值函数 swap1 之后:  a1="<<a1<<", b1="<<b1<<endl;
    cout<<"*********************************\n";
    cout<<"调用传引用函数 swap2 之前:  a2="<<a2<<", b2="<<b2<<endl;
    swap2(a2,b2);                                    //函数调用
    cout<<"调用传引用函数 swap2 之后:  a2="<<a2<<", b2="<<b2<<endl;
}
void swap1(int p1, int p2)
{
    int p;
    cout<<"交换之前(in swap1):   p1="<<p1<<", p2="<<p2<<endl;
    p=p1; p1=p2; p2=p;                                  //交换参数的值
    cout<<"交换之后(in swap1):   p1="<<p1<<", p2="<<p2<<endl;
}
void swap2(int &p1, int &p2)
```

```
{
    int p;
    cout<<"交换之前(in swap2):   p1="<<p1<<", p2="<<p2<<endl;
    p=p1; p1=p2; p2=p;                                  //交换引用参数的值
    cout<<"交换之后(in swap2):   p1="<<p1<<", p2="<<p2<<endl;
}
```

程序的运行结果：

```
调用传值函数swap1之前:  a1=10, b1=20
交换之前(in swap1):   p1=10, p2=20
交换之后(in swap1):   p1=20, p2=10
调用传值函数swap1之后:  a1=10, b1=20
********************************
调用传引用函数swap2之前:  a2=15, b2=25
交换之前(in swap2):   p1=15, p2=25
交换之后(in swap2):   p1=25, p2=15
调用传引用函数swap2之后:  a2=25, b2=15
```

请读者分析上面的程序，理解函数的传值调用和传引用调用的作用和机制。

3. 函数的默认参数

调用函数时，C语言要求实参的值必须与每一个形参相对应才能正确调用函数，若实参的个数少于形参的个数，C语言语法不允许。

C++允许为函数的参数提供默认值，在函数声明时，可为一个或多个参数指定参数的缺省值。调用函数时，若省略其中某些参数，C++可以自动地用缺省值作为相应参数的值。

例如，具有默认参数的函数声明为：

```
int Volume(int x=5,int y=5, int z=5);
```

函数调用时，可以有以下几种形式：

```
(1)Volume();            //相当于x=5,y=5,z=5
(2)Volume(10);          //相当于x=10,y=5,z=5
(3)Volume(10,10);       //相当于x=10,y=10,z=5
(4)Volume(10,10,10);    //相当于x=10,y=10,z=10
```

使用默认参数需要注意以下几点。

（1）通常是在函数声明时设置默认参数，如：`void default(int i=1,int j=2,int k=3);`

（2）默认参数都必须是从右到左定义，不允许在默认值的右边出现有未指定默认值的参数。例如，下面的两种函数声明是错误的：

```
void default(int i,int j=5,int k); ——k未指定默认值
void default(int i=5,int j,int k=5); ——j未指定默认值
```

但允许有这样的函数声明：`void default(int i,int j,int k=5);`

对于没有给定默认值的参数，函数调用时需要给定相应的值，对于上面这个函数声明，函数调用的形式可以有以下两种：

```
① default(10,20);         //相当于i=10,j=20,k=5
② default(10,20,30);      //相当于i=10,j=20,k=30
```

【例 7-9】阅读下面的程序，了解函数默认参数的用法。

```
//example7_9.cpp  计算立方体体积，了解函数默认参数的用法。
#include<iostream.h>
int volume(int l=1,int w=2,int h=3); //
void main()
{
    cout<<"默认的立方体长=1、宽=2、高=3\n";
    cout<<"长:l=1, 宽:w=2, 高:h=3,  ";
    cout<<"体积为: "<<volume()<<endl;    //全部使用默认值

    cout<<"长:l=2, 宽:w=2, 高:h=3,  ";
    cout<<"体积为: "<<volume(2)<<endl;

    cout<<"长:l=2, 宽:w=3, 高:h=3,  ";
    cout<<"体积为: "<<volume(2,3)<<endl;

    cout<<"长:l=2, 宽:w=3, 高:h=4,  ";
    cout<<"体积为: "<<volume(2,3,4)<<endl;

}
int volume(int l,int w,int h)
{
    return l*w*h;
}
```

程序运行结果：

```
默认的立方体长=1、宽=2、高=3
长:l=1, 宽:w=2, 高:h=3,  体积为: 6
长:l=2, 宽:w=2, 高:h=3,  体积为: 12
长:l=2, 宽:w=3, 高:h=3,  体积为: 18
长:l=2, 宽:w=3, 高:h=4,  体积为: 24
```

请读者分析上面的程序，了解函数默认参数的使用方法。

注意　虽然使用默认参数可以简化函数调用的编写，但为了使程序代码更清晰，还是建议不用或少用函数的默认参数。

4. 函数重载

C 语言规定：在同一个程序中每一个函数都应有不同的函数名，也就是说，函数的名称不允许相同。在 C++中，同一个程序中允许有多个同名的函数，但每个函数的参数不允许完全相同，C++的这种特性称之为“函数重载”。当调用同名函数时，系统会根据函数参数的个数、类型和顺序来自动调用合适的函数。

例如：

```
int max(int x, int y);            //求两个整数的中最大值
float max(float x, float y);  //求两个浮点数中的最大值
```

max 即为重载函数，假定 max 函数的功能为求两个数中的最大值，则具体又可分为两种：

（1）求两个整数中的最大值；

（2）求两个浮点数中的最大值。

通常地，若函数的功能相同，但要求参数的个数、类型或顺序不尽相同，则可采用函数重载。函数重载的特点之一就是使程序具有更好的可读性，更便于理解。

【例 7-10】阅读下面的程序，了解函数重载的设计。

```
//example7_10.cpp  了解函数重载。
#include<iostream.h>
int max(int x,int y);
float max(float x,float y);
void main()
{
    int a,b,m1;
    float s,t,m2;
    cout<<"请输入两个整型数: ";
    cin>>a>>b;
    cout<<"请输入两个浮点数: ";
    cin>>s>>t;
    cout<<"整型数: a="<<a<<",  b="<<b<<endl;
    cout<<"浮点数: s="<<s<<",  t="<<t<<endl;
    m1=max(a,b);
    m2=max(s,t);
    cout<<"最大的整形数为: "<<m1<<endl;
    cout<<"最大的浮点数为: "<<m2<<endl;
}
int max(int x,int y)       //求两个整数的最大值
{
    if(x>=y)
        return x;
    else
        return y;
}
float max(float x,float y)   //求两个浮点数的最大值
{
    if((x-y)>=1e-6)
        return x;
    else
        return y;
}
```

程序运行结果：

```
请输入两个整型数: 25 40↵
请输入两个浮点数: 23.4 34.5↵
整型数: a=25,  b=40
浮点数: s=23.4,  t=34.5
最大的整形数为: 40
最大的浮点数为: 34.5
```

程序用到了函数重载，函数 max 的功能是相同的，因为关系运算符不能直接用来比较两个浮点数，因此两个函数在算法上略有差异。

对重载函数，系统是通过对参数类型、参数个数或者参数顺序的不同来识别的，因此，对重载函数而言，参数的不同是关键因素。

注意

使用重载函数时要注意的两个方面：

① 如果函数的参数完全相同，但函数的返回值不同，则系统不允许建立这样的重载函数；

② 对重载函数不允许使用默认值，因为这会导致系统的语义模糊，从而无法准确执行程序代码。

【例 7-11】使用函数重载的方法，分别计算具有整型边长和浮点型边长的立方体的体积。

```
//example7_11.cpp  用重载函数计算立方体的体积。
#include<iostream.h>
int volume(int l,int w,int h);
float volume(float l,float w,float h);
void main()
{
     int a,b,c,v1;
     float s,t,u,v2;
     cout<<"请输入立方体的整型边长：";
     cin>>a>>b>>c;
     cout<<"请输入立方体的浮点型边长：";
     cin>>s>>t>>u;
     cout<<"a="<<a<<",  b="<<b<<",  c="<<c<<endl;
     cout<<"s="<<s<<",  t="<<t<<",  u="<<u<<endl;
     v1=volume(a,b,c);
     v2=volume(s,t,u);
     cout<<"整型边长的体积："<<v1<<endl;
     cout<<"浮点型边长的体积："<<v2<<endl;
}
int volume(int l,int w,int h)          //边长为整型的立方体体积
{
          return l*w*h;
}
float volume(float l,float w,float h)  //边长为浮点型的立方体体积
{
          return l*w*h;
}
```

程序运行结果：

```
请输入立方体的整型边长：1 2 3↵
请输入立方体的浮点型边长：1.1 2.2 3.3↵
a=1,  b=2,  c=3
s=1.1,  t=2.2,  u=3.3
整型边长的体积：6
浮点型边长的体积：7.986
```

请读者阅读上面的程序，比较程序 example7_10.cpp 和程序 example7_11.cpp，不难看出，程序 example7_10.cpp 中的重载函数在算法上有所不同，而 example7_11.cpp 程序中重载函数在算法上是相同的，相同的程序代码多次出现，明显感觉程序不精练。对这种情况，C++提供了函数模板来替代，避免相同算法的代码重复出现。

5. 函数模板

针对重载函数中算法相同、代码重复出现的问题，C++提供了函数模板，对于原来需要多个重载函数代码的地方，只需要用一个函数模板就可以了。

（1）函数模板的声明形式为：

```
Template <class T>
函数返回值类型 函数名（形参表）；
```

（2）函数模板定义的一般形式为：

```
Template <class T>
函数返回值类型 函数名（形参表）
{
    函数体语句；
}
```

注意

（1）第一行的内容是必不可少的，其中的 template、class 为关键字，尖括号中的 T 代表待定的类型参数标识符；

（2）函数的返回值类型可为任何合法的数据类型，如：int、float 等，也可以是待定的类型参数标识符 T；

（3）形参表中各参数的类型可以是任何合法的数据类型，如：int、float 等，但其中至少要有一个参数的类型为待定的类型参数标识符 T，否则就没有起到函数模板的作用。

（4）将 template <class T>写成单独的一行，并不是 C++的语法要求，也可以这样写：

```
Template <class T> 函数返回值类型 函数名（形参表）；
```

（5）函数模板只是声明了一个函数的描述（即模板），并不是一个可以直接执行的函数，当函数调用时，要根据函数实参的数据类型替代类型参数标识符之后，才能产生真正的函数。

【例 7-12】将【例 7-11】所述的问题：分别计算具有整型边长和浮点型边长的立方体的体积，用函数模板来实现。

```
//example7_12.cpp  用函数模板实现立方体体积的计算。
#include<iostream.h>
template <class T>
T volume(T l,T w,T h);  //函数模板声明
void main()
{
    int a,b,c,v1;
    float s,t,u,v2;
    cout<<"请输入立方体的整型边长：";
    cin>>a>>b>>c;
    cout<<"请输入立方体的浮点型边长：";
    cin>>s>>t>>u;
    cout<<"a="<<a<<",  b="<<b<<",  c="<<c<<endl;
    cout<<"s="<<s<<",  t="<<t<<",  u="<<u<<endl;
    v1=volume(a,b,c);
    v2=volume(s,t,u);
    cout<<"整型边长的体积："<<v1<<endl;
    cout<<"浮点型边长的体积："<<v2<<endl;
}
template <class T>          //函数模板定义
T volume(T l,T w,T h)
{
    return l*w*h;
}
```

程序运行结果：

```
请输入立方体的整型边长: 1 2 3↵
请输入立方体的浮点型边长: 1.1 2.2 3.3↵
a=1,  b=2,  c=3
s=1.1,  t=2.2,  u=3.3
整型边长的体积: 6
浮点型边长的体积: 7.986
```

比较【例 7-11】和【例 7-12】中的程序，不难发现，两个程序的不同之处主要表现在函数声明和函数定义，主程序中的程序语句完全相同，【例 7-11】的程序使用函数重载实现，由于两个重载函数的功能代码是一样的，因此，可用【例 7-7】的程序使用函数模板来实现。

必须要明确的是，C++中并没有要求函数模板中的所有数据类型都要表示成待定的类型参数标识符 T，可以更具实际需要来确定。

【例 7-13】阅读下面的程序，进一步理解函数模板的使用。

```
//example7_13.cpp    用函数模板输出数组的值。
#include<iostream.h>
//函数模板定义
template <class T>
void printArray(T *array,int count)
{
     for (int i=0;i<count;i++)
     cout<<array[i]<<" ";
}
void main()
{
     int i,intArray[6];
     float floatArray[8];
     cout<<"请输入整型数组的值（6个）: ";
     for(i=0;i<6;i++)
          cin>>intArray[i];
     cout<<"请输入浮点型数组的值（8个）: ";
     for(i=0;i<8;i++)
          cin>>floatArray[i];
     cout<<"调用函数模板 printArray(intArray,6): \n";
     printArray(intArray,6);
     cout<<endl;
     cout<<"调用函数模板 printArray(floatArray,8): \n";
     printArray(floatArray,8);
     cout<<endl;
}
```

程序运行结果：

```
请输入整型数组的值（6个）: 1 2 3 4 5 6↵
请输入浮点型数组的值（8个）: 1.1 2.2 3.3 4.4 5.5 6.6 7.7 8.8↵
调用函数模板 printArray(intArray,6):
1 2 3 4 5 6
调用函数模板 printArray(floatArray,8):
1.1 2.2 3.3 4.4 5.5 6.6 7.7 8.8
```

在上面这个程序中，用一个函数模板就可以完成对不同类型的数组的操作，从函数模板的定义中，只对第一个参数的类型标明为待定的指针类型，当程序出现调用函数语句：`printArray(intArray,6);`时，系统会将整型数组名 intArray 作为整型指针 int *与参数匹配，同样，对语句：`printArray(floatArray,8);`，系统会将浮点型数组名 floatArray 作为浮点型指针 float *与参数匹配。

函数模板并不是万能的，不要期望将所有的函数都设计成函数模板，函数模板只适合于那些函数功能代码完全相同、但数据类型有所不同的情况，其目的是避免大量的代码重复，使程序看上去更加简洁。

7.4 程序范例

【例 7-14】编写程序，计算几种简单几何图形的面积，如：已知三角形的三条边长，计算三角形的面积；已知矩形的两条边长，计算矩形的面积；已知圆形的半径，计算圆形的面积等。

分析：因为计算每种图形所需的参数个数不相同，但其功能是相同的，都是计算图形的面积，因此，可采用函数重载的方法来实现。

设计 3 个重载函数：

```
double area(double r);
double area(double a,double b);
double area(double a,double b,double c);
```

程序如下：

```
//example7_14.cpp  //函数重载计算几何图形的面积
#include <iostream.h>
#include <math.h>
#define PI 3.1415926
double area(double r)   //计算圆面积
{
    return r * r * PI;
}
double area(double a, double b) //计算矩形面积
{
    return a * b;
}
double area(double a, double b, double c) //计算三角形面积
{
    double s = (a + b + c) / 2;
    return sqrt(s * (s - a) * (s - b) * (s - c));
}
int main()
{
    double a1, a2, a3;
    a1 = area(10);
    cout << "半径为 10 的圆面积为：" << a1 << endl;
    a2 = area(3, 4);
    cout << "边长分别为 3 和 4 的矩形面积为：" << a2<< endl;
    a3 = area(3,4,5);
    cout << "边长分别为 3、4、5 的三角形面积为：" << a3 << endl;
    return 0;
}
```

程序运行结果：

```
半径为 10 的圆面积为：314.159
边长分别为 3 和 4 的矩形面积为：12
边长分别为 3、4、5 的三角形面积为：6
```

程序设计了 3 个同名的函数 area，实际调用时，会根据实参的个数分别调用不同的函数，计算不同几何图形的面积。请读者阅读上面的程序，了解重载函数的作用和使用方法。

7.5 本章小结

本章主要介绍了从 C 过渡到 C++新增的一些基本知识，这些基本知识与原有 C 语言知识共同构成了 C++的基础。

与 C 语言不同的是，C++通过引用参数、默认参数、函数重载、函数模板等形式对函数的功能划分、程序代码书写起到了积极的作用，使程序员可以从以往注重运行时的效率转到提高编程效率上。

const 限定符对程序的变量和参数可以起到保护作用：

（1）对变量使用 const 限定符，可使该变量起到常量的作用，但比常量的可读性要好；

（2）对引用参数使用 const 限定符，从语法源头上保护了实参的值不被函数所修改，可避免发生一些设计上的错误。

因此，巧妙地使用 const 限定符，可以提高程序代码的可读性

C++提供的函数默认参数、函数重载、函数模板为函数的设计提供了多个有效的途径，满足了不同的设计需求。要将函数设计成哪种形式，取决于函数的功能和程序员的选择，通常的选择理由有以下几个方面。

（1）具有默认参数的函数在函数调用时，形式上与函数重载类似，如果在程序中多次出现使用默认参数的函数调用，反而会降低程序的可读性，从函数调用的形式上看，与函数重载类似。因此，不建议在程序中使用具有默认参数的函数。

（2）函数重载的意义是设计上的，主要是函数名相同。当函数具有相同的功能、但函数的实现代码不完全相同或者要求接收的函数参数有所不同时，可考虑使用函数重载。

（3）如果重载函数的功能相同并且函数的实现代码也相同，同时函数的参数个数也相同，只是参数的类型有规律地变化，则可以考虑将其设计成函数模板。也就是说，函数模板只是一种函数重载的特例，其目的是简化程序代码，避免重复代码的多次出现。

C++新增的基本语法丰富了 C++的基本知识，为后续的 C++特性奠定了良好的基础。

习　题

一、选择题。在以下每一题的四个选项中，请选择一个正确的答案。

【题 7.1】关于 C++语言，下列说法不正确的是________。

A. C++具有简洁、高效和接近汇编语言的特点

B. C++本身几乎没有支持代码重用的语言结构

C. C++语言不是一种纯面向对象的语言

D. C++支持面向对象的程序设计，这是它对 C 语言的重要改进

【题 7.2】const int *p;表明________。

A．p 本身是常量

B．p 指向一个固定的 int 类型的地址，而 p 的内容可以修改

C．p 只能指向一个整型常量

D．p 只能指向一个被 const 修饰的 int 类型的常量

【题 7.3】下列属于 C++头文件约定使用的扩展名的是________。

A．.cpp　　B．.hpp

C．.c　　D．.c++

【题 7.4】函数模版________。

A．代表某一具体函数

B．与模版函数是同一个概念

C．与某一个具体数据类型连用，就产生了模版函数

D．是模版函数实例化的结果

【题 7.5】不属于 C++语言函数的形式参数声明的是________。

A．值参数　　B．默认参数

C．引用参数　　D．地址参数

【题7.6】将函数声明为内联函数的关键字是________。

A．union　　B．extern

C．inline　　D．explicit

【题 7.7】在下列语句中，将函数 int find(int x, int y) 正确重载的是________。

A．float find (int x, int y)　　B．int find (int a, int b)

C．int find (int x)　　D．float find (int x, int y)

【题 7.8】在下列表示引用的方法中，________是正确的。已知：int m=10;

A．int &x=m;　　B．int &y=10;

C．int &z;　　D．float &t=&m;

【题 7.9】下面的函数声明中，________是" void BC(int a, int b);"的重载函数。

A．int BC(int x, int y);　　B．void BC(int a, char b);

C．float BC(int a, int b, int c=0);　　D．int BC(int a, int b = 0);

【题 7.10】下列函数模版定义中正确的是________。

A．
```
template <class T1,T2>
T1 fun(T1,T2){return T1+T2;}
```

B．
```
template <class T >
T fun(T a){return T+a;}
```

C．
```
template <class T1,class T2>
T1 fun(T1,T2){return T1+T2;}
```

D．
```
template <class T >
T fun(T a,T b){return a+b;}
```

二、填空题。请在下面各题的空白处填入合适的内容。

【题 7.11】使用关键字________说明的函数为内联函数。

【题 7.12】在下面横线处填上适当字句，使程序输出结果为 5，10

```
# include <iostream.h>
void main(){________int n=5;
        int& ________=n;
        ref=ref+5;
        cout<<n<<","<<ref;}
```

【题 7.13】在下面横线处填上适当字句，使程序完整。

```
int arr[]={1,2,3,4,5};
________index(int i){return a[i];}
void main(){
    index(3)= ________;    //将 a[3]改为 6
    }
```

【题 7.14】C++提供了一种新的注释方式：从“//”开始，直到________，都被计算机当做注释。

【题 7.15】由于引用不是变量，所以不能说明引用的________，也不能说明数据类型为引用数组或是指向引用的指针。

【题 7.16】函数原型标识一个函数的________，同时也标识该函数参数的________和________。

【题 7.17】从函数形式参数设置的不同来看，函数的调用可分为3种，分别为：________、________、________。

【题 7.18】C++源程序编写要经历________、________、________、________这 4 个过程。

【题 7.19】表达式 cout<<'\n';还可表示为 ________。

【题 7.20】不能作为重载函数的调用的依据是______________。

三、程序理解题。请阅读下面的程序，写出程序的运行结果。

【题 7.21】

```
#include <iostream.h>
void comp(const int&,int&);
int main()
{
    int n=6,t=10;
    cout<<"n="<<n<<",t="<<t<<endl;
    comp(n,t);
    cout<<"n="<<n<<",t="<<t<<endl;
    return 0;
}
void comp(const&in1,int &in2)
{
    in2=in1*10+in2;
}
```

【题 7.22】

```
#include <iostream.h>
void addsub(int&,int&);
void main()
{
    int a=10,b=15;
    addsub(a,b);
    cout<<"a="<<a<<",b="<<b;
}
void addsub(int &m,int &n)
{
    int temp=m;
    m=m*n;
    n=temp-n;
}
```

【题 7.23】
```
#include <iostream.h>
void main()
{
    int a[2][2]={{2,4},{6,8}};
    int *pa[2];
    pa[0]=a[0];
    pa[1]=a[1];
    for(i=0;i<2;i++)
        for(j=0;j<2;j++,pa[i]++)
            cout<<"a["<<i<<"][ "<<j<<"]="<<*pa[i]<<endl;
}
```

【题 7.24】
```
#include <iostream.h>
#include <iomanip.h>
main()
{
    cout<<hex<<20<<endl;
    cout<<oct<<10<<endl;
    cout<<setfill('x')<<setw(10);
    cout<<100<<"aa"<<endl;
    return 0;
}
```

【题 7.25】
```
#include <iostream.h>
int fun(int n1,int n2){return n1*n2;}
float fun(int f1,float f2){return f1*f2;}
void main()
{
        int a=10;
        int b=2.5;
        float c=2.55;
        float d=5.52;
        cout<<fun(a,b)<<endl;
        cout<<fun(c,d)<<endl;
}
```

【题 7.26】
```
#include <iostream.h>
template <class T>
T max(T x,T y){return(x>y)?(x):(y);}
void main()
{
        double max(double,double);
        int x=16,y=18;
        long l=20;
        double a=10.8,b=12.5;
        cout<<max(a,b)<<endl;
        cout<<max(x,y)<<endl;
        cout<<max(a,l)<<endl;
}
```

四、简答题。简要回答下列几个问题。

【题 7.27】#include <filename.h> 和 #include“filename.h”有什么区别？

【题 7.28】数组在作为函数实参的时候会转变为什么类型？

【题 7.29】说明 define 和 const 在语法和含义上有什么不同？

【题 7.30】什么是常指针，什么是指向常变量的指针？

【题 7.31】class 和 struct 的区别？

【题 7.32】将“引用”作为函数参数有哪些特点？

【题 7.33】C 语言和 C++有什么不同?

五、编程题。把下面的问题编写成程序并上机验证。

【题 7.34】请分别采用传值、传引用和传指针调用的方式，设计三个函数：cubicByValue()，cubicByRefrence()和 cubicByPoint()，用来计算一个数的三次方的值，分析各函数的功能和产生的效果。

【题 7.35】请采用函数带默认参数的方法，将矩形的两条边长作为参数，计算不同边长矩形的面积。

【题 7.36】请采用函数重载的方法，将矩形的两条边长作为参数，计算不同数据类型边长矩形的面积。

【题 7.37】定义一个描述复数的结构类型 compl，并实现复数的输入和输出。设计两个函数：compl add (compl c1,compl c2)和 compl sub (compl c1,compl c2)，分别完成复数的加法运算和减法运算。编写主函数验证复数的运算是否正确。

【题 7.38】编写程序，用名为 max 的函数模板计算两个参数的最大值。分别用一对整型数、浮点数和字符进行测试，验证程序的正确性。

【题 7.39】编写程序，用名为 min 的函数模板计算三个参数中的最小值。分别用整型数、浮点数和字符进行测试，验证程序的正确性。

第8章 类与数据抽象（一）

8.1 引言

C 语言是一种结构化的语言，在软件设计的概念上，C 语言程序设计的核心任务就是进行功能划分，将任务分解成不同的功能，再将这些功能设计成一个个不同的函数，通过对这些函数的有机组合，完成软件设计的任务。

而 C++是一种面向对象的语言，在软件设计的概念上，C++程序设计的核心任务不再是简单的功能划分，而是从“对象”的角度来看待问题，看该对象具有什么功能、拥有哪些基本属性，程序再将该对象所具有的功能和属性封装到一个“类”中，再通过该类的对象去调用其具有的功能，完成软件设计的任务。

面向对象的方法（Object-Oriented Method）是一种软件开发方法，它将面向对象的思想应用于软件开发过程中，该过程的核心是建立对象。

现在，我们先来了解什么是“对象”。从哲学的角度来看，我们所见到的万物都是对象。树木、动物、汽车、房屋、人、照相机等都是对象，在现实世界中，人们是从对象的角度来看待问题的。例如，我们说到树木，就会想到树会有树叶、树枝、树干，树木能净化空气、美化环境、遮荫等。在这个基础上，人们还可以根据树木的种类、用途进一步分类。

显然，人们在对现实世界对象的认识过程中，会根据自己的经验对对象进行分类，例如，牛、羊、鸡、鸭都属于动物，但人们会将牛和羊看成是某一类，而把鸡和鸭看成是另一类。

从抽象的角度来看待现实问题，每个对象都具有自己的属性，并拥有自己的功能。实际上，对象是这样一种实体：它具有名字，自身状态，自身功能。比如上面说到的树木，其中树叶、树枝、树干就是树木的属性；净化空气、美化环境、遮荫就是树木的功能。在现实世界中，人们往往是根据对象的属性和功能进行分类和划分的。

从软件开发的角度出发，把系统中的所有资源都看成是对象，每一个对象都包含有属性（数据）和操作（功能），通过将对象的属性和操作捆绑起来，封装到一个“类”中，以对象为中心、以类和继承为机制来刻画客观世界，构建相应的软件系统。

8.2 回顾 C 语言中的结构数据类型

C 语言规定，结构类型中只允许声明结构成员，不允许在结构类型中声明成员函数。和 C 语言不同的是：C++允许在结构中声明函数，如：

```
struct Date{
     unsigned char day;
     unsigned char month;
     unsigned int year;
     void plan(char d, char m, char y );
};
```

结构中的函数 plan()即为成员函数，调用结构中成员函数的方法与引用结构成员的方法相同，若有变量定义：

```
Date myholiday,myworkday;
```

则可通过结构变量来引用结构中的成员函数：

```
myholiday.plan(d, m, y);
myworkday.plan(d, m, y);
```

【例 8-1】给定三角形的三条边，计算三角形的面积和周长。

分析：假定三角形的边长分别为：a、b、c。取 s=(a+b+c)/2，则三角形面积为：

$$area\_triangle = \sqrt{s(s-a)(s-b)(s-c)}$$

下面分别用程序给出了两种不同的实现方法。

（1）采用 C 和 C++都适用的结构化方法

```
//example8_1a.cpp  采用结构化方法计算三角形面积
#include <iostream.h>
#include <math.h>
double area(double a,double b,double c);    //函数声明
void main()
{
     double a,b,c, Area=0;
     cout<<"请输入三角形的三条边长：\n";
     cin>>a>>b>>c;
     Area=area(a,b,c);
     if(Area!=0)
          cout<<"三角形面为："<< Area <<endl;
     else
          cout<<"错误！输入的数据不正确"<<endl;
}
double area(double a,double b,double c)
{
     double p, s;
     p=(a+b+c)/2;   //三角形周长的一半
     s=sqrt(p*(p-a)*(p-b)*(p-c));  //计算三角形面积
     return s;
}
```

程序运行结果为：

```
请输入三角形的三条边长：
5 5 6↵
三角形面为：12
```

从软件设计的角度来看，上面的程序属于结构化的程序，这是大家所熟悉的。在第7章中，我们提到过，C++允许在自定义的结构类型中添加成员函数，下面我们尝试用这种方式重新解决上面的问题。

（2）采用C++适用的在结构类型中添加成员函数的方法。

```
//example8_1b.cpp   采用结构成员的计算三角形面积
#include <iostream.h>
#include <math.h>
struct Shape{
     double a,b,c;
     double area(double a,double b,double c);    //成员函数声明
};
void main()
{
     Shape TriAng;
     double Area;
     cout<<"请输入三角形的三条边长：\n";
     cin>>TriAng.a>>TriAng.b>>TriAng.c;
     Area=TriAng.area(TriAng.a,TriAng.b,TriAng.c);
     if(Area!=0)
          cout<<"三角形面为："<< Area <<endl;
     else
          cout<<"错误！输入的数据不正确"<<endl;
}
double Shape::area(double a,double b,double c)   //成员函数定义
{
     double p, s;
     p=(a+b+c)/2;   //三角形周长的一半
     s=sqrt(p*(p-a)*(p-b)*(p-c));  //计算三角形面积
     return s;
}
```

程序运行结果为：

```
请输入三角形的三条边长：
5 5 6↵
三角形面为：12
```

程序的运行结果同 example8_1a.cpp 一致，程序中计算三角形的面积是通过结构变量TriAng调用其成员函数完成的，请注意成员函数的定义形式，必须在函数名前面加上结构名Shape::，以表示该成员函数所属的结构。

从软件设计的角度出发，这种方式对于功能的划分更加清晰，成员函数 area()的功能是计算三角形的面积，只能通过TriAng调用，不允许单独调用或者被其他对象调用。

上面两个程序都可以达到同样的目的，但设计的方法和概念不一样。程序开始对三角形的面积赋值为零，如果输入的值不能构成三角形，则函数值会返回一个负数，提示用户输入有错误。

但程序有一个重要的缺陷，那就是对输入数据的正确性没有进行检验，程序正确的前提是用户输入的数据要合法，如果输入了不合法的值：负数、字符（如：−5，t）等，程序并不会对其进行检查，并且会用不正确的值进行计算，最终给出计算结果。这是很糟糕的事情，在软件设计中应该要避免这种情况的发生。

相信大家已经想到了改进上面程序的解决方案，那就是增加一个函数，用来检验输入数据的合法性，适当修改程序就可以完成程序的改进，这个问题留给大家自行解决。

程序的可读性和可维护性是很重要的，程序代码的修改应该是方便的和相互独立的，使用类可以更加容易地修改代码。

8.3 C++中的数据类型——类

在 C++中，一个最重要的数据类型就是类。类描述的是一个对象所具有的属性（数据成员）和行为（成员函数），表示类数据类型的关键字为 class。

在面向对象的程序设计中，成员函数常被称为“方法”，成员函数用来执行发送给对象的消息。也就是说，消息是对成员函数的调用。

一个类主要包含有两部分：

（1）定义部分。用来说明该类中的成员，包含数据成员的说明和成员函数的说明。其中部分成员函数是用来对数据成员进行操作的，常称之为“方法”或“对外接口”。

类声明的一般形式为：

```
class 类名{
public:
        <成员函数声明>
        <数据成员声明>
private:
        <数据成员声明>
        <成员函数声明>
};
```

关于类声明的几点说明：

① class 是类的关键字，<类名>代表该类型的名称。类的成员包含数据成员和成员函数两部分。

② 从访问权限上来分，类的成员又分为：公有的（public）、私有的（private）和受保护的（protected）这三类。

- public 下的成员通常是一些操作（即成员函数），它是提供给用户的接口。这部分成员可以通过该类的对象直接引用。一般不建议将数据成员放在 public 下。
- private 下的成员部分通常是一些数据成员，用来描述该类中的对象的属性，用户是无法访问它们的，只有成员函数或经特殊说明的函数才可以引用它们，数据成员的类型可以是任意的，包含整型、浮点型、字符型、数组、指针和引用等，也可以是另一个类的对象。一般不建议将提供给用户接口的成员函数放在 private 下。
- protected 下的成员主要是用于继承关系的，具体作用将在后续章节介绍，本章暂不讨论。

③ 关键字 public、private 和 protected 被称为访问权限修饰符。它们与在类中出现的先后顺序无关，并允许多次出现，用它们来说明类成员的访问权限。但为使程序代码清晰易读，通常对每一种访问权限修饰符在类定义中只使用一次，先写公有成员，后写私有成员。

例如，定义一个三角形类如下：

```
class Triangle{
public:
     Triangle ();
     void setSide(float x,float y,float z);
     float area();
     int isTriangle();
private:
     float a,b,c;
};
```

（2）实现部分。实现部分是对类中各成员函数的定义。

成员函数在定义时，必须在函数名前面加上其所属的类名，其一般形式为：

```
函数返回值类型 类名:: 函数名(参数列表)
{
          函数语句体
}
```

例如，上面 Triangle 类中成员函数的定义为：

```
Triangle:: Triangle ()
{
     a=b=c=0;
}
void Triangle::setSide(float x,float y,float z)
{
     a=x;b=y;c=z;
}
float Triangle::area()
{
     float s;
     s=(a+b+c)/2;   //三角形周长的一半
     return sqrt(s*(s-a)*(s-b)*(s-c));  //计算三角形面积
}
int Triangle:: isTriangle()
{
     if((a+b)>c && (b+c)>a && (a+c)>b))  //满足构成三角形的条件
          return 1;
     else
          return 0;
}
```

说明

与类同名的成员函数称为“构造函数”，如上面的函数 Triangle()即为构造函数。构造函数的一个重要作用就是初始化类对象的数据成员，在建立类对象的时候，系统会自动调用构造函数。

注意

成员函数也可以在类声明中直接定义，这时不需要进行函数声明了。一般不建议将成员函数在类声明中直接定义，如果一定要这么做，也仅限于一些小函数。

例如，将类中成员函数直接放在类声明中，则类定义的形式如下：

```
class Triangle {
public:
     Triangle ()
     {
         a=b=c=0;
     }
     void setSide(float x,float y,float z)
     {
         a=x;b=y;c=z;
     }
     float area()
     {
         float s;
         s=(a+b+c)/2;   //三角形周长的一半
         return sqrt(s*(s-a)*(s-b)*(s-c));  //计算三角形面积
     }
     int isTriangle()
     {
         if((a+b)>c && (b+c)>a && (a+c)>b))  //满足构成三角形的条件
             return 1;
         else
             return 0;
     }
private:
     float a,b,c;
};
```

显然，将类中成员函数定义直接放在类定义中，使得程序代码庸长，可读性降低，并且不利于系统的设计和维护，不提倡这样做。

8.4　类成员的访问和作用域

（1）类成员的访问

建立了类以后，需要建立类的对象，才能访问到类的对外接口。

类对象的声明形式：

```
类名 对象名;
```

例如：

```
Triangle triangle;                  //Shape 类的对象
Triangle ArrTriangle[5];            //Shape 类的对象数组
Triangle *PointTriangle;            //Shape 类的指针对象
Triangle &RefTriangle= triangle;    //Shape 类对象的别名
```

显然，类对象的声明形式同其他简单变量的声明形式相同。

【例 8-2】对【例 8-1】提出的问题，用类来完成三角形面积的计算。

程序如下：

```
//example8_2.cpp  用类来完成三角形面积的计算
#include <iostream.h>
#include <math.h>
//////////////类的定义为：/////////////
class Shape{
public:
     Shape();
     void setShape(double x,double y,double z);
     double area();
     int isTriangle();
private:
     double a,b,c;
};
//////////////类中成员函数的定义为：/////////////
Shape::Shape()
{
       a=b=c=0;
}
void Shape::setShape(double x,double y,double z)
{
       a=x;b=y;c=z;
}
double Shape::area()
{
     double s;
     s=(a+b+c)/2;  //三角形周长的一半
     return sqrt(s*(s-a)*(s-b)*(s-c)); //计算三角形面积
}
int Shape:: isTriangle()
{
     if((a+b)>c && (b+c)>a && (a+c)>b) //满足构成三角形的条件
          return 1;
     else
          return 0;
}
void main()
{
     Shape triangle;
     double a,b,c;
     cout<<"请输入三角形的三条边长：\n";
     cin>>a>>b>>c;
     triangle.setShape(a,b,c);
     if(triangle.isTriangle())
          cout<<"三角形面积为："<<triangle.area()<<endl;
     else
          cout<<"错误！三角形边长数据有误。";
}
```

程序运行结果：

```
请输入三角形的三条边长：
5 5 6↵
三角形面积为：12
```

因为数据成员 a、b、c 在 private 中，属于私有数据成员。类的对象不能直接访问私有成员，只有通过成员函数才能访问到私有数据成员。程序通过对外接口函数 setShape()将外部数据赋值给私有数据成员，完成对三角形边长的设置，由对外接口函数 isTriangle()判断三条边长是否能合法，再通过对外接口函数 area()计算三角形的面积。函数 isTriangle()和函数 area()都没有参数，它们直接使用类中的私有数据。

从程序中不难看出，类的对象并不关心类中的数据是如何处理的，它只需要通过发送消息来完成任务，因此，类的实现过程对用户是隐藏的，信息隐藏提高了程序的可修改性。

类的客户在使用类时不需要知道类的实现细节，如果修改了类的实现，类的客户也无需进行相应的修改，这更有利于对系统的维护。

构造函数 shape()将三角形边长初始化为 0，以确保数据的稳定性。构造函数在对象定义的时候由系统自动调用。

（2）类的作用域

在类中声明的数据成员、成员函数，其作用域为类的作用域。在类的作用域内，类的数据成员可被该类的成员函数直接访问，无需通过函数的参数，除非该成员函数是要向类中的数据成员赋值，如上面 example8_2.cpp 程序中的 setShape()函数，就是要对数据成员赋值。

类中的成员函数也可以重载。

8.5　访问函数和工具函数的意义

访问函数和工具函数是软件设计的一种需求，是对类中成员函数的一种称呼，目的是根据函数的功能来划分其封装的程度。通常将对外接口函数（public 成员函数）称为访问函数，将非接口函数（private 成员函数）称为工具函数。

访问函数的主要作用：设置私有数据成员值，读取、显示和返回私有数据成员值，进行各种类的操作，测试条件的真假等。

工具函数不是类接口的一部分，而是 private 成员函数，支持类中其他函数的操作。类的客户不能使用工具函数。

【例 8-3】实现一个销售统计问题。从键盘输入某商品每个月销售了多少件，统计该年度共销售了多少件，并计算总销售额。

分析：以商品作为对象，商品的价格、每月销售的件数是该商品的基本属性。设计一个商品类 Sell，其中各访问函数和工具函数如下所示。

程序如下：

```
//example8_3.cpp  访问函数和工具函数的应用
#include<iostream.h>
////////类 Sell 的定义////////
class Sell{
public:
     Sell();
     void setSell(int month,double price);
     void printMonthSell();
private:
     double sellPrice;
     int monthsell[13];
     int totalAnnualSell();
```

```
};
////////类的成员函数定义////////
Sell::Sell() //构造函数，月销售量赋初值为 0
{
    int i;
    for(i=0;i<=12;i++)
    {
        monthsell[i]=0;
    }
}
void Sell::setSell(int month,double price) //设置每月的销售量及商品的价格
{
    int i,sellFigure;
    sellPrice=price;
    for(i=1;i<=month;i++)
    {
        cout<<"第"<<i<<"个月的销售量（件）:";
        cin>>sellFigure;
        monthsell[i]=sellFigure;
    }
}
void Sell::printMonthSell() //输出年总销售量和总销售额
{
    int Totalsell;
    Totalsell=totalAnnualSell();  //调用工具函数计算总销售量
    cout<<"----------------------------------------\n";
    cout<<"年销售量（件）: "<<Totalsell<<endl;
    cout<<"年销售额（元）: "<<Totalsell*sellPrice<<endl;
}
int Sell::totalAnnualSell() //计算年总销售量
{
    int total=0;
    for(int i=1;i<=12;i++)
    {
        total+=monthsell[i];
    }
    return total;
}
////////主程序////////
void main()
{
    Sell p;            //实例化对象 p
    p.setSell(12,15.2);   //设置价格为 10 元/件的商品 12 个月的销售量
    p.printMonthSell(); //输出 12 个月的总销售量及总销售额
}
```

程序运行结果:

```
第 1 个月的销售量（件）:105↵
第 2 个月的销售量（件）:95↵
第 3 个月的销售量（件）:50↵
第 4 个月的销售量（件）:55↵
第 5 个月的销售量（件）:70↵
第 6 个月的销售量（件）:45↵
第 7 个月的销售量（件）:30↵
第 8 个月的销售量（件）:50↵
第 9 个月的销售量（件）:100↵
```

```
第 10 个月的销售量（件）:150↵
第 11 个月的销售量（件）:120↵
第 12 个月的销售量（件）:130↵
----------------------------------------
年销售量（件）: 1000
年销售额（元）: 15200
----------------------------------------
```

程序中 setSell()和 printMonthSell()函数为对外接口，也称为访问函数，只能有该类的对象访问。totalAnnualSell()为私有成员函数，又称为工具函数，该类的对象不能直接访问，只能有类中的其他成员来访问。

sellPrice 和 monthsell[13]分别为私有数据成员，sellPrice 代表某商品的销售价格，数组 monthsell[13]中的 monthsell[1]～monthsell[12]分别代表每个月的销售量。程序没有使用第一个数组元素 monthsell[0]，仅仅是为了习惯上的方便。

totalAnnualSell()用来统计计算年度的总销售量，其属性不属于对外接口，因此将其作为工具函数，放在 private 区。

setSell()函数用来对其私有数据成员赋值，printMonthSell()函数通过调用工具函数获得年销售总量，并计算出年销售额，然后将其输出。

程序对数据和操作进行了较好的封装，对象的功能更加明确，主程序只需要通过对象 p 调用对外接口即可完成相应的任务。

8.6 接口和实现分离的设计方法

一般地，我们将 C++类声明中 public 区的“函数原型”称为对外接口，它向外发布该接口提供了哪些服务以及如何使用这些服务，类的用户不需要知道函数的具体实现细节。将类中成员函数定义的具体代码称为实现。

设计工程的一个基本原则就是在设计软件时，将接口设计和实现进行分离。这样能使程序的修改更加容易，当接口和实现分离后，如果类的接口没有改变，但对其实现的代码发生改变，也不会影响到该类的用户使用该类的接口。

具体的做法：

（1）将包含有数据成员和函数原型声明的类定义放在头文件（.h）中，构成类的公有接口。任何需要使用该类的客户只需包含该头文件即可。

（2）将类中各成员函数的定义放在程序文件（.cpp）中，构成类的实现。对其进行编译，生成目标代码（.obj）。

（3）实例化类的对象、调用接口功能等放在程序文件（.cpp）中。

（4）将主程序文件编译生成目标代码（.obj）。

（5）将目标代码文件（.obj）、主程序目标代码文件（.obj）进行连接，编译生成执行代码文件（.exe）即可。

也就是说提供的头文件里只提供要暴露的公共成员函数的声明和一些私有数据成员，类的其他所有信息都不会在这个头文件里面显示出来。而类中各成员函数的定义生成了目标代码，再加上主程序，一个最简单的 C++工程项目文件至少要包含有这三个文件。

接口与实现的分离可使软件开发更具有独立性，软件开发商可以将类库作为商品，在产品中只需提供头文件和实现的目标文件，不需要公开产品的信息，用户也不需要关心具体的实现细节就可以拥有该类库所提供的服务。

例如：将【例 8-3】所示的程序进行接口和实现的分离，将程序 example3_3.cpp 分解成三个文件：接口文件：Shop.h、实现文件：Shop.cpp、主程序：SalesVolume.cpp。

1. 接口

```
////////类 Sell 的定义////////
////////Shop.h////////
#include<iostream.h>
class Sell{
public:
      Sell();
      void setSell(int month,double price);
      void printMonthSell();
private:
      double sellPrice;
      int monthsell[13];
      int totalAnnualSell();
};
```

2. 实现

```
////////类的成员函数定义////////
////////Shop.cpp////////
Sell::Sell() //构造函数，月销售量赋初值为 0
{
      int i;
      for(i=0;i<=12;i++)
      {
            monthsell[i]=0;
      }
}
void Sell::setSell(int month,double price) //设置每月的销售量及商品的价格
{
      int i,sellFigure;
      sellPrice=price;
      for(i=1;i<=month;i++)
      {
            cout<<"第"<<i<<"个月的销售量（件）:";
            cin>>sellFigure;
            monthsell[i]=sellFigure;
      }
}
void Sell::printMonthSell() //输出年总销售量和总销售额
{
      int Totalsell;
      Totalsell=totalAnnualSell();    //调用工具函数计算总销售量
      cout<<"----------------------------------------\n";
      cout<<"年销售量（件）: "<<Totalsell<<endl;
      cout<<"年销售额（元）: "<<Totalsell*sellPrice<<endl;
}
int Sell::totalAnnualSell() //计算年总销售量
```

```
{
        int total=0;
        for(int i=1;i<=12;i++)
        {
            total+=monthsell[i];
        }
        return total;
}
```

3. 主程序

```
////////主程序////////
////////SalesVolume.cpp///////
void main()
{
        Sell p;                   //实例化对象 p
        p.setSell(12,15.2);       //设置价格为 10 元/件的商品 12 个月的销售量
        p.printMonthSell();       //输出 12 个月的总销售量及总销售额
}
```

在 Visual C++环境下，先建立一个名为 SalesVolume 的工程（project）文件，然后分别将上面的三个文件加入到该工程项目中，再对该项目进行编译，生成可执行的程序即可。

通常，对外接口的程序代码是公开的，如果在类定义中加入了 inline 函数，则 inline 函数就成了公开的，没有被很好地隐藏，另外，私有成员也是可见的，这是 C++程序设计中的一些不足。

8.7　程序范例

【例 8-4】将三角形的三条边长、矩形的两条边长、圆的半径值从键盘输入，用类实现三角形、矩形、圆形等几何图形面积的计算并输出。

分析：用 a、b、b 表示三角形的边长，Area_tri 表示三角形的面积；用 h1、h2 表示矩形的边长，用 Area_rec 表示矩形的面积；用 r 表示圆的半径，用 Area_cir 表示圆的面积。

则各图形面积的计算为：

$$Area\_tri = \sqrt{s(s-a)(s-b)(s-c)}$$

$$Area\_rec = h1 \times h2$$

$$Area\_cir = \pi \times r \times r$$

设计三个类 Triangle、Rectangle、Circle，分别对应于三角形、矩形和圆形。

程序如下：

```
// 头文件 Shape.h
#include<iostream.h>
//////// 三角形类 Triangle 的定义 ////////
class Triangle{
public:
Triangle();
void set_side(double x,double y,double z);  //设置三角形的边长
void getArea();      //获取三角形的面积
```

```
private:
     double a,b,c;
     double Area();   //计算三角形的面积
};
//////////////////////////////////////////////////////////////////////////////
//////// 矩形类 Rectangle 的定义  ////////
class Rectangle{
public:
     Rectangle();
     void set_side(double x,double y);  //设置矩形的边长
     void getArea();      //获取矩形的面积
private:
     double h1,h2;
     double Area();   //计算矩形的面积
};
//////////////////////////////////////////////////////////////////////////////
//////// 圆形 Circle 的定义 ////////
class Circle{
public:
     Circle();
     void set_side(double x);  //设置圆形的边长
     void getArea();     //获取圆形的面积
private:
     double r;
     double Area();   //计算圆形的面积
};
///////////////////////////////////////////////////////////////////////////
```

```
//////// Shape .cpp  类 Shape 中成员函数的定义  ////////
#include <iostream.h>
#include <math.h>
#include "shape.h"
////////////////////////////////////////////////////////////////////////
// 类 Triangle 中成员函数的定义
Triangle::Triangle()
{
     a=0;b=0;c=0;
}
void Triangle::set_side(double x,double y,double z)//设置三角形的边长
{
     a=x;
     b=y;
     c=z;
}
void Triangle::getArea()//获取三角形的面积
{
     cout<<"三角形面积为: "<<Area()<<endl;
}
double Triangle::Area()//计算三角形的面积
{
     double s;
     s=(a+b+c)/2;
     return sqrt(s*(s-a)*(s-b)*(s-c));
}
////////////////////////////////////////////////////////////////////////
// 类 Rectangle 中成员函数的定义
```

```
Rectangle::Rectangle()
{
    h1=0;h2=0;
}
void Rectangle::set_side(double x,double y)//设置矩形的边长
{
    h1=x;
    h2=y;
}
void Rectangle::getArea()//获取矩形的面积
{
    cout<<"矩形面积为："<<Area()<<endl;
}
double Rectangle::Area()//计算矩形的面积
{
    return h1*h2;
}
/////////////////////////////////////////////////////////////////////////
// 类Circle中成员函数的定义
Circle::Circle()
{
    r=0;
}
void Circle::set_side(double x)//设置圆形的边长
{
    r=x;
}
void Circle::getArea()//获取圆形的面积
{
    cout<<"圆形面积为："<<Area()<<endl;
}
double Circle::Area()//计算圆形的面积
{
    return 3.1415926*r*r;
}
```

```
//////////////////////////////////////////////////////////////////////
//  主程序，example8_4.cpp   测试几何图形面积的计算
#include <iostream.h>
#include "shape.h"
void main()
{
    Triangle obj_tri;
    Rectangle obj_rec;
    Circle obj_cir;
    obj_tri.set_side(3,4,5);
    obj_tri.getArea();
    obj_rec.set_side(3,4);
    obj_rec.getArea();
    obj_cir.set_side(10);
    obj_cir.getArea();
}
```

程序运行结果：

```
三角形面积为：6
矩形面积为：12
圆形面积为：314.159
```

该项目在头文件 shape.h 中分别设计了三个类：Triangle、Rectangle、Circle，类中说明了对外的接口，在头文件 shape.h 中可以看到，每个类都拥有自己的属性和共同的操作，但并不知道操作的具体细节。在文件 shape.cpp 中，给出了每个类操作的具体实现方法。在测试程序 example8_4.cpp 中，分别实例化三个类的对象 obj_tri、obj_rec、obj_cir，通过对外接口 set_side()为对象的私有成员赋值，并通过 getArea()获得几何图形的面积。

请注意，通常初学者容易将类设计下面这种错误的形式：

```
class Shape{
public:
    Shape();
    void set_tri(double a,double b,double c);   //设置三角形的边长
    void set_rec(double h1, double h2);          //设置矩形的边长
    void set_cir(double r);                      //设置圆形的半径
    getArea_tri();     //获取三角形的面积
    getArea_rec();    //获取矩形的面积
    getArea_cir();    //获取圆形的面积
private:
    double a,b,c,h1,h2,r;
    double Area_tri();   //计算三角形的面积
    double Area_rec();  //计算矩形的面积
    double Area_cir();  //计算圆形的面积
};
```

初看上面这个类的设计好像没有什么问题，但从软件工程的观点出发，该类实际上并不属于某一个特定的几何对象所。因为该类的对象拥有的属性有 6 个，无论对三角形、矩形还是圆形，都有不属于自己的属性。同样，访问函数和工具函数也都有不属于某个图形的功能。

如果实例化 Shape 类的对象，则有可能出现这样一些混乱的现象：三角形对象可以计算矩形的边长、圆的对象可以计算三角形面积、矩形对象可以获取圆的面积等，这不符合类的设计原则。

请读者思考这样的问题：如果要计算几何图形的周长以及四面体、立方体、球体的体积，该如何改进上面的程序？请读者自行修改程序，进行验证。

【例 8-5】设计一个复数类，可以完成复数的加法运算。

分析：复数通常由实部和虚部组成，两复数相加要求实部与实部相加，虚部与虚部相加。

用 real 代表复数的实部，imag 代表复数的虚部，设计复数类 Complex，由该类中的成员函数 Complex complex_add(Complex &)完成两个复数的相加。

程序如下：

```
//头文件 complex.h  复数类定义
#include <iostream.h>
class Complex{
public:
    Complex();
    Complex( double r, double i);
    Complex complex_add( Complex &c2);
    void display( );
private:
    double real,imag;
};
```

```
//复数类 complex 中的成员函数定义
#include <iostream.h>
#include "complex.h"
Complex::Complex()    //构造函数定义
{
     real=0;
     imag=0;
}
Complex::Complex(double r,double i)   //构造函数定义
{
     real=r;
     imag=i;
}
Complex Complex::complex_add( Complex &c2)  //复数相加的函数定义
{
     Complex c;
     c.real = real + c2.real;          //两个复数的实部相加
     c.imag = imag + c2.imag;          //两个复数的虚部相加
     return c;
}
void Complex::display()       //定义输出函数
{
     cout << "(" << real << "," << imag << "i)" << endl;
}
```

```
//主程序：测试复数的加法运算
#include <iostream.h>
#include "complex.h"
void main( )
{
     Complex c1(8,5),c2(-2,-10),c3;     //定义三个复数对象
     c3=c1.complex_add(c2);             //调用复数相加函数
     cout<<"第 1 个复数：c1=";
     c1.display();                      //输出第 1 个复数的值
     cout<<"第 2 个复数：c2=";
     c2.display();            //输出第 2 个复数的值
     cout<<"两复数相加：c1+c2=";
     c3.display();          //输出两复数相加的值
}
```

程序运行结果为：

```
第 1 个复数：c1=(8,5i)
第 2 个复数：c2=(-2,-10i)
两复数相加：c1+c2=(6,-5i)
```

程序中定义了三个复数对象：c1、c2 和 c3，通过对象 c1 调用成员函数 complex_add(c2)，完成两复数 c1 和 c2 的相加，并将其结果赋给 c3。请读者阅读程序，分析程序的功能。

如果要求程序能进一步计算两复数的相减、两复数相乘和两复数相除的结果，该如何改进上面的程序？请读者自行修改程序，进行验证。

8.8　本章小结

本章从对象的角度出发，介绍了一种新的数据类型“类”。并且介绍了该数据类型的使用方法。主要包含有以下几个方面。

1. 从数据类型的语法关系来看，类是将一组数据和一组操作封装在一起，以构成一种新的数据类型，通过该类的对象调用类中的 public 成员函数，完成对数据的操作。

2. 从软件工程的要求来看，并不是简单地将一组数据和一组操作封装在一起就可以构成类，而应该看这些数据和操作是否属于同一个对象，其中数据代表了对象所具有的属性、操作代表了对象所具有的功能。初学者在设计类的时候往往容易忽视这一点。

3. 类提供的 private 的作用是将数据隐藏，public 的作用是对外接口形式的声明。

4. 类的对象只能访问到类中 public 区的成员，不能直接访问到类 private 区的成员。

5. 将类的接口与实现分离，是软件设计和开发的一个重要途径。

6. 不建议将函数写成 inline 型。

7. 在结构中加入成员函数，相当于类定义中只有 public 成员。

习　题

一、选择题。在以下每一题的四个选项中，请选择一个正确的答案。

【题 8.1】下列关于封装的说法中正确的是________。

A．在 C++中，封装是借助于函数达到的

B．封装不要求对象具备明确的功能

C．在数据封装的情况下，用户可以直接操作数据

D．封装是将一组数据和与这组数据有关的集合组装在一起，形成一个能动的实体

【题 8.2】定义的内容允许被其对象无限制地存取的是________。

A．private 部分　　B．public 部分

C．private 和 public 两部分都可以　　D．以上都不对

【题 8.3】如果没有使用关键字，则所有成员________。

A. 都是 public 权限　　B. 都是 protected 权限

C. 都是 private 权限　　D. 权限情况不确定

【题 8.4】关于成员函数特征的描述中，哪一项是错误的________。

A．成员函数一定是内联函数　　B．成员函数可以重载

C．成员函数可以设置参数的缺省值　　D.成员函数可以是静态的

【题 8.5】有关类和对象的说法不正确的是下面哪一项？

A．对象是类的实例

B．一个类只有一个对象

C．任何一个对象只能属于一个类

D．类与对象的关系和数据与变量的关系相似

【题 8.6】若有语句：

```
char str[50];
cin>>str;,
```

程序执行时，若输入的内容为：object windows programming!

则 str 所得到的结果是下面的那一种？

A．Object Windows Programming　　B．Object

C．Object Windows　　D．Object Windows Programming

【题 8.7】下面哪一项不是构造函数的特征。

A．构造函数的函数名与类名相同　　B．构造函数可以重载

C．构造函数可以设置缺省参数　　D．构造函数必须指定类型说明

【题 8.8】假定 AA 为一个类，int a()为该类的一个成员函数，若该成员函数在类定义体外定义，则函数头应为下面哪一项？

A．int AA::a( )　　B．int AA:a()

C．AA::a()　　D．AA::int a()

【题 8.9】下列关于类定义的说法中，正确的是下面哪一项？

A．类定义中包括数据成员和函数成员的声明

B．类成员的缺省访问权限是保护的

C．数据成员必须被声明为私有的

D．成员函数只能在类体外进行定义

【题 8.10】假定 AA 为一个类，a 为该类私有的数据成员，GetValue( )为该类公有函数成员，它返回 a 的值，x 为该类的一个对象，则访问 x 对象中数据成员 a 的格式为下面哪种形式？

A．x.a　　B．x.a()

C．x->GetValue()　　E．x.GetValue( )

二、填空题。请在下面各题的空白处填入合适的内容。

【题 8.11】数据封装给数据提供了与外界联系的________，只有通过这些________，使用规范的方式，才能访问数据。

【题 8.12】在类中说明的任何成员都不能用________、________和________关键字进行修饰。

【题 8.13】在下面横线处填上适当字句，完成类中成员函数的定义。

```
class A{
private:
        int x;float y;
public:
        A (int aa,float b)
        {
                x=________;   //用 aa 初始化 x
                y=________;   //用 b 初始化 y
        }
};
```

【题 8.14】结构是________的一种特例，其中成员在缺省情况下是________的。

【题 8.15】在下面横线处填上适当字句，使其输出结果为 25，10。

```
#include <iostream.h>
class Location{
private:
          int X,Y;
public:
          ________;
          int GetX()
          {
              return X;
          }
          int GetY()
          {
              return Y;
          }
}
void Location::init(int k,int t)
{
     X=k;Y=t;
}
void main()
{
     Location a;
     a.init(25,10);
________;        //输出对象 a 的数据成员 X 和 Y 的值。
}
```

【题 8.16】假定 AB 为一个类，则执行 "AB a[10];" 语句时，系统自动调用该类构造函数的次数为________。

【题8.17】若类Sample 中只有如下几个数据成员：const float f，const char c，则其构造函数应定义为________________________________。

【题 8.18】类的构造函数是在______________时被调用。

【题 8.19】若有如下定义：

```
class MA{
private: int value;
public:
        MA(int n=0)
        {value=n; }
};
MA *ta,tb;
```

其中 MA 类的对象名标识符是__________ 。

【题 8.20】在对象的模型中，最基本的概念是对象和 __________ 。

三、程序理解题。请阅读下面的程序，写出程序的运行结果。

【题 8.21】

```
#include <iostream.h>
class A{
public:
      static int x;
   int y;
};
int A::x=15;
void main()
{
      A a;
```

```
    cout<<A::x<<endl;
    cout<<a.x<<endl;
}
```

【题 8.22】

```
#include <iostream.h>
class test{
private:
    int num;
public:
    test();
    int get(){return num;}
    ~test();
};
test::test(){num=0;}
test::~test(){cout<<"Destructor is active"<<endl;}
void main()
{
    test t[2];
    cout<<"Exiting main"<<endl;
}
```

【题 8.23】

```
#include <iostream.h>
class salary{
private:
    int x,y;
    static int n;
public:
    salary(int b):x(b){}
    void f(double i)
    {
        y=x*i;
    }
    static void g(int p)
    {
        n=p;
    }
    int h()const
    {
        return(x+y+n);
    }
};
int salary::n=100;
void main()
{
    salary s1(1000),s2(2000);
    s1.f(0.2);s2.f(0.15);
    salary::g(400);
    cout<<"s1="<<s1.h()<<",s2="<<s2.h()<<"\n";
}
```

【题 8.24】

```
#include <iostream.h>
class t{
private:
    int x;float y;
```

```
public:
     t(int n)
     { x=n; }
     t(int n,float f)
     { x=n;
         y=f;
     }
     int f()
     { return x; }
     float g()
     { return y; }
};
t one[2]={3,4};
t two[2]={t(3,5.5),t(7,8.8)};
void main()
{
     for(int i=0;i<2;i++)
         cout<<"one["<<i<<"]="<<one[i].f()<<endl;
     cout<<endl;
     for(int i=0;i<2;i++)
         cout<<"two["<<i<<"]=("<<two[i].f()<<","<<two[i].g()<<")"<<endl;
}
```

【题 8.25】

```
#include <iostream.h>
class A{
private:
     int a,b;
public:
     A(int m,int n)
     { a=m;b=n;    }
     void fun()
     { cout<<a<<","<<b<<endl;   }
     void fun()const
     { cout<<a<<":"<<b<<endl;   }
};
void main()
{
     A a(5,8);
     a.fun();
     const A b(8,5);
     b.fun();
}
```

【题 8.26】

```
#include <iostream.h>
class ConstFun{
public:
     const int f5()
     { return 5;    }
     int obj()
     { return 3;    }
};
void main()
{
     ConstFun a;
     const int i=a.f5();
     int x=obj();
     cout<<i<<" "<<x<<endl;
```

```
    const ConstFun b;
    int j=b.f5();
    cout<<j<<endl;
}
```

【题 8.27】运行下面的程序时，输入的数据分别为 15 和 12，请写出程序运行结果。

```
#include <iostream.h>
class Rectange{
private: int width,length;
public:
     Rectange(int x,int y)
     { length=x;width=y; }
     void show()
     {
          cout<<"The length is:"<<length<<endl;
          cout<<"The width is:"<<width<<endl;
          cout<<The area is:"<<width *length<<endl;
     }
};
void main()
{
     int m,n;
     cout<<"Please Input the length and the width:"<<endl;
     cin>>m;       //输入 m 的值
     cin>>n;       //输入 n 的值
     Rectangle r(m,n); r.show();
}
```

【题 8.28】

```
#include <iostream.h>
class myclass{
private:   int val;
public:
     myclass(int i=0)
     { val=I;  }
     myclass(myclass& cp);
     void set(int i);
     void print();
     ~myclass();
};
myclass::myclass(myclass& cp)
{
     val=cp.val;
     cout<<"Hi.val="<<val<<endl;
}
void myclass::set(int i)
{  val=I;  }
void myclass::print()
{  cout<<"This Print val="<<val<<endl;  }
myclass::~myclass()
{  cout<<"Destructor for val="<<val<<endl;  }
myclass myfun(myclass obj)
{
     obj.print();
     obj.set(10);
     return obj;
}
void gFun()
```

```
{
    myclass my(5),ret;
    ret=myfun(my);
}
void main()
{
    gFun();
    cout<<"Exiting main"<<endl;
}
```

【题 8.29】

```
#include <iostream.h>
class M{
public:
    M(int i)
    { X=i;cout<<X<<endl; }
    M(M &m)
    { X=m.X;cout<<X<<endl; }
    void setX(int a)
    { X=a; }
    ~M()
    { cout<<X<<endl;  }
private:   int X;
};
void main()
{
    M m1(2),m2(m1);
    m2.setX(3);
    M m3=m2;
}
```

【题 8.30】

```
#include<iostream.h>
class S{
private:  int x;
public:
     void setx  (int i)
     {   x=I;   }
     int putx  ( )
     {   return x;   }
};
void main()
{
     S *p, sample [4] ;
     sample [0].setx(1);
     sample [1].setx(2);
     sample [2].setx(3);
     sample [3].setx(4);
     for( int i=0 ; i<4 ; i++ ){
     p=sample+i;
     cout<<p->putx ( )<<" ";
 }
 cout<<endl;
 }
```

四、简答题。简要回答下列几个问题。

【题 8.31】全局变量具有哪些优缺点？

【题 8.32】类与对象有什么关系？

【题 8.33】构造函数与普通函数相比在形式上有什么不同（从构造函数的作用，它的声明形式来分析）？

【题 8.34】什么是常对象？

【题 8.35】类中成员变量怎么进行初始化？

【题 8.36】将类的声明和实现分开有什么好处？

五、编程题。对下面的问题编写成程序并上机验证。

【题 8.37】编写一个名为 Person 的类，用字符串表示人的名字和住址，为 Person 提供一个接受两个 string 参数的构造函数，提供返回名字和住址的操作，这些函数应为 const 型吗？请解释为什么。指明 Person 的哪个成员应声明为 public，哪个成员应声明为 private。请解释为什么。

【题 8.38】设计一个立方体类 Box，能计算并输出不同边长立方体的体积和表面积。要求 Box 类包含三个私有数据成员 a（立方体边长）、volume（体积）和 area（表面积），另有两个构造函数以及 seta()（设置立方体边长）、getvolume()（计算体积）、getarea()（计算表面积）和 display()（输出结果）。

【题 8.39】设计一个点类 Point，再设计一个矩形类，矩形类使用 Point 类的两个坐标点作为矩形的对角顶点。并可以输出 4 个坐标值和面积。使用测试程序验证程序。

【题 8.40】使用内联函数设计一个类，用来表示直角坐标系中的任意一条直线并输出它的属性。

【题 8.41】请编写时间类 Time。其构造函数返回当前时间来初始化类 Time 的对象，并可通过 Time 类的成员函数将类 Time 对象的时间完成以下的操作：

（1）能够进入下一分钟；

（2）能够进入下一小时；

（3）能够进入新的一天；

（4）以标准格式输出时间。

编写程序进行测试。

【题 8.42】建立用于完成复数运算的类 Complex。复数的实部和虚部作为该类的私有数据成员，用浮点数表示。要求构造函数对每一个复数对象的初值都赋值为 0，其他共有成员函数能够完成如下的功能：

（1）设置复数对象的值；

（2）两个复数相加；

（3）两个复数相减；

（4）两个复数相乘；

（5）两个复数相除；

（6）以（a+bi）的形式输出复数。

编写程序进行测试。

【题 8.43】建立用于完成分数形式算术运算的类 RationalNumber。分数的分子和分母作为该类的私有数据成员，用整型数表示，要求通过构造函数的参数带有默认值的方式为该类对象进行初始化，并且要求对所有分数都应以最简形式存储数据（如 2/4 在对象中存储的数据应该为分子为 1、分母为 2 的形式），要求公有成员函数能够完成如下的功能：

（1）两个有理数相加，以最简形式保存计算结果；

（2）两个有理数相减，以最简形式保存计算结果；

（3）两个有理数相乘，以最简形式保存计算结果；

（4）两个有理数相除，以最简形式保存计算结果；

（5）以 a/b 的形式输出有理数；

（6）以浮点形式输出有理数。

编写程序进行测试。

第9章 类与数据抽象（二）

9.1 引言

本章将继续学习类和数据抽象的概念，更深入地了解一些类的性质和作用，通过本章的学习，使读者对类数据类型有更进一步的了解，掌握面向对象程序设计的基本方法。

9.2 构造函数的初始化功能

第8章已经提到过构造函数，构造函数是一种特殊的成员函数，它不需要用户来调用它，在类对象进入其作用域时，系统会自动调用构造函数。

在建立一个对象时，常常需要为对象的数据成员赋初值，亦即进行初始化的工作。如果对象的数据成员未被赋初值，则它的值是不可预料的，系统会取这些存储单元的随机值，作为其数据成员的初始值。这不利于程序的正确执行。

C++规定，类中数据成员的初值不能在定义类的时侯直接进行初始化（这一点与结构数据类型一致），因为类并不是一个实体，而是一种抽象数据类型，并不占用存储空间，无法容纳数据。为了解决这个问题，C++提供了构造函数来处理对象的初始化。

注意

构造函数的一些特点：

1. 构造函数的名字必须与类名相同，使编译系统能准确地识别。

2. 构造函数不具有任何返回值类型，不需要指定返回值类型。

3. 构造函数的功能由用户定义，既可以对数据成员赋初值，也可以包含其他语句，完成一些其他的初始化工作。

4. 构造函数可以带参数也可以不带参数，并允许参数带有默认值，这可根据用户对初始化的要求来设计。

5. 构造函数作为一种函数，也可以重载，针对不同对象的要求，构造函数的功能具有多样化。

第8章已经了解了用构造函数为数据成员赋初值的一般方法，其中构造函数是不带参数的，如果定义了多个类的对象，则系统对每一个对象的初始化工作都是相同的。下面我们来了解另外两种形式的构造函数。

（1）带参数默认值的构造函数

C++规定，构造函数允许带参数，其参数的实际值在定义对象时由对应的实参来确定。这种方式可以方便地为不同的对象赋予不同的初始化值。

用带参数默认值的构造函数初始化数据成员时，对象可以带参数，也可以不带参数。如果不带参数，则对象的数据成员的初值即为默认值；如果对象带参数，则可以带部分参数或者全部参数。

通过下面的例子来具体地了解带参数默认值的构造函数及对象定义的形式。

【例 9-1】定义一个时间类，通过带默认参数的构造函数为多个对象完成初始化。阅读下面的程序，了解带参数构造函数的表示方法。

```
//example9_1.cpp 构造函数带有默认参数
#include <iostream.h>
////////类Time的定义////////
class Time{
public:
    Time(int h=0,int m=0,int s=0);  //构造函数具有默认值
    void printTime();
private:
    int hour,minute,second;
};
////////类Time成员函数定义////////
Time::Time(int h,int m,int s)
{
    hour=h;
    minute=m;
    second=s;
}
void Time::printTime() //输出当前对象的时间
{
    cout<<hour<<":"<<minute<<":"<<second<<endl;
}
////////////主程序//////////////
void main()
{
    Time p1,p2(8),p3(11,40),p4(16,30,45);    //实例化对象p1,p2,p3,p4
    cout<<"p1的初始化时间为：";
    p1.printTime();
    cout<<"p2的初始化时间为：";
    p2.printTime();
    cout<<"p3的初始化时间为：";
    p3.printTime();
    cout<<"p4的初始化时间为：";
    p4.printTime();
```

程序运行结果：

```
p1的初始化时间为：0:0:0
p2的初始化时间为：8:0:0
p3的初始化时间为：11:40:0
p4的初始化时间为：16:30:45
```

程序中构造函数的参数带有默认值，因此，在定义多个对象时，系统会根据对象的参数情况为每个对象赋予不同的初值，但每个对象所进行的初始化工作是一样的。

（2）构造函数重载

为了增加程序设计的灵活性以适应不同的情况，C++允许对构造函数进行重载，也就是说，可以有多个构造函数，每个构造函数的参数类型或者参数的个数不相同，因此，定义对象的方法可以有多种不同的形式。

通过下面的例子来具体地了解带构造函数重载及对象定义的形式。

【例 9-2】假定某商场的营业时间为每天的 9:00～21:00，请修改【例 9-1】所示的程序，通过对象赋予不同的时间初值，输出商场是否正在营业时间内。

阅读下面的程序，了解构造函数重载形式。

```
//example9_2.cpp 构造函数重载
#include <iostream.h>
////////类 Time 的定义////////
class Time{
public:
    Time();
    Time(int h);  //构造函数重载
    void printTime();
private:
    int hour,minute,second;
    char open;
};
////////类 Time 成员函数定义////////
Time::Time()
{
    hour=0;
    minute=0;
    second=0;
}
Time::Time(int h)
{
    hour=h;
    minute=0;
    second=0;
    if(h>=9 && h<=21)
        open='y';
    else
        open='n';
}
void Time::printTime() //输出商场营业时间
{
    if(open=='y')
    {
        cout<<hour<<":"<<minute<<":"<<second;
        cout<<" ——商场的营业时间: "<<endl;
    }
    else
    {
        cout<<hour<<":"<<minute<<":"<<second;
        cout<<" ——商场的歇业时间: "<<endl;
    }
```

```
}

////////////主程序//////////////
void main()
{
      Time p1,p2(8),p3(11),p4(22);     //实例化对象 p1,p2,p3,p4
      cout<<"p1 的初始化时间为：";
      p1.printTime();
      cout<<"p2 的初始化时间为：";
      p2.printTime();
      cout<<"p3 的初始化时间为：";
      p3.printTime();
      cout<<"p4 的初始化时间为：";
      p4.printTime();
}
```

程序运行结果：

```
p1 的初始化时间为：0:0:0 ——商场的歇业时间：
p2 的初始化时间为：8:0:0 ——商场的歇业时间：
p3 的初始化时间为：11:0:0 ——商场的营业时间：
p4 的初始化时间为：22:0:0 ——商场的歇业时间：
```

程序对构造函数进行了重载，因此，在定义多个对象时，系统会根据对象的参数情况为每个对象赋予不同的初值，并且会根据不同的对象进行不同的初始化工作。

在上面【例 9-1】和【例 9-2】的两个程序中，主程序部分的代码是相似的，亦即对象定义的形式是相同的，但由于构造函数的功能是不一样的，对于带有默认参数的构造函数，不论定义的对象有多少个，每个对象所完成的工作是相同的。而对于构造函数的重载，定义多个对象后，每个对象所完成的工作不一定是相同的。

注意　由于构造函数是由系统自动调用的，为了避免系统自动调用构造函数造成混乱，C++规定，带有默认参数的构造函数和构造函数的重载不允许同时出现在同一个类定义中。

9.3　const 对象和 const 成员函数

通常，类对象的属性值通过 public 成员函数是可以修改的，但有时候不希望修改对象的属性值，这时，可以用 const 来限定该对象。例如：人的出生日期是不能修改的，因此，对于【例 9-2】所示的日期类，定义对象时可加上 const：

```
const Date MyBrithday(1980,6,28);
```

这样，要求 MyBrithday 对象的属性不能被修改，为了能达到这个目的，const 对象就不能像普通对象那样可以调用该类的每一个 public 成员函数，因为有些成员函数需要去修改对象的值。如何解决这个问题呢？C++规定，const 成员函数不允许修改对象的属性值。因此，const 对象只能调用 const 成员函数。const 成员函数是在声明成员函数时，在参数后面加上关键字 const。例如：

```
int getBrithdayYear() const;
```

则 getBrithdayYear()成为了 const 成员函数。

显然，const 成员函数只是不允许修改对象的属性值，但它并不是专属于 const 对象来调用的，因此，普通对象（非 const 对象）也可以调用 const 成员函数。

【例 9-3】阅读下面的程序，了解 const 对象、const 成员函数的使用规则。

```
//example9_3.cpp 了解 const 对象、const 成员函数的使用规则
#include <iostream.h>
//////////////////////////////////////////////////////////////////////
// 定义 Date 类:
class Date
{
public:
    Date(int d=0, int m=0, int y=0);
    void setDate(int y,int m,int d);
    void setYear(int y);
    int getYear() const;   //const 成员函数
    void getDate()const;
private:
    int day;
    int month;
    int year;
};
//////////////////////////////////////////////////////////////////////
// 类中成员函数定义:
Date::Date(int d, int m, int y)
{
    day = d;
    month = m;
    year = y;
}
void Date::setDate(int d, int m, int y)
{
    day = d;
    month = m;
    year = y;
}
void Date::setYear(int y)
{
    year = y;
}
int Date::getYear() const
{
    return year;
}
void Date::getDate()const
{
    cout<<year<<"-"<<month<<"-"<<day<<endl;
}
//////////////////////////////////////////////////////////////////////
// 主程序:
void main()
{
    int year;
    const Date mybirthday(14,8,1980);   // mybirthday 为 const 对象
    year = mybirthday.getYear();        // const 对象调用 const 成员函数
    cout<<"year of mybirthday is:"<<year<<endl;
    mybirthday.getDate();
    //mybirthday.setDay(25,10,1990);   错误原因: const 对象调用非 const 成员函数
```

```
    Date yourbirthday;
    yourbirthday.setDate(25,10,1990);    // yourbirthday为非const对象
    year = yourbirthday.getYear();       //允许非const对象调用const成员函数
    cout<<"year of yourbirthday is:"<<year<<endl;
    yourbirthday.getDate();
}
```

程序运行结果：

```
year of mybirthday is:1980
1980-8-14
year of yourbirthday is:1990
1990-10-25
```

显然，程序中的 const 对象 mybirthday 只能调用 const 成员函数，如果对象 mybirthday 调用非 const 成员函数，则编译器会提示其为错误的语句，保护 const 对象的属性，使其免遭意外被修改。但是非 const 对象可以调用 const 成员函数，如程序中所示。

数据成员作为对象的属性，也可以是 const 型的。C++规定，如果数据成员为 const 型的，则该数据成员的初值必须通过构造函数，采用初设列表的方式来完成，不允许采用赋值的方式对其进行初始化。

const 型数据成员的初始化形式为：

```
<构造函数>:数据成员名(参数名)[,数据成员名(参数名)…]
```

假如有这样的类定义：

```
class Temp{
public:
    Temp(int x, int y);
    ……
private:
      const int number;
      int s;
};
则数据成员number的初始化形式为：
Temp ::Temp(int x, int y) : number(y)
{
      s=x;
}
当有对象定义时：Temp obj(12,24);
```

对象的 const 型私有数据成员 number 的值为 24，并且该值在程序中不允许被改变，但该对象的另一个私有数据成员 s 的初值为 12，程序可以改变该数据成员的值。

【例 9-4】假定某数据在平面坐标上的第一个采样点(dx,dy)是随机的，此后沿 x 轴，每隔 dx 长度取一个采样点（y 轴坐标不变），请输出随后连续 5 个采样点的坐标。

程序如下：

```
//example9_4.cpp  采用点的坐标输出
#include <iostream.h>
#include <stdlib.h>
#include <time.h>
////////////////////////////////////////////////////////////////////////
//类定义：
```

```
class TakePoint
{
public:
     TakePoint(int p);
     void add();
     void print() const;
private:
     const int piontX;
     int dx;
     int dy;
};
//////////////////////////////////////////////////////////////////////////
//成员函数定义：:
TakePoint:: TakePoint (int p):piontX(p)
{
     srand(time(NULL));
     dx=rand()%20;
     dy=rand()%20;
     cout<<"随机采样点：dx="<<dx<<", dy="<<dy<<endl;
     cout<<"x 坐标的采样间隔值："<<piontX<<endl;
}
void TakePoint:: print() const
{
     cout<<"dx="<<dx<<", dy="<<dy<<endl;
}
void TakePoint::add()
{
     dx+=piontX;
}
//////////////////////////////////////////////////////////////////////////
//主程序:
void main()
{
     TakePoint Testobj(5);
     cout<<"起始采样点坐标：";
     Testobj.print();
     for(int m=1;m<=5;m++ )
     {
          Testobj.add();
          cout << "新的采样点坐标" <<m<< ":";
          Testobj.print();
     }
}
```

程序运行结果：

```
随机采样点：dx=17, dy=10
x 坐标的采样间隔值：5
起始采样点坐标：dx=17, dy=10
新的采样点坐标 1：dx=22, dy=10
新的采样点坐标 2：dx=27, dy=10
新的采样点坐标 3：dx=32, dy=10
新的采样点坐标 4：dx=37, dy=10
新的采样点坐标 5：dx=42, dy=10
```

在上面的程序中，数据成员 dx、dy 代表着初始采样点，是随机产生的，由对象生成时自动生成，并且每次的随机值不相同。piontx 为 x 坐标的采样间隔点的增量，因该间隔增量值保持不变，因此将其设计成 const 型。y 坐标保持不变。

9.4 析构函数的作用

析构函数（destructor）是类的另一个特殊的成员函数，同构造函数相同，析构函数的名称也是与类名相同的，但必须在类名前加上“～”符号，表示与构造函数的区别。

与构造函数相同的是，析构函数不允许指定任何返回值类型。析构函数的作用与构造函数相反，是系统用来在释放对象之前做的一些清理工作，如利用 delete 运算符释放由 new 分配的内存空间、清零某些内存单元等。

当对象的生命周期结束时，系统会自动调用该对象所属类的析构函数。

例如，假如有一个关于日期的类定义：

```
class Date{
public:
     Date(int y=0,int m=0,int d=0);
     ~Date();
     void setdate(int y,int m,int d);
     void getdate();
private:
     int year;
     int month;
     int day;
};
```

上面的函数～Date()即为类 Date 的析构函数。

关于析构函数的几点说明：

（1）析构函数只是提供了一种机制，可以去释放内存、清除指针。但是实际操作的内容需要添加程序代码才能实现。

（2）假如程序中定义了一些用 new 分配的空间、用 static 分配的空间、或全局变量等，执行析构函数时，其中 new 分配的空间需要用 delete 释放，其他空间会默认释放。

（3）如果没有在析构函数中添加内容，亦即析构函数为空，则系统调用析构函数时，除了可以默认释放的空间，其他什么也不会执行。

（4）可以将析构函数理解为 C++预留的一个释放接口，主要是用来释放程序所申请的内存资源等。

（5）析构函数是由系统自动调用的，函数仅仅是提供了一个自动调用的接口，至于它可以做什么，完全取决于实现该析构函数的程序员。

（6）析构函数的作用不一定要被局限在资源回收上，一般地，析构函数可以执行任何操作。

【例 9-5】阅读下面的程序，了解构造函数和析构函数的调用顺序

```
//example9_5.cpp  了解构造函数和析构函数的调用顺序
#include <iostream.h>
class Book
{
public:
    Book(int p=0);
    void setPage(int p);
```

```
        void getPage();
        virtual ~Book();
    private:
        int pages;
    };
    Book::Book(int p)
    {
        pages = p;
        cout << "Constructor called. pages is " << pages << endl;
    }
    Book::~Book()
    {
        cout << "Destructor called. pages is " <<pages<< endl;
    }
    void Book::setPage(int p)
    {
        pages=p;
    }
    void Book::getPage()
    {
        cout<<"The pages is "<<pages<<endl;
    }
    void main()
    {
        Book b1(300);
        Book b2(200);
        Book b3;
        b3=b1;
        b1.setPage(100);
        b3.getPage();
        cout<<"The End!"<<endl;
    }
```

程序运行结果为：

```
Constructor called. pages is 300
Constructor called. pages is 200
Constructor called. pages is 0
The pages is 300
The End!
Destructor called. pages is 300
Destructor called. pages is 200
Destructor called. pages is 100
```

程序 example9_5.cpp 演示了构造函数和析构函数的调用顺序，程序设计时，我们可以充分利用这个特点，完成一些特定的需要。

请注意上面程序中的语句：

```
b3=b1;
```

代表对象的赋值。C++允许对象之间直接赋值，表示将对象 b1 的数据成员的值赋给对象 b3 的数据成员，所以，对象 b3 的私有成员 pages 的值即为 300。

9.5　类的复合——类可以作为其他类的成员

众所周知，一个已定义好的结构，可以成为另一个结构中成员的类型。同样，类也具有相同的性质，一个已定义好的类，可以成为另一个类中成员的类型。在软件工程中，这种情况称为类的复合（或称为类的组合）。

例如，假设已有一个关于日期的类：

```
class Date{
public:
      Date(int y=0,int m=0,int d=0);
      ~Date();
      void setdate(int y,int m,int d);
      void getdate();
private:
      int year;
      int month;
      int day;
};
```

如果想要定义一个职员（employee）类，职员的基本属性有：姓名、出生日期等。其中出生日期的类型属于 Date 类型，职员类的定义如下：

```
class Employee{
public:
      Employee(char *pname,char *paddr,int y,int m,int d);
      ……;
      ……;
Private:
      char name[20];
      char addr[50];
      Date birthday;
};
```

employee 类中的 birthday 即为对象成员。需要注意的是，这时成员对象 birthday 并不会调用 Date 类的构造函数，因为定义对象 birthday 时，并没有创建 Date 类的对象，当实例化 employee 类的对象：

```
Employee p;
```

这时，系统会自动调用构造函数，为对象成员进行初始化并分配内存空间。

> **注意** 组合类中的数据成员为另一个类的对象，因此组合类中构造函数的声明形式和定义形式会有些变化。

注意到上面组合类中的构造函数声明形式：

```
Employee(char *name, char *addr, int y,int m,int d);
```

C++规定，复合类构造函数的声明中，函数的参数应包含成员对象的数据成员类型，而不能直接写成类名：`Employee(char *name,Date birth);`

【例 9-6】建立一个职员类，描述职员的信息包含有姓名、住址、出生日期。阅读下面的程序，了解组合类的使用和其特性。

分析：假定描述职员的信息需要姓名、住址、出生日期，其中出生日期属于日期类。职员的属性中包含有日期类的对象。分别定义日期类 Date 和职员类 Employee。

程序如下:

```
//employee.h
#include <iostream.h>
#include <string.h>
/////////////////////////////////////////////////////////////////////
//类 Date 的定义:
class Date{
public:
     Date(int y=0,int m=0,int d=0);
     ~Date();
     void setdate(int y,int m,int d);
     void getdate();
private:
     int year;
     int month;
     int day;
};

/////////////////////////////////////////////////////////////////////
//组合类 employee 的定义
class Employee{
public:
     Employee(char *pname,char *paddr);
     Employee(char *pname,char *paddr,int y,int m,int d);
     ~Employee();
     void setname(char *pname);
     void setaddr(char *paddr);
     void printmessage();
private:
     char name[20];
     char addr[30];
     Date birthday;
};
/////////////////////////////////////////////////////////////////////
```

```
//employee.cpp
#include <iostream.h>
#include <string.h>
#include "employee.h"
//类 Date 中成员函数的定义
Date::Date(int y,int m,int d)
{
     cout<<"This is class Date"<<endl;
     year=y;
     month=m;
     day=d;
}
Date::~Date()
{
     cout<<"Exit from class Date"<<endl;
}
void Date::setdate(int y,int m,int d)
{
     year=y;
     month=m;
     day=d;
```

```
}
void Date::getdate()
{
    cout<<year<<"-"<<month<<"-"<<day<<", ";
}

////////////////////////////////////////////////////////////////////
//组合类 employee 中成员函数的定义
Employee::Employee(char *pname,char *paddr)
{
    cout<<"This is class Employee(1)"<<endl;
    strcpy(name,pname);
    strcpy(addr,paddr);
}
Employee::Employee(char *pname,char *paddr,int y,int m,int d):birthday(y,m,d)
{
    cout<<"This is class Employee(2)"<<endl;
    strcpy(name,pname);
    strcpy(addr,paddr);
}
Employee::~Employee()
{
    cout<<"Exit from class Employee"<<endl;
}
void Employee::setname(char *pname)
{
    strcpy(name,pname);
}
void Employee::setaddr(char *paddr)
{
    strcpy(addr,paddr);
}
void Employee::printmessage()
{
    cout<<"姓名: "<<name<<", 出生日期";
    birthday.getdate();
    cout<<"住址: "<<addr<<endl;
}
////////////////////////////////////////////////////////////////////
```

```
//example9_6.cpp
#include <iostream.h>
#include <string.h>
#include "employee.h"
void main()
{
    Employee person1("Lisa","Changan Street No.120",1980,3,19);
    Employee person2("Matin","Dongfeng Street No.67");
    cout<<"第 1 个人的信息: ";
    person1.printmessage();
    cout<<"第 2 个人的信息: ";
    person2.printmessage();
}
```

程序运行结果：

```
This is class Date
This is class Employee(2)
```

```
This is class Date
This is class Employee(1)
第 1 个人的信息：姓名：Lisa，出生日期 1980-3-19，住址：Changan Street No.120
第 2 个人的信息：姓名：Matin，出生日期 0-0-0，住址：Dongfeng Street No.67
Exit from class Employee
Exit from class Date
Exit from class Employee
Exit from class Date
```

从程序的运行结果不难看出，定义复合类对象时，系统会自动调用两个类中的构造函数，为复合类对象赋初值。因此，定义复合类对象 person1 的时候，会先调用 Date 类的构造函数，再调用本类 Employee 中的构造函数。

常见的问题是：复合类的构造函数没有对该类所拥有的对象数据进行初始化，这时系统会采用该对象所属类的构造函数为其进行初始化，如程序中复合类对象 person2，其对应的构造函数没有为 Date 类的数据进行初始化，因此，系统自动调用 Date 类中的构造函数，将 person2 中对象成员 birthday 的值被初始化为 0。

请注意程序中复合类的构造函数的定义形式：

```
Employee::Employee(char *pname,char *paddr,int y,int m,int d):birthday(y,m,d)
{
    ……
}
```

C++规定，对于复合类中的对象数据，必须采用初设列表的形式为该对象赋初值。

9.6　类的静态成员

如果程序要共享某个数据，通常的做法是建立全局变量。但现在的问题是面向对象的程序主要是由对象构成的，怎样才能在类范围内共享数据呢？

C++规定，将类的数据成员和成员函数声明为静态型（static）的，便能在类范围内共享，我们把这样的成员称做静态成员和静态成员函数。

类的静态数据成员代表的是该类所有对象共享的信息。关于类的静态成员，请注意以下几个特点：

（1）静态数据成员和成员函数既可以放在 public 区，也可以放在 private 区。

（2）放在 private 区的静态数据成员相当于该类对象的“全局变量”。

（3）放在 public 区的静态数据成员可以在程序中充当“全局变量”，可以不通过对象直接访问，访问时加上范围运算符就可以了（注：这种方式不符合面向对象程序设计规范）。一般地，不建议将静态数据成员放在 public 区。

（4）不能通过构造函数进行初始化，必须通过赋值方式为其赋初值，并且不要在头文件中初始化静态数据成员。

初始化的形式为：`<数据类型> <类名>::<静态数据成员名>=<初值>;`

（5）只能通过类的静态成员函数来访问类的静态数据成员。

（6）静态成员函数不可以访问类的非静态成员。

【例 9-7】阅读下面的程序，了解静态数据成员和静态成员函数的作用。

程序如下：

```
//test.h  了解静态成员的作用
#include <iostream.h>
class Test {
public:
     Test();
     ~Test();
     Test(int a, int b, int c);
     void set(int a, int b, int c);
     static int getCount();       //静态成员函数
private:
     int x;
     int y;
     int z;
     static int count;   //静态数据成员
};
```

```
//test.cpp  类中成员函数的定义
#include <iostream.h>
#include "test.h"
Test::Test()
{
     set(0,0,0);
     count++;
     cout<<"The objiect increased: "<<count<<endl;
}
Test::Test(int a, int b, int c)
{
     x = a;
     y = b;
     z = c;
     count++;
     cout<<"The objiect increased: "<<count<<endl;
}
Test::~Test()
{
     count--;
     cout<<"The objiect decreased: "<<count<<endl;
}
void Test::set(int a, int b, int c)
{
     x = a;
     y = b;
     z = c;
}
int Test::getCount()
{
     return count;
}

int Test::count=0;  //静态数据成员赋初值
```

```
//example9_7.cpp    了解静态成员的作用
#include <iostream.h>
#include "test.h"
```

```
void main()
{
      Test t1;
      cout << "There is only "<<Test::getCount()<<" object."<<endl; //允许直接调用静态成员函数
      Test t2(1,2,3);
      cout << "There are "<<Test::getCount()<<" objects."<<endl;  //允许直接调用静态成员函数
      cout<<"The End"<<endl;
}
```

程序运行结果：

```
The objiect increased: 1
There is only 1 object.
The objiect increased: 2
There are 2 objects.
The End
The objiect decreased: 1
The objiect decreased: 0
Press any key to continue.
```

从程序中不难看出，静态数据成员 count 可以成为该类对象的计数器，当建立新的对象时，系统会自动调用构造函数，为静态成员的计数器 count 加 1。很显然，静态数据成员 count 是属于该类对象共有的，而不专属于哪一个对象，因此，可以利用这个特点来统计该类对象的个数。

C++规定：静态数据成员的初始化应该在主函数调用之前，不能放在类定义的文件中，只能放在成员函数定义的文件中或者放在主程序中 main()函数之前。本程序中静态数据成员的初始化语句：

```
int Test::count=0;
```

是放在成员函数定义的文件中。

另外，如果静态成员是 public 的，如程序中的 getCount()函数，则允许在程序中直接调用，不需要通过对象来调用，调用时需要指明该函数所属的类，例如：

```
Test::getCount()
```

通过这种方式即可直接调用静态成员函数。但这种方式破坏了面向对象的封装性，因此，不建议将静态成员设置成 public，除非是有必要这么做。

9.7　程序范例

【例 9-8】一个复合类的应用。假定某学校有不同的专业，每个专业有不同的课程，学生的信息包括学号、姓名、专业、所修课程及成绩等。利用复合类，输出学生的信息。

分析：假定该学校的专业数为 100，每个专业班级人数为 30。分别设计三个类 Student、Class、School。其中 Student 为学生类，主要包含学生的学号、姓名等基本信息；Class 为专业类，主要包含专业名称、课程名称、班级人数等信息（班级人数在此不超过 30 人）；School 为学校类，主要包含有专业数等信息（专业数在此不超过 100）。

程序如下：

```
//major.h 类定义
#include <string>
#include <iostream>
using namespace std;

#define MAX_STUDENT 30   //学生人数
#define MAX_CLASS 100    //班级数

/////////////////////////////////////////////////////////////////////
//定义学生类:
class Student{
public:
      Student(int i=0, string s="");
      void setScore(int t);
      void update();
      void print();
private:
      int id;
      string name;
      int score;
};
/////////////////////////////////////////////////////////////////////
//定义专业班级类:
class Class {
public:
      Class(string d="", string c="");
      void addStudent(Student& stu);
      void printClass();
private:
      Student* s[MAX_STUDENT]; //每专业班级的人数最多为 MAX_STUDENT
      string dept;     //所属专业名称
      string course;  //所修课程名称
      int num;         //班级人数
};
/////////////////////////////////////////////////////////////////////
//定义学校:
class School {
public:
      School();
      void addClass(Class& cls);
      void printSchool();
private:
      Class* c[MAX_CLASS];  //学校的专业数最多不超过 MAX_CLASS
      int num;
};
```

```
//major.cpp 类中各成员函数定义
#include <string>
#include <iostream>
#include "major.h"
using namespace std;
/////////////////////////////////////////////////////////////////////
//学生类:
Student::Student(int i, string s)
{
```

```
    id=i;
    name=s;
}
void Student::setScore(int t)
{
    score=t;
}
void Student::update()
{
    cout<<"-----------请更新学生的信息：-----------\n";
    cout<<"请输入学号:";
    cin>> id;
    cout<< "请输入姓名:";
    cin>> name;
    cout<< "请输入成绩:";
    cin>> score;
    cout<<"-----------------------------------\n";
}
void Student::print()
{
    cout<<id <<"\t"<<name<<"\t"<<score<<endl;
}
/////////////////////////////////////////////////////////////
//班级类:
Class::Class(string d, string c)
{
    dept=d;
    course=c;
    num=0;
}
void Class::addStudent(Student& stu)
{
    if(num==MAX_STUDENT)
    {
        cout<<"No more student!"<<endl;
        return;
    }
    s[num]=&stu;
    num ++;
}
void Class::printClass()
{
    cout<<"专业："<<dept<<"，课程："<<course<<endl;
    cout<<"学号\t"<<"姓名\t成绩"<<endl;
    for(int i=0; i<num; i++)
    {
        s[i]->print();
    }
}
/////////////////////////////////////////////////////////////
//定义专业类:
School::School()
{
    num=0;
}
void School::addClass(Class& cls)
{
    if(num==MAX_CLASS)
    {
```

```
            cout<<"班级数已满!"<<endl;
            return;
        }
        c[num]=&cls;
        num++;
    }
    void School::printSchool()
    {
        for(int i=0; i<num; i++)
        {
            c[i]->printClass();
        }
    }
```

```
    //example9_8.cpp 主程序
    #include <string.h>
    #include <iostream.h>
    #include "major.h"

    void main()
    {
        School s;                                //实例化某学校的对象

        Class c1("计算机科学","程序设计");       //第1个专业和课程
        Student stu1(1,"Alice");                 //实例化学生对象1
        Student stu2(2,"Bob");                   //实例化学生对象2
        c1.addStudent(stu1);                     //将专业1和课程分配给学生1
        c1.addStudent(stu2);                     //将专业1和课程分配给学生2
        stu1.setScore(80);                       //输入学生1的成绩
        stu2.setScore(85);                       //输入学生2的成绩

        Class c2("数学","线性代数");             //第2个专业和课程
        Student stu3(3, "Tom");                  //实例化学生对象3
        Student stu4(4, "Peter");                //实例化学生对象4
        c2.addStudent(stu3);                     //将专业2和课程分配给学生3
        c2.addStudent(stu4);                     //将专业2和课程分配给学生4
        stu3.setScore(90);                       //输入学生3的成绩
        stu4.setScore(95);                       //输入学生4的成绩

        s.addClass(c1);                          //将专业1的学生加入到学校中
        s.addClass(c2);                          //将专业2的学生加入到学校中
        s.printSchool();                         //输出所有信息

        stu1.update();                           //更新学生1的信息
        s.printSchool();                         //重新输出所有信息
    }
```

程序运行结果：

```
专业：计算机科学，课程：程序设计
学号    姓名    成绩
1       Alice   80
2       Bob     85
专业：数学，课程：线性代数
学号    姓名    成绩
3       Tom     90
4       Peter   95
```

```
-----------请更新学生的信息：-----------
请输入学号:1
请输入姓名:Nice
请输入成绩:88
------------------------------------
专业：计算机科学，课程：程序设计
学号    姓名    成绩
1       Nice   88
2       Bob    85
专业：数学，课程：线性代数
学号    姓名    成绩
3       Tom    90
4       Peter  95
```

请读者阅读上面的程序，理解和掌握复合类的应用。分析程序的功能及不足，模拟实际情况，修改程序并进行验证。

【例 9-9】模拟一个网页访问量的统计，累计某服务器被访问的次数。

分析：该程序定义 ServerThread 类来模拟服务器访问的线程。构造函数参数为被访问的 URL。该类定义了一个静态成员 visit_count 用以统计网页被访问的次数。成员函数 fetchContent()被调用时，visit_count 会被累加。静态成员函数 getCount()用来获取总访问次数、printCount()用来输出总访问次数。

程序如下：

```
#include <string>
using namespace std;
#ifndef SERVERTHREAD_H_
#define SERVERTHREAD_H_
class ServerThread
{
public:
     ServerThread();
     ServerThread(string u);
     void fetchContent();
     static int getCount();
     static void printCount();
private:
     string url;
     static int visit_count;
};
#endif /* SERVERTHREAD_H_ */
```

```
//ServerThread.cpp  类中成员函数定义
#include "ServerThread.h"
#include <iostream>
ServerThread::ServerThread()
{
     cout<<"服务器访问次数统计，当前访问次数："<<visit_count<<endl;
}
ServerThread::ServerThread(string u)
{
     url = u;
}
void ServerThread::fetchContent()
{
     cout << "Content on " << url << " fetched." << endl;
```

```
    visit_count++;
}
int ServerThread::getCount()
{
        return visit_count;
}
void ServerThread::printCount()
{
    cout << "服务器被访问 " << visit_count << " 次" << endl;
}
int ServerThread::visit_count = 0;
```

```
//example9_9.cpp  主程序
#include <string>
#include <iostream>
#include "ServerThread.h"

int main()
{
    ServerThread Visit;
    ServerThread r1("http://www.a.com");
    r1.fetchContent();  //访问次数增加1
    Visit.printCount();
    ServerThread r2("http://www.a.com");
    r2.fetchContent();  //访问次数增加1
    Visit.printCount();
    ServerThread r3("http://www.b.com");
    r3.fetchContent();  //访问次数增加1
    Visit.printCount();
    return 0;
}
```

程序运行结果：

```
服务器访问次数统计，当前访问次数：0
Content on http://www.a.com fetched.
服务器被访问 1 次
Content on http://www.a.com fetched.
服务器被访问 2 次
Content on http://www.b.com fetched.
服务器被访问 3 次
```

请读者阅读上面的程序，了解类静态成员的应用。分析程序中的功能及不足，根据实际情况，修改程序并进验证。

9.8 本章小结

本章继续讨论了类与数据抽象的几个深入问题，主要包含以下几个方面的内容：

（1）构造函数的功能

通常构造函数被用来对数据成员进行初始化，但实际上并不仅限于此，可以利用构造函数来进行程序所需要的其他初始化的工作。

（2）构造函数的形式

① 构造函数允许带有默认参数，在这种情况下，所有对象除了他们的初值不相同，所完成的初始化工作是相同的。

② 构造函数可以重载，在这种情况下，不同对象所完成的初始化工作可以不相同，根据对象所给参数的不同，构造函数所执行的功能也不相同。

③ const 数据成员提供的是对象不变的属性，对 const 数据成员进行初始化时，必须在构造函数定义时采用参数列表的形式来进行。

④ 复合类的构造函数对其含有的另一个类的数据成员进行初始化时，必须采用参数列表的形式对其进行初始化（如【例 9-6】所示）。

（3）const 成员函数的作用

如果不希望对象的数据成员在程序中被改变，可以将其设置成 const 型。const 数据成员只允许被 const 成员函数访问，但 const 成员函数可以访问本类中的其他数据成员，包括 const 数据成员和非 const 数据成员。

（4）static 成员函数的作用

如果将 public 区的成员函数设置成 static 型的，则该 static 函数可以不通过对象来调用，一般情况下不建议将 public 区的对外接口设置成 static 型。

（5）析构函数的功能

析构函数的作用与构造函数相反，主要是用来清理内存空间的，但也不仅限于此，当对象的生命结束时，可利用析构函数来完成一些后续的工作。

习　题

一、选择题。在以下每一题的四个选项中，请选择一个正确的答案。

【题 9.1】缺省的析构函数的函数体是________。

A. 不存在的　　B. 随机产生的

C. 空的　　D. 无法确定的

【题 9.2】以下说法中正确的是________。

A．一个类只能定义一个构造函数，但可以定义多个析构函数

B．一个类只能定义一个析构函数，但可以定义多个构造函数

C．构造函数与析构函数同名，只是名字前加了一个波浪号（～）

D．构造函数可以指定返回类型，而析构函数不能指定任何返回类型，即使是 void 类型也不可以

【题 9.3】由于数据隐藏的需要，静态数据成员通常被说明为________。

A．私有的　　B．保护的

C．公有的　　D．不可访问的

【题 9.4】析构函数不用于________。

A．在对象创建时执行一些清理任务　　B．在对象消失时执行一些清理任务

C．释放由构造函数分配的内存　　D．在对象的生存期结束时被自动调用

【题 9.5】public 区的静态成员函数________。

A．只能通过对象名（或指向对象的指针）访问该对象的静态成员

B．不允许通过对象名（或指向对象的指针）访问该对象的非静态成员

C．可以被任何对象访问

D．可以不通过对象访问

【题 9.6】类的静态成员________。

A．是指静态数据成员

B．是指静态成员函数

C．为该类的所有对象共享

D．遵循类的其他成员所遵循的所有访问限制

【题 9.7】静态数据成员的初始化必须在下面的哪一项中进行________。

A．类内　　B．类外

C．在构造函数内　　D．静态成员函数内

【题 9.8】下面对静态数据成员的描述中，哪一项是正确的________。

A．静态数据成员是类的所有对象共享的数据

B．类的每一个对象都有自己的静态数据成员

C．类的不同对象有不同的静态数据成员值

D．静态数据成员不能通过类的对象调用

【题 9.9】对类的构造函数和析构函数描述正确的是下面的哪一项________。

A．构造函数可以重载，析构函数不能重载

B．构造函数不能重载，析构函数可以重载

C．构造函数可以重载，析构函数也可以重载

D．构造函数不能重载，析构函数也不能重载

【题 9.10】已知：print()函数是一个类的常成员函数，它无返回值，下列表示中哪一项是正确的。

A．`void print( ) const;`　　B．`const void print( );`

C．`void const print( );`　　E．`void print(const);`

二、填空题。请在下面各题的空白处填入合适的内容。

【题 9.11】构造函数是和________同名的函数，但要在后者的名字之前冠有一个________，以区别于前者。

【题 9.12】用关键字 static 修饰的成员称为________。

【题 9.13】已知 AA 是一个类，则 `AA *a[2];` 表示声明了一个________数组。

【题 9.14】在下面横线处填上适当字句，使程序输出结果为：

```
x=10,y=5
x=5,y=10
Delete x=5,y=10
Delete x=10,y=5
```

```
#include <iostream.h>
class tt{
private:
        int x,y;
public:
        tt(int a, int b)
```

```
        {
            x=a; y=b;
            ________________________;
        }
        ~tt(){ ________________________;}
};
void main()
{
    tt arr[2]={tt(10,5),tt(5,10)};
}
```

【题 9.15】不带参数的构造函数又称为________。

【题 9.16】当一个类对象离开它的作用域时，系统将自动调用该类的________。

【题 9.17】对于任意一个类，析构函数的个数最多为________个。

【题 9.18】类的析构函数的主要作用是________。

【题 9.19】析构函数不允许有参数和________。

【题 9.20】为了避免在调用成员函数时修改对象中的任何数据成员，则应在定义该成员函数时，在函数头的后面加上________关键字。

三、程序理解题。请阅读下面的程序，写出程序的运行结果。

【题 9.21】

```
#include <iostream.h>
void f()
{
    static int i=15;
    i++;
    cout<<"i="<<i<<endl;
}
void main()
{
    for(int k=0;k<2;k++)
    f();
}
```

【题 9.22】

```
#include <iostream.h>
#include <conio.h>
class Csample {
private:  int i;
public:
    Csample() {  cout <<"constructor1" <<endl;  }
    Csample(int val)
    {
        cout <<"Constructor2"<<endl;
        i=val;
    }
    void Display() {  cout<<"i="<<i<<endl;  }
    ~Csample() {  cout<<"Destructor"<<endl;  }
};
void main()
{
    Csample a,b(10);
    a.Display();
    b.Display();
}
```

【题 9.23】

```
#include <iostream.h>
class Point{
private:  int x,y;
public:
     Point(){  x=1;y=1;  }
     ~Point(){  cout<<"Point "<<x<<','<<y<<" is deleted."<<endl;   }
};
void main()
{
     Point a;
}
```

【题 9.24】

```
class B{
public:
     B(){  cout<<"default constructor"<<endl; }
     ~B(){   cout<<"destructed"<<endl;   }
     B(int i):data(i)
     {
           cout<<"constructed by parameter" << data <<endl;
     }
private:   int data;
};
B Play( B b)
{
     return b ;
}
int main(int argc, char* argv[])
{
     B temp= Play(5);
     return 0;
}
```

四、简答题。简要回答下列几个问题。

【题 9.25】什么是常对象？

【题 9.26】静态函数存在的意义？

【题 9.27】const char *p,char *const p;的区别

【题 9.28】构造函数和析构函数是否可以被重载,为什么?

【题 9.29】在什么时候需要使用“常引用”（const）？

【题 9.30】用 static 进行标识具有什么作用？主要应用于什么情况？

【题 9.31】用 const 进行标识具有什么作用？主要应用于什么情况？

五、编程题。对下面的问题编写成程序并上机验证。

【题 9.32】定义一个 Dog 类，它用静态数据成员 Dogs 记录 Dog 的个体数目，静态成员函数 GetDogs 用来存取 Dogs。设计并测试这个类。

【题 9.33】阅读下面类的定义，找出其中的错误，说明错误的原因并修正错误，编写程序验证。

```
#include<iostream.h>
class S{
private:
```

```
        int x,y,c;
public:
        S (int i=0,int j=0, int k=0)
        {
                x=i;
                y=j;
                c=k;
        }
        void fun ( ) const ;
};
void S:: fun( ) const
{
        cout<<x<<" "<<y<<endl;
        c++;
}
```

【题 9.34】阅读下面类的定义，找出其中的错误，说明错误的原因并修正错误，编写程序验证。

```
#include<iostream.h>
class Sample{
private:int n;
public:
        Sample (int i){  n=i;  }
        int getn ( ){  return n;  }
};
int add (const Sample &s1,const Sample &s2)
{
        int sum=s1.getn ( )+s2.getn ( );
        return sum;
}
void main ( )
{
        Sample s1 (100), s2 ( 200);
        cout<<"sum="<<add (s1,s2)<<endl;
}
```

【题 9.35】阅读下面类的定义，找出其中的错误，说明错误的原因并修正错误，给出正确程序的运行结果。

```
#include<iostream.h>
class{
public:
    void show (const char*string1, char string2[]="abc" )
    {
        cout<<"string1:" <<string1<<endl;
        cout<<"string2:"<<string2<<endl;
    }
    void show( const char *txt )
    {
        cout<<"string:" <<txt<<endl;
    }
};
void main ( )
{
    Sample M;
    M.show("Good");
}
```

附录
常用的 C 语言库函数

1. 数学函数

使用数学函数时，应在源程序中使用文件包含：#include <math.h>，常用的数学函数如表 A1 所示。

表 A1　数学函数

函数原型	功能	结果
double acos(double x);	计算 $\cos^{-1}(x)$的值 ($-1\leqslant x\leqslant 1$)	返回 0～π 之间的值
double asin(double x);	计算 $\sin^{-1}(x)$的值 ($-1\leqslant x\leqslant 1$)	返回-π/2～π/2 之间的值
double atan(double x);	计算 $\tan^{-1}(x)$的值	返回-π/2～π/2 之间的值
double atan2(double x,double y);	计算 $\tan^{-1}(x/y)$的值	返回-π～π 之间的值
double cos(double x);	计算 cos(x)的值 (x 单位为弧度)	返回-1～1 之间的值
double cosh(double x);	计算 x 的双曲余弦 cosh(x)值	返回 cosh(x)的计算结果
double exp(double x);	计算 e^x 的值	返回 e^x 的计算结果
double fabs(double x);	计算 x 的绝对值	返回|x|的计算结果
double floor(double x);	取 x 的整数部分	返回 x 取整后的双精度实数
double fmod(double x, double y);	计算浮点数 x 和 y 整除的余数	返回(x%y)的结果
double log10(double x);	计算 $\log_{10} x$	返回 $\log_{10} x$ 的计算结果
double pow(double x,double y);	计算 x^y 的值	返回 x^y 的计算结果
double sin(double x);	计算 sin x 的值 (x 单位为弧度)	返回 sin x 的计算结果
double sinh(double x);	计算 x 的双曲正弦值	返回 sinh(x)的计算结果
double sqrt(double x);	计算 x 的平方根，x≥0	返回 $\sqrt{x}$ 的计算结果
double tan(double x);	计算 x 的正切值 (x 单位为弧度)	返回 tan(x)的计算结果
double tanh(double x);	计算 x 的双曲正切值	返回 tanh(x)的计算结果

2. 字符处理函数

处理字符时，应在源程序中使用文件包含：#include <ctype.h>，它是通过对 ASCII 的整数值进行分类的宏，常用的字符处理函数如表 A2 所示。

表 A2　　字符处理函数

函数原型	功　　能	结　　果
int isalnum(int ch);	检查 ch 是否为字母或数字	若 ch 是字母或数字，返回 1；否则返回 0
int isalpha(int ch);	检查 ch 是不是字母	若 ch 是字母，返回 1；否则返回 0
int iscntrl(int ch);	检查 ch 是否为控制字符 （ASCII 码值为：0~0x1F 和 0X7F） （十进制为：0~31 和 127）	若 ch 是控制字符，返回 1；否则返回 0
int isdigit(int ch);	检查 ch 是否为数字（'0'= '9'）	若 ch 是数字，返回 1；否则返回 0
int isgraph(int ch);	检查 ch 是否为可打印字符（不含空格）	若 ch 是不含空格的可打印字符，返回 1；否则返回 0
int islower(int ch);	检查 ch 是否为小写字母（'a' – 'z'）	若 ch 是小写字母，返回 1；否则返回 0
int ispunct(int ch);	检查 ch 是否为不包含数字、字母和空白字符的可打印字符	若 ch 是不包含数字、字母和空白字符的可打印字符，返回 1；否则返回 0
int isprint(int ch);	检查 ch 是否为可打印字符（包含空格）	若 ch 是可标点字符，返回 1；否则返回 0
int isspace(int ch);	检查 ch 是否为空格、跳格符（制表符）或换行符（ASCII 码值为：0x09~0x0d 和 0x20） （十进制为：9~13 和 32）	若 ch 是空格符、制表符或换行符，返回 1；否则返回 0
int isupper(int ch);	检查 ch 是否为大写字母（'A'–'Z'）	若 ch 是大写字母，返回 1；否则返回 0
int isxdigit(int ch);	检查 ch 是否为 16 进制数字字符（'0'–'9', 'A'–'F',或 'a'–'f'）	若 ch 是十六进制数字的字符，返回 1；否则返回 0
int toascii(int c);	将 c 转换成相应的 ASCII 值	返回 c 的 ASCII 码值
int tolower(int ch);	将 ch 字符转换为小写字母	若 ch 为大写字母，则返回它的小写；否则原样返回
int toupper(int ch);	将 ch 字符转换为大写字母	若 ch 为小写字母，则返回它的大写；否则原样返回

3. 字符串函数

在使用字符串函数时，应在源程序中使用文件包含：#include <string.h>，常用的字符串处理函数如表 A3 所示。

表 A3　　字符串函数

函数原型	功　　能	结　　果
char *strcat(char *strl; char *str2);	把字符串 str2 接到 str1 后面	返回加长后的字符串 strl
char *strchr (char *strl; char *str2);	找出 str 中指向的字符串中第一次出现字符 ch 的位置	若找到，返回指向字符串中第一次出现字符 ch 位置的指针，如找不到，则返回空指针
int strcmp(char *str1, char *str2);	比较两个字符串 str1、str2	str1<str2 返回负数 str1=str2 返回负 0 str1>str2 返回正数
int strcpy(char *str1, char *str2);	把 str2 指向的字符串复制到 str1 中去	返回 str1(str1 内容与 str2 相同)
unsigned int strlen (char *str)	统计字符串 str 中字符的个数（不包括终止符“\0”）	返回 str 中的字符个数
char *strstr(char*str1, char *str2)	找出 str2 字符串在 str1 字符串中第一次出现的位置（不包括 str2 的串结束符）	若找到，返回 str1 字符串中第一次出现字符串 str2 位置的指针。如找不到，返回空指针

4. 输入/输出函数

使用输入/输出函数时，应在源程序中使用文件包含：#include<stdio.h>，常用的输入/输出函数如表 A4 所示。

表 A4　　输入/输出函数

函数原型	功　能	结　果
viod clearerr(FILE*fp);	清除 fp 指向的文件的错误标志，同时清除文件结束指示器	无返回值
int close(FILE *fp)	关闭 fp 所指向的文件	若关闭成功返回 0，否则返回-1
int eof(int hd);	检查与 hd 相关联的文件是否到达文件尾	若到达文件尾，返回 1，否则返回 0；如果遇到错误，返回-1
int fclose(FILE *fp)	关闭 fp 所指的文件，释放文件缓冲区	若成功，返回 0，否则返回非 EOF
int feof(FILE*fp)	检查文件是否结束	如果遇文件结束符，返回非 0，否则返 0
int fgetc(FILE *fp)	从 fp 所指定的文件中取得下一个字符	返回所得到的字符，若读入出错，返回 EOF
char *fgets(char *buf, int n, FILE *fp);	从 fp 指向的文件读取一个长度为（n−1）的字符串，存入起始地址为 buf 的空间	返回地址 buf，若遇文件结束或出错，返回 NULL
char *fopen(char *filename, char *mode);	以 mode 指定的方式打开名为 filename 的文件	若成功，返回一个文件指针（文件信息区的起始地址），否则返回 0
int fputc(char ch, FILE *fp)	将字符 ch 输出到 fp 指向的文件中	若成功，则返回该字符；否则返回 EOF
int fputs(char *str , FILE*fp);	将str指定的字符串输出到fp指定的文件	若成功，返回 0，否则返回非零值
int fread(void*pt, unsigned size, unsigned n, FILE *fp)	从 fp 所指定的文件中读取长度为 size 的 n 个数据项，存到 pt 所指向的内存区	返回所读的数据个数。如遇文件结束或出错，返回 0
int fseek(FILE *fp,long offset, int base)	将 fp 所指向的文件的位置指针移到以 base 所指向的位置为基准，以 offset 为位移量的位置	若成功，返回当前位置，否则，返回-1
long ftell(FILE *fp)	返回 fp 所指向的文件中的读写位置	返回 fp 指向的文件中的读写位置
int fwrite(void *ptr,unsigned size, unsigned n,FILE *fp)	把 ptr 所指向的 n*size 个字节输出到 fp 所指向的文件中	写到文件中的数据项的个数
int getc(FILE *fp);	从 fp 所指向的文件中读入一个字符	返回所读的字符，若文件结束或出错，返回 EOF
int getchar();	从标准输入设备读取下一个字符	返回所读到的字符，若文件结束或出错，则返回-1
int getw(FILE *fp);	从所指向的文件读取下一个字（整数）	返回所读到的整数。若文件结束或出错，返回-1
int printf(char *format[, args,…])	在用 format 指定的字符串的控制下，将输出表列 args 的值输出到标准输出设备	返回输出字符的个数。若出错，返回一个负数
int putc(int ch, FILE *fp);	把一个字符 ch 输出到 fp 所指的文件中	若成功，则将字符 ch 输出 fp 所致的文件。若出错，则返回 EOF
int putchar(char ch);	把字符 ch 输出到标准输出设备	若成功，则将字符 ch 输出到标准设备。若出错，则返回 EOF
int puts(char *str);	把 str 指向字符串输出到标准输出设备，将“\0”转换为回车换行	若成功，则将字符串 str 输出到标准设备。若失败，则返回 EOF
int putw(int w; FILE *fp)	将一个整数 w 写到 fp 指向的文件中	返回输出的整数。若出错，返回 EOF
int read(int fd, void *buf, unsigned count)	从文件号 fd 所指示的文件中读 ount 个字节到 buf 指示的缓冲区中	返回读入的字节个数。如遇文件结束返回 0，出错返回-1
void rewind(FILE *fp)	将 fp 所指的文件位置指针文件开头位置，并清除文件结束标志和错误标志	无返回值

5. 数据转换、改变程序进程和动态存储分配函数

使用动态存储分配函数时，应在源程序中使用文件包含：<stdlib.h>（ANSI 标准）或<malloc.h>，

常用的数据转换、改变程序进程和动态存储分配函数如表 A5 所示。

表 A5 动态存储分配函数

函数原型	功能	结果
void *calloc(unsigned n, unsigned size);	为数组分配内存空间，大小为 n*size	返回一个指向已分配的内存单元的起始地址。如不成功，返回 NULL
void free(void *p);	释放 p 所指的内存空间	无
void *malloc(void *p, unsigned size);	分配 size 个字节的存储区	返回所分配内存的起始地址。若内存不够，返回 NULL
void realloc(void *p , unsigned size);	将 p 所指出的已分配内存区的大小改为 size，size 可以比原来分配的空间大或小	返回指向该内存的指针
void abort();	结束程序的执行	非正常的结束程序
void exit(int status);	终止程序的进程	无返回值
int abs(int x);	计算整型数 x 的绝对值	返回|x|
int rand(void);	取随机数	返回一个伪随机数
void srand(unsigned seed);	初始化随机数发生器	无返回值
int random(int num);	随机数发生器	返回的随机数大小在 0~num−1 之间
void randomize(void);	用一个随机值初始化随机数发生器	无返回值
char *fcvt(double value, int ndigit, int *decpt, int *sign);	将浮点数 value 转换成字符串	返回指向该字符串的指针
char *gcvt (double value, int ndigit, char *buf);	将数 value 转换成字符串并存于 buf 中	返回指向 buf 的指针
char *ultoa(unsigned long value, char *string, int radix);	将无符号整型数 value 转换成字符串，radix 为转换时所用基数	将无符号的长整型值 value 作为字符串 string 返回
char *itoa(int value, char *string, int radix);	将整数 value 转换成字符串存入 string，radix 为转换时所用基数	将整型值 value 作为字符串 string 返回
double atof (char *nptr);	将由数字组成的字符串 nptr 转换成双精度数	返回 nptr 的双精度值，如遇错误返回 0
int atoi(char *nptr);	将字符串 nptr 转换成整型值	返回 nptr 的整型值，如遇错误返回 0
long atol(char *nptr);	将 nptr 所指的字符串转换成长整型值	返回 nptr 的长整型值，如遇错误返回 0
double strtod(const char *str, char **endptr);	将由浮点数组成的字符串 str 转换成双精度浮点数	返回 str 的双精度值，如果 str 中有非数字字符，则结束；如果 str 中的第 1 个字符是非数字字符，则返回 0

6. 时间函数

使用系统的时间和日期函数时，应在源程序中使用文件包含：<time.h>。其中，定义了 3 个类型。

（1）类型 typedef long time_t

可直接用 time_t 表示，用于表示系统的格林威治时间，以秒为单位。

（2）类型 typedef long clock_t

可直接用 clock_t 表示，性质与 time_ 相同，可用于表示系统的时间。

（3）结构类型 struct tm

将日期和时间分解成为它的成员，tm 结构体的定义如下：

```
struct
tm
{  int      tm_sec;      /*  秒，0～59  */
   int      tm_min;      /*  分，0～59  */
```

```
    int     tm_hour;      /* 格林威治时，0～23  */
    int     tm_mday;      /* 当前月份的第几天，1～31  */
    int     tm_mon;       /* 当前月份，0～11  */
    int     tm_year;      /* 自 1900 到现在的年数。 */
    int     tm_wday;      /* 当前是星期几，1～7  */
    int     tm_yday;      /* 本年度自 1 月 1 日起到现在的天数 0～365 */
    int     tm_isdst;     /* 夏季时间标志 */
};
```

常用的时间函数如表 A6 所示。

表 A6　　时间函数

函数原型	功　能	结　果
char *asctime(struct tm *p);	将日期和时间转换成 ASCII 字符串	返回一个指向字符串的指针
clock_t clock()	测量程序运行所花费的时间	返回从开始计时到结束计时程序执行所花费的时间，若失败，返回–1
char *ctime(long *time);	把日期和时间转换成字符串	返回指向该字符串的指针
double difftime(time_t time2, time_t time1);	计算 time1 与 time2 之间所差的秒数	返回两个时间的双精度差值
struct tm *gmtime (time_t *time);	得到一个以 tm 结构体表示的分解时间，该时间按格林尼治标准计算	返回指向结构体 tm 的指针
time_t time(time_t * time);	返回系统的当前日历时间（以秒为单位）	返回系统自 1970 年 1 月 1 日格林尼治时间 00：00：00 开始，到现在时刻所逝去的时间。若系统无时间，返回–1

7．目录函数

要操作目录（文件夹）时，可通过目录函数来操作，在源程序中使用文件包含：#include<dir.h>，常用的目录函数如表 A7 所示。

表 A7　　目录函数

函数原型	功　能	结　果
void fnmerge(char *path, char *drive, char *dir, char *name, char *ext);	通过盘符 drive（如：C:、A：等），路径 dir （如：\TC、\BC\LIB 等），文件名 name（如：example、edit 等），扩展名 ext（如：.EXE、.COM 等）组成一个带路径的文件名，保存在 path 中	无返回值
int fnsplit(char *path, char *drive, char *dir, char *name, char *ext);	将带路径的文件名 path 分解成盘符 driver（如：C:、A：等），路径 dir（如：\TC、\BC\LIB 等），文件名 name（如：example、edit 等），扩展名 ext（如：.EXE、.COM 等）并分别存入相应的变量中	若成功返回一整数
int getcurdir (int drive, char *dircet);	返回指定驱动器的当前工作目录名称。dirve：指定的驱动器（0＝当前，1＝A，2＝B，3＝C 等）dircet：保存指定驱动器的目录名变量	若成功返回 0，否则返回–1
char *getcwd(char *buf, int n);	取当前工作目录，并存入 buf 中，长度不超过 n 个字符	若 buf 非空，返回 buf，若发生错误，返回 NULL
int getdisk();	取当前正在使用的驱动器	返回一个整数（0=A，1=B，2=C 等）
int setdisk(int drive);	设置要使用的驱动器 drive（0=A，1=B，2=C 等）	返回可使用驱动器总数
int mkdir(char *pathname);	建立一个新目录 pathname	若成功返回 0，否则返回–1
int rmdir(char *pathname);	删除一个目录 pathname	若成功返回 0，否则返回–1